普通高等教育"十二五"规划教材

电气工程、自动化专业规划教材

自动控制理论及工程应用

张 聚 编著

电子工业出版社
Publishing House of Electronics Industry
北京·BEIJING

内 容 简 介

本书在介绍自动控制理论和基于 MATLAB 的控制系统仿真技术的基础上，结合三自由度直升机控制系统的建模、仿真、控制和硬件在回路（HIL）实验，系统地介绍控制理论与 MATLAB 实时控制技术在控制系统实例中的应用。主要内容包括：自动控制的基本概念、数学基础、控制系统的数学模型、控制系统的运动响应分析、控制系统的运动性能分析、控制系统的校正、控制系统综合应用实例、控制系统的计算机辅助分析与设计、三自由度直升机系统半实物仿真与实时控制等。本书提供电子课件、习题参考答案和仿真程序源代码。

本书可作为高等学校自动化、电气工程及其自动化、电子信息工程、计算机、通信、机械等相关专业的教材，也可供有关技术人员参考。

未经许可，不得以任何方式复制或抄袭本书之部分或全部内容。

版权所有，侵权必究。

图书在版编目（CIP）数据

自动控制理论及工程应用 / 张聚编著. —北京：电子工业出版社，2015.1
ISBN 978-7-121-24996-9

I. ①自⋯　 II. ①张⋯　 III. ①自动控制理论—高等学校—教材　 IV. ①TP13

中国版本图书馆 CIP 数据核字（2014）第 279115 号

策划编辑：王羽佳
责任编辑：周宏敏
印　　刷：北京中新伟业印刷有限公司
装　　订：北京中新伟业印刷有限公司
出版发行：电子工业出版社
　　　　　北京市海淀区万寿路 173 信箱　　邮编：100036
开　　本：787×1092　1/16　印张：16　字数：473 千字
版　　次：2015 年 1 月第 1 版
印　　次：2015 年 1 月第 1 次印刷
印　　数：3 000 册　　定价：38.00 元

凡所购买电子工业出版社图书有缺损问题，请向购买书店调换。若书店售缺，请与本社发行部联系，联系及邮购电话：(010)88254888。

质量投诉请发邮件至 zlts@phei.com.cn，盗版侵权举报请发邮件至 dbqq@phei.com.cn。

服务热线：(010)88258888。

前　　言

本书系统地论述自动控制理论、基于 MATLAB 的控制仿真技术以及三自由度直升机控制系统的仿真、控制和实验等内容，涉及控制理论、模型参数辨识、控制仿真技术、控制方法工具和工程实际控制应用案例。本书既介绍控制理论，也介绍控制系统的 MATLAB/Simulink 仿真，还介绍控制系统实例和实验；既有基于传递函数系统，也有基于状态空间控制系统的介绍；既有一般性的仿真方法和技术介绍，也有具体的应用实例。

在本书中，以加拿大 Quanser 公司的三自由度直升机系统的建模、分析、仿真、实验、半实物实时控制平台等内容为基础，系统介绍控制理论与 MATLAB 实时控制技术在真实控制系统实例中的应用，讨论控制的作用和效果，做到理论、仿真和实验统一，以及对象实物、控制工具和手段及控制效果的统一。

本书通过控制理论、控制仿真和控制实验的结合，将使学生对控制系统的工作原理既有直观的感受，又能理解得更为深入，对控制理论在实际对象中的应用及控制效果有亲身的体会，有效地激发和提升学生的学习兴趣，提高学生学习的主动性和自觉性，培养学生的创新能力，把学生从烦琐具体的细节中解脱出来而侧重于关键性、创造性的逻辑思维劳动，提高学生解决实际问题的能力，并缩短了理论学习与解决问题之间的距离。

全书共分 9 章，在介绍自动控制的基本概念以及必要的数学理论基础上，阐述控制系统的数学模型、控制系统的运动响应分析、控制系统的运动性能分析，以及控制系统的校正等相对完整的基本控制理论。在第 7 章中，结合电机控制系统的建模、控制和实验，介绍控制系统综合应用的例子。在第 8 章中，介绍基于 MATLAB/Simulink 控制系统的计算机辅助分析与设计。涉及内容包括基于 MATLAB/Simulink 的控制系统建模和仿真，以及基于 MATLAB 的控制系统校正。在第 9 章中，结合加拿大 Quanser 公司的三自由度直升机系统，对三自由度直升机系统的建模、分析、仿真、实验及半实物实时控制平台给出全面的介绍，以展示控制理论与方法在复杂控制对象中的应用和效果。

本书向使用本书作用教材的高校教师提供免费电子课件、习题参考答案和仿真程序代码，请登录华信教育资源网http://www.hxedu.com.cn注册下载。

本书可以作为高等学校电气信息类（自动化专业、电气工程及自动化、电子信息工程），以及计算机、通信、机械工程及其相关专业的教材，并可供有关科技人员参考。

在本书的编写过程中，参考和引用了有关专家的书籍、文献资料、网络课程以及课程支持网站中的有关内容。在书稿的准备过程中，研究生程鑫滟、秦婷同学对书中的例子做了仿真和实验，以及承担了部分书稿的录入工作。在此一并表示感谢。

书中难免有错误和不足之处，殷切希望广大读者批评指正。

张　聚

浙江工业大学　智能控制与信息处理研究所

目　　录

第1章 自动控制的基本概念

1.1 概　　述

自动控制理论是研究自动控制共同规律的技术科学。它的发展初期，是以反馈理论为基础的自动调节原理，主要用于工业控制。第二次世界大战期间，为了设计和制造飞机及船用自动驾驶仪、火炮定位系统、雷达跟踪系统以及其他基于反馈原理的军用装备，进一步促进并完善了自动控制理论的发展。到战后，已形成完整的自动控制理论体系，这就是以传递函数为基础的经典控制理论，它主要研究单输入—单输出、线性定常系统的分析和设计问题。

20 世纪 60 年代初期，随着现代应用数学新成果的推出和电子计算机技术的应用，为适应宇航技术的发展，自动控制理论跨入了一个新阶段——现代控制理论。它主要研究具有高性能、高精度的多变量变参数系统的最优控制问题，主要采用的方法是以状态为基础的状态空间法。目前，自动控制理论还在继续发展，正向以控制论、信息论、仿生学为基础的智能控制理论深入。

在现代科学技术的众多领域中，自动控制技术起着越来越重要的作用。所谓自动控制，是指在没有人直接参与的情况下，利用外加的设备或装置（称控制装置或控制器），使机器、设备或生产过程（统称被控对象）的某个工作状态或参数（即被控量）自动地按照预定的规律运行。例如，数控车床按照预定程序自动地切削工件；化学反应炉的温度或压力自动地维持恒定；雷达和计算机组成的导弹发射和制导系统自动地将导弹引导到敌方目标；无人驾驶飞机按照预定航迹自动升降和飞行，人造卫星准确地进入预定轨道运行并回收等，这一切都是以应用高水平的自动控制技术为前提的。

近几十年来，随着电子计算机技术的发展和应用，在宇宙航行、机器人控制、导弹制导以及核动力等高新技术领域中，自动控制技术更具有特别重要的作用。不仅如此，自动控制技术的应用范围现已扩展到生物、医学、环境、经济管理和其他许多社会生活领域中，自动控制已成为现代社会活动中不可缺少的重要组成部分。

1.2 反馈控制的概念及特点

为了实现各种复杂的控制任务，首先要将被控对象和控制装置按照一定的方式连接起来，组成一个有机总体，这就是自动控制系统。在自动控制系统中，被控对象的输出量即被控量是要求严格加以控制的物理量，它可以要求保持为某一恒定值，例如温度、压力、液位等，也可以要求按照某个给定规律运行，例如飞行航迹、记录曲线等；而控制装置则是对被控对象施加控制作用的机构的总体，它可以采用不同的原理和方式对被控对象进行控制，但最基本的一种是基于反馈控制原理组成的反馈控制系统。

在控制系统中，反馈的概念是很重要的。反馈控制是一种基本的控制规律，它具有自动修正被控量偏离给定值的作用，因而可以抑制内扰和外扰所引起的误差，达到自动控制的目的。

如图 1.2.1 所示是一个反馈控制系统，如果没有反馈回路，整个系统将在给定的输入信号作用下经控制器调节，得出输出响应，这样的控制策略又称为开环控制。在理想的条件下，这种控制有时是可行的。一些开环控制的例子如洗衣机的控制和暖气控制等。再举一个例子，我们想把一壶水烧开，最直接的办法是将水壶放在煤气炉上加热。如果只采用开环控制的方法，则一壶水在烧开后继续加热，直至水全部被汽化，并将对水壶产生破坏。在电动水壶中，我们由某种方式检验壶中水的汽化程度，在烧开后会自动关闭加热器。可以看出，电动水壶的控制还是比较理想的，至少会节约能源，另外还可避免事故的发生。

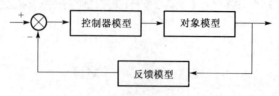

图 1.2.1　典型的反馈控制结构

在开环情况下，外界可能对系统有某些扰动信号，而在开环控制下这样的扰动是不能在控制器中反映出来的，控制器将以一成不变的形式对原系统进行继续控制，而忽略扰动信号的存在。这样系统的输出很难与我们所预期的一致，甚至会出现系统的不稳定现象。有了反馈信号后，则可以通过系统的实际输出信号和预期的输出信号之间的偏差来调节整个系统的响应，而实际的输出信号就是由反馈环节提供的。如果系统的输出信号偏移了期望的输出信号，则控制器将发生作用，迫使实际的输出信号再发生变化，去逼近期望的输出信号。

通常，我们把取出输出量并送回到输入端，并与输入信号相比较产生偏差信号的过程称为反馈。若反馈的信号是与输入信号相减，使产生的偏差越来越小，则称为负反馈；反之，则称为正反馈。反馈控制就是采用负反馈并利用偏差进行控制的过程，而且，由于引入了被控量的反馈信息，整个控制过程称为闭合过程，因此反馈控制也称为闭环控制。未引入被控量的反馈信息的系统称为开环系统，将开环系统和闭环系统相结合则是复杂控制系统。

在工程实践中，为了实现对被控对象的反馈控制，系统中必须配置具有"人"的眼睛、大脑和手臂功能的设备，以便用来对被控量进行连续测量、反馈和比较，并按偏差进行控制。这些设备依其功能分别称为测量元件、比较元件和执行元件，并统称为控制装置。

1.3　典型自动控制系统的组成及工作原理

自动控制系统根据被控对象和具体用途的不同，可以有各种不同的结构形式。但是，从工作原理来看，自动控制系统通常是由一些具有不同职能的基本元部件所组成的。图 1.3.1 所示是一个典型自动控制系统的职能框图，简称方块图。图中的每一个方块代表一个具有特定功能的元件。可见，一个完善的自动控制系统通常是由测量反馈元件、比较元件、放大元件、校正元件、执行元件以及控制对象等基本环节组成的。通常，还把图中除被控对象外的所有元件合在一起，称为控制器。

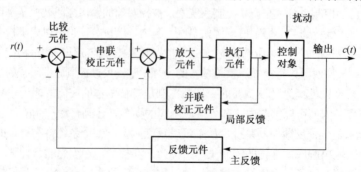

图 1.3.1　典型自动控制系统的方块图

图 1.3.1 所示的各元件的职能如下。

● 测量反馈元件：用以测量被控量并将其转换成与输入量同义的物理量后，再反馈到输入端以进行比较。
● 比较元件：用来比较输入信号与反馈信号，并产生反映两者差值的偏差信号。
● 放大元件：将微弱的信号进行线性放大。
● 校正元件：按某种函数规律变换控制信号，以利于改善系统的动态品质或静态性能。
● 执行元件：根据偏差信号的性质执行相应的控制作用，以便使被控制量按期望值变化。
● 控制对象：又称为被控对象或受控对象，通常是指生产过程中需要进行控制的工作机械或生产过程。出现于被控对象中需要控制的物理量称为被控量。

在此以热力系统为例说明一个自动控制系统的组成及原理。如图 1.3.2 所示为热力系统的人工反馈控制图。

在这里人起到了控制器的作用，他希望使热水温度保持在给定温度上，为了测量热水的实际温度，在热水的输出管道内安装了一支温度计，温度计测得的温度就是系统的输出量。操纵者始终监视着温度计，当发现温度高于希望值时，就减少输送到系统中的蒸汽量，以降低其温度；当发现温度低于希望的温度时，操纵者就反向操纵蒸汽阀门，使进入系统的蒸汽量增大，以提高这一温度。

这种控制作用是基于闭环控制原理的。在这个例子中，输出量的反馈（水温）与参考输入量的比较以及控制作用都是通过人来实现的。这就是一种闭环控制系统，这类系统可以称为人工反馈系统，或叫作人工闭环控制系统。

如果用自动控制器来取代人工操作，如图 1.3.3 所示，就变成自动控制系统，或叫作自动反馈控制系统、自动闭环控制系统。

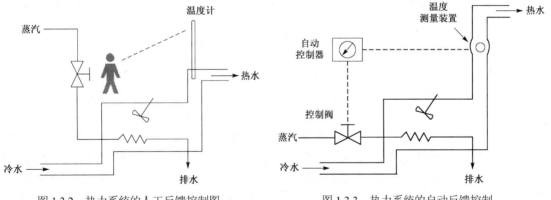

图 1.3.2　热力系统的人工反馈控制图　　　　　　图 1.3.3　热力系统的自动反馈控制

将自动控制器刻度盘上指针的位置标定在（转到）希望的温度，例如 80℃。系统的输出量，即热水的实际温度，由温度测量装置予以测定后，与希望的温度值进行比较，以产生误差信号。为此，在进行比较之前，需通过变送器将输出温度变成与输入量（即给定值，参考量）相同的物理量。（变送器是将信号从一种物理量变换成另一种物理量的装置。）在自动控制器中，产生的误差信号经过放大后，作为控制器的输出量加到控制阀上，从而改变控制阀的开度，使进入系统的蒸汽量发生相应的变化，最后使实际的水温得到校正。如果没有误差信号，当然也就不必改变控制阀的开度了。

在上述系统中，环境温度的变化，以及输入冷水温度的变化等，都可看作是系统的外扰。

人工反馈和自动反馈控制系统的工作原理是相似的。操纵者的眼睛类似于误差测量装置；操纵者的大脑类似于自动控制器；而操纵者的肌体则类似于执行机构。

在复杂的控制系统中，由于系统中各变量之间存在着错综复杂的关系，所以就很难进行人工操纵了。应当指出，即使在简单的系统中，采用自动控制器也有利于消除人工操纵造成的误差。所以，如果要求精确控制，就必须采用自动控制系统。

1.4　自动控制系统的性能要求

要提高控制质量，就必须对自动控制系统的性能提出一定的具体要求。由于各种自动控制系统的被控对象和要完成的任务各不相同，故对性能指标的具体要求也不一样。但总的来说，都是希望实际的控制过程尽量接近理想的控制过程。工程上把控制性能的要求归纳为稳定性、快速性和准确性三个方面，即稳、准、快。

1. 稳定性

稳定性是指系统重新恢复平静状态的能力。任何一个能够正常运行的控制系统，首先必须是稳定的。对恒值系统要求当系统受到扰动后，经过一定时间的调整能够回到原来的期望值。对随动系统，被控制量始终跟踪参照量的变化。稳定性是对系统的基本要求，不稳定的系统是无法使用的，系统激烈而持久的振荡会导致功率元件过载，甚至使设备损坏而发生事故，这是绝不能允许的。稳定性通常由系统的结构决定，与外界因素无关。

2. 快速性

由于系统的对象和元件通常具有一定的惯性，并受到能源功率的限制，因此，当系统输入（给定输入或扰动输入）信号改变时，在控制作用下，系统必然由原先的平衡状态经历一段时间才过渡到另一个新的平衡状态，这个过程为过渡过程。过渡过程越短，表明系统的快速性越好。快速性是衡量系统质量高低的重要指标之一，在现代化军事设施中显得尤其重要。

3. 准确性

用稳态误差来表示。如果在参考输入信号作用下，当系统达到稳态后，其稳态输出与参考输入所要求的期望输出之差叫作给定稳态误差。显然，这种误差越小，表示系统的输出跟随参考输入的精度越高。

由于被控对象具体情况的不同，各种系统对上述三方面性能要求的侧重点也有所不同。例如，随动系统对快速性和稳态精度的要求较高，而恒值系统一般侧重于稳定性能和抗扰动的能力。在同一个系统中，上述三方面的性能要求通常是相互制约的。例如，为了提高系统的动态响应的快速性和稳态精度，就需要增大系统的放大能力，而放大能力的增强必然促使系统动态性能变差，甚至会使系统变为不稳定。反之，若强调系统动态过程平稳性的要求，系统的放大倍数就应较小，从而导致系统稳态精度的降低和动态过程的缓慢。由此可见，系统动态响应的快速性、高精度与动态稳定性之间是一对矛盾。

习　　题

1. 从控制的观点分析飞机在气流中和轮船在海浪中能保持预定航向行驶的原因。

2. 人闭上眼睛，很难到达预定的目标，试从控制系统的角度进行分析。

3. 控制系统采用反馈的基本原因是要在不确定性存在的情况下达到性能目标。请列举实际工程中常见控制系统的几种不确定性。

4．某个控制系统被控对象的模型为 $H(s)$，有人认为只要在被控对象前串联环节 $\dfrac{1}{H(s)}$，这个开环系统就具有很好的性能。这种做法可行吗？为什么？

5．恒值控制系统分析与设计的重点是什么？

6．随动控制系统分析与设计的重点是什么？

7．自动控制系统常通过负反馈而构成一个闭环控制系统。简述负反馈的主要作用。

8．图 P1.1 所示为一晶体管稳压电源电路图，U 为整流电路（图中未画出）的输出电压。试分别指出哪个量是给定量、被控量、反馈量、扰动量。画出系统的框图，写出其自动调节过程。

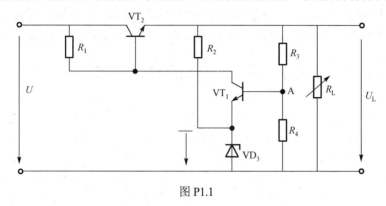

图 P1.1

第2章 数学基础——拉普拉斯变换

拉普拉斯（Laplace）变换，简称拉氏变换，是一种函数的数学变换，经变换后，可将微分方程变换成代数方程式，并且在变换的同时将初始条件引入，避免了经典求解法中求积分常数的麻烦，从而使微分方程的求解过程大为简化。

在经典自动控制理论中，自动控制系统的数学模型是建立在传递函数基础上的，而传递函数的概念又是建立在拉氏变换的基础上的，所以，拉氏变换是经典控制理论的数学基础。

2.1 拉氏变换的基本概念

若将一个实变量 t 的函数 $f(t)$，乘以指数函数 e^{-st}（其中 $s = \sigma + \mathrm{j}\omega$，是一个复变数），再在 0 到 ∞ 区间对 t 进行积分，就得到一个新的函数 $F(s)$。$F(s)$ 即称为 $f(t)$ 的拉氏变换，并可用符号 $L[f(t)]$ 表示。

$$F(s) = L[f(t)] = \int_0^\infty f(t)\mathrm{e}^{-st}\mathrm{d}t \tag{2-1}$$

上式称为拉氏变换的定义式。在这里，为了保证式中等号右边的积分存在（收敛），函数 $f(t)$ 应满足以下几个条件：

① 当 $t < 0$ 时，$f(t) = 0$；

② 当 $t > 0$ 时，$f(t)$ 分段连续；

③ 当 $t \to \infty$ 时，$f(t)$ 上升较 e^{-st} 来得慢。

在这里要注意的是，$\int_0^\infty f(t)\mathrm{e}^{-st}\mathrm{d}t$ 是一个定积分。在积分过程中，t 将在新函数中消失。因此，$F(s)$ 只取决于 s，它是复变数 s 的函数。这样，**拉氏变换就将原来的实变量函数 $f(t)$ 转化为复变量函数 $F(s)$**。

拉氏变换是一种单值变换。$f(t)$ 和 $F(s)$ 具有一一对应的关系。通常称 $f(t)$ 为原函数，$F(s)$ 为象函数。

由拉氏变换的定义式，可以从已知的原函数求取对应的象函数。

1. 单位阶跃函数 $\mu(t)$ 的象函数 $L[\mu(t)]$

在自动控制原理中，单位阶跃函数是一个突加作用信号，相当于一个开关的闭合（或断开）。首先，给出单位阶跃函数的定义式：

$$设函数\ \mu_\varepsilon(t) = \begin{cases} 0, & t < 0 \\ \dfrac{1}{\varepsilon}t, & 0 \leqslant t \leqslant \varepsilon \\ 1, & t > \varepsilon \end{cases}$$

则单位阶跃函数 $\mu(t)$ 定义为

$$\mu(t) = \lim_{\varepsilon \to 0} \mu_\varepsilon(t)$$

如图 2.1.1 所示。

$$\mu(t) = \begin{cases} 0, & t < 0 \\ 1, & t \geqslant 0 \end{cases}$$

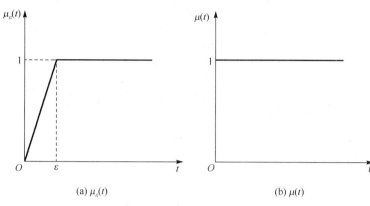

(a) $\mu_\varepsilon(t)$　　　　　　　　　(b) $\mu(t)$

图 2.1.1　单位阶跃函数

根据拉氏变换的定义式（2-1）可求得 $L[\mu(t)]$：

$$F(s) = L[\mu(t)] = \int_0^\infty 1 e^{-st} dt = -\frac{1}{s} e^{-st} \bigg|_0^\infty = \frac{1}{s} \tag{2-2}$$

2. 单位脉冲函数 $\delta(t)$（又称狄拉克函数）的象函数 $L[\delta(t)]$

在自动控制原理中，单位脉冲函数是一个突加冲激信号，常以它作为扰动（或给定）的冲激信号。同理，在求它的象函数前，首先应给出单位脉冲函数的定义式：

$$设函数\ \delta_\varepsilon(t) = \begin{cases} 0, & t < 0 \\ \dfrac{1}{\varepsilon}, & 0 < t > 0 \\ 0, & t > \varepsilon \end{cases}$$

$\delta_\varepsilon(t)$ 函数的特点是：

$$\int_0^\infty \delta_\varepsilon(t) dt = \int_0^\varepsilon \delta_\varepsilon(t) dt = \frac{1}{\varepsilon} t \bigg|_0^\varepsilon = 1$$

也就是说，如图 2.1.2(a)所示，不论 ε 为多大，$\delta_\varepsilon(t)$ 对时间的积累（即 $\delta_\varepsilon(t)$ 图形所包围的面积）恒等于 1。

单位脉冲函数 $\delta(t)$ 定义为：

$$\delta(t) = \lim_{\varepsilon \to 0} \delta_\varepsilon(t)$$

也就是说，单位脉冲函数 $\delta(t) = \begin{cases} 0, & t < 0 \\ 由 0 \to \infty，再由 \infty \to 0， & t = 0 \\ 0, & t > 0 \end{cases}$

其图形如图 2.1.2(b)所示。

同样，$\delta(t)$ 对时间的积分也为 1，即

$$\int_0^\infty \delta(t) dt = \lim_{\varepsilon \to 0} \int_0^\varepsilon \delta_\varepsilon(t) dt = 1$$

同理，由拉氏变换定义式可求得 $L[\delta(t)]$：

$$F(s) = L[\delta(t)] = \int_0^\infty \delta(t)\mathrm{e}^{-st}\mathrm{d}t$$

$$= \lim_{\varepsilon \to 0}\left[\int_0^\varepsilon \delta_\varepsilon(t)\mathrm{e}^{-st}\mathrm{d}t + \int_0^\infty \delta_\varepsilon(t)\mathrm{e}^{-st}\mathrm{d}t\right]$$

$$= \lim_{\varepsilon \to 0}\left[\int_0^\varepsilon \frac{1}{\varepsilon}\mathrm{e}^{-st}\mathrm{d}t\right] = \lim_{\varepsilon \to 0}\left[-\frac{1}{\varepsilon s}\mathrm{e}^{-st}\Big|_0^\varepsilon\right] = \lim_{\varepsilon \to 0}\frac{1-\mathrm{e}^{-\varepsilon s}}{\varepsilon s} = 1 \quad （应用洛必达法则） \qquad (2\text{-}3)$$

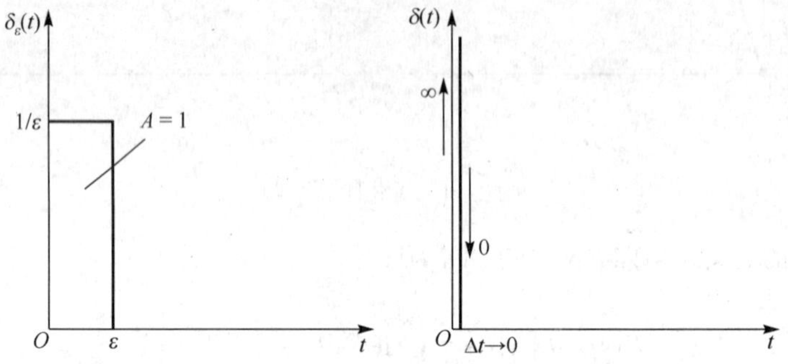

(a) $\xi_\varepsilon(t)$ (b) $\xi(t)$

图 2.1.2　单位脉冲函数

3. 斜坡函数的象函数 $L[Kt]$

斜坡函数的定义式为：

$$f(t) = \begin{cases} 0, & t < 0 \\ Kt, & t \geq 0 \end{cases}$$

在自动控制原理中，斜坡函数是一个对时间做均匀变化的信号。在研究跟随系统时，常以斜坡信号作为典型的输入信号。同理，根据拉氏变换的定义式有：

$$F(s) = L[Kt] = K\int_0^\infty t\mathrm{e}^{-st}\mathrm{d}t = Kt\frac{\mathrm{e}^{-st}}{-s}\Big|_0^\infty - \int_0^\infty \frac{K\mathrm{e}^{-st}}{-s}\mathrm{d}t \qquad （应用分部积分法和洛比达法则）$$

$$= \frac{K}{s}\int_0^\infty \mathrm{e}^{-st}\mathrm{d}t = \frac{K}{s^2} \qquad\qquad\qquad (2\text{-}4)$$

若式中 $K = 1$，即为单位斜坡函数，则

$$L[t] = \frac{1}{s^2}$$

4. 指数函数 e^{-at} 的象函数 $L[\mathrm{e}^{-at}]$

由拉氏变换的定义式有：

$$F(s) = L[\mathrm{e}^{-at}] = \int_0^\infty \mathrm{e}^{-at}\mathrm{e}^{-st}\mathrm{d}t = \int_0^\infty \mathrm{e}^{-(s+a)t}\mathrm{d}t = -\frac{1}{s+a}\mathrm{e}^{-(s+a)t}\Big|_0^\infty = \frac{1}{s+a} \qquad (2\text{-}5)$$

5．正弦函数的象函数 $L[\sin\omega t]$

由拉氏变换的定义式有：

$$F(s) = L[\sin\omega t] = \int_0^\infty \sin\omega t \, e^{-st} dt = \int_0^\infty \frac{1}{2j}(e^{j\omega t} - e^{-j\omega t})e^{-st} dt \;^①$$

$$= \frac{1}{2j}\left[\int_0^\infty e^{-(s-j\omega)t} dt - \int_0^\infty e^{-(s+j\omega)t} dt\right] = \frac{1}{2j}\left(\frac{1}{s-j\omega} - \frac{1}{s+j\omega}\right) = \frac{\omega}{s^2+\omega^2} \qquad (2\text{-}6)$$

在实际运用中，常把原函数与象函数之间的对应关系列成对照表的形式。通过查表，就能够知道原函数的象函数或象函数的原函数，十分方便。常用函数的拉氏变换见表 2.1.1。

表 2.1.1　常用函数的拉氏变换对照表

序号	原函数 $f(t)$	象函数 $F(s)$
1	$\delta(t)$	1
2	$\mu(t)$	$\dfrac{1}{s}$
3	e^{-at}	$\dfrac{1}{s+a}$
4	t^n	$\dfrac{n!}{s^{n+1}}$
5	te^{-at}	$\dfrac{1}{(s+a)^2}$
6	$t^n e^{-at}$	$\dfrac{n!}{(s+a)^{n+1}}$
7	$\sin\omega t$	$\dfrac{\omega}{s^2+\omega^2}$
8	$\cos\omega t$	$\dfrac{s}{s^2+\omega^2}$
9	$\dfrac{1}{\beta-\alpha}(e^{-\alpha t} - e^{-\beta t})$	$\dfrac{1}{(s+\alpha)(s+\beta)}$
10	$\dfrac{1}{\beta-\alpha}(\beta e^{-\alpha t} - \alpha e^{-\beta t})$	$\dfrac{s}{(s+\alpha)(s+\beta)}$
11	$\dfrac{1}{\alpha}(1-e^{-\alpha t})$	$\dfrac{1}{s(s+\alpha)}$
12	$\dfrac{1}{\alpha\beta}\left[1+\dfrac{1}{\alpha-\beta}(\beta e^{-\alpha t} - \alpha e^{-\beta t})\right]$	$\dfrac{1}{s(s+\alpha)(s+\beta)}$
13	$e^{-at}\sin\omega t$	$\dfrac{\omega}{(s+\alpha)^2+\omega^2}$
14	$e^{-at}\cos\omega t$	$\dfrac{s+a}{(s+\alpha)^2+\omega^2}$
15	$\dfrac{1}{a^2}(e^{-at}+at-1)$	$\dfrac{1}{s^2(s+\alpha)}$
16	$\dfrac{\omega_n}{\sqrt{1-\zeta^2}}e^{-\zeta\omega_n t}\sin\omega_n\sqrt{1-\zeta^2}\,t$	$\dfrac{\omega_n^2}{s^2+2\zeta\omega_n s+\omega_n^2}, \quad 0<\zeta<1$

① 由欧拉（Euler）公式有：

$$e^{j\omega} = \cos\alpha + j\sin\alpha \;,\quad e^{-j\omega} = \cos\alpha - j\sin\alpha$$

因此有：

$$\sin\alpha = \frac{e^{j\omega} - e^{-j\omega}}{2j} \;,\quad \cos\alpha = \frac{e^{j\omega} + e^{-j\omega}}{2}$$

序号	原函数 $f(t)$	象函数 $F(s)$
17	$\dfrac{-1}{\sqrt{1-\zeta^2}}e^{-\zeta\omega_n t}\sin(\omega_n\sqrt{1-\zeta^2}\,t-\varphi)$ ， $\varphi=\arctan\dfrac{\sqrt{1-\zeta^2}}{\zeta}$	$\dfrac{s}{s^2+2\zeta\omega_n s+\omega_n^2}$ ， $0<\zeta<1$
18	$1-\dfrac{1}{\sqrt{1-\zeta^2}}e^{-\zeta\omega_n t}\sin(\omega_n\sqrt{1-\zeta^2}\,t+\varphi)$ ， $\varphi=\arctan\dfrac{\sqrt{1-\zeta^2}}{\zeta}$	$\dfrac{\omega_n^2}{s(s^2+2\zeta\omega_n s+\omega_n^2)}$ ， $0<\zeta<1$
19	$\dfrac{1}{a^2+\omega^2}+\dfrac{1}{\sqrt{a^2+\omega^2}}e^{-at}\sin(\omega t-\varphi)$ ， $\varphi=\arctan\left(-\dfrac{\omega}{a}\right)$	$\dfrac{1}{s[(s+a)^2+\omega_n^2]}$

2.2　拉氏变换的主要运算定理

在应用拉氏变换时，常能借助拉氏变换定理来使运算过程得到简化，这些运算定理都可通过拉氏变换定义式加以证明，下面分别介绍这些运算定理。

1．叠加定理

两个函数代数和的拉氏变换等于两个函数拉氏变换的代数和，即

$$L[f_1(t)\pm f_2(t)]=L[f_1(t)]\pm L[f_2(t)] \tag{2-7}$$

证明：

$$L[f_1(t)\pm f_2(t)]=\int_0^\infty [f_1(t)\pm f_2(t)]e^{-st}dt$$

$$=\int_0^\infty f_1(t)e^{-st}dt\pm\int_0^\infty f_2(t)e^{-st}dt$$

$$=L[f_1(t)]\pm L[f_2(t)]=F_1(s)\pm F_2(s) \qquad（证毕）$$

2．比例定理

K 倍原函数的拉氏变换等于原函数拉氏变换的 K 倍，即

$$L[Kf(t)]=KL[f(t)] \tag{2-8}$$

证明：

$$L[Kf(t)]=\int_0^\infty Kf(t)e^{-st}dt$$

$$=K\int_0^\infty f(t)e^{-st}dt=KL[f(t)]=KF(s) \qquad（证毕）$$

比例定理表明，如果原函数放大 K 倍，那么它的象函数也放大 K 倍。

3．微分定理

$$L[f'(t)]=sF(s)-f(0) \tag{2-9}$$

及在零初始条件下有：

$$L[f^n(t)]=s^nF(s) \tag{2-10}$$

证明：

$$L[f'(t)]=L\left[\frac{d}{dt}f(t)\right]$$

$$=\int_0^\infty e^{-st}\frac{d}{dt}f(t)dt=\int_0^\infty e^{-st}df(t)$$

$$= f(t)\mathrm{e}^{-st}\Big|_0^\infty - \int_0^\infty f(t)(-s)\mathrm{e}^{-st}\mathrm{d}t \,^①$$

$$= -f(0) + s\int_0^\infty f(t)\mathrm{e}^{-st}\mathrm{d}t = sF(s) - f(0)$$

当初始条件 $f(0) = 0$ 时，$L\big[f'(t)\big] = sF(s)$。

同理，可求得：

$$L\big[f''(t)\big] = s^2 F(s) - sf(0) - f'(0)$$

$$L\big[f^{(n)}(t)\big] = s^n F(s) - s^{n-1} f(0) - \cdots - f^{n-1}(0)$$

若具有零初始条件，即

$$f(0) = f'(0) = \cdots = f^{n-1}(0) = 0$$

则
$$L\big[f''(t)\big] = s^2 F(s)$$

$$\vdots$$

$$L\big[f^{(n)}(t)\big] = s^n F(s) \qquad\qquad （证毕）$$

上式表明，在初始条件为零的前提下，原函数的 n 阶导数的拉氏变换等于其象函数乘以 s^n。这使函数的微分运算变得十分简单，它是拉氏变换可将微分运算转化成代数运算的依据，因此微分定理是一个非常重要的定理。

4．积分定理

$$L\left[\int f(t)\mathrm{d}t\right] = \frac{F(s)}{s} + \frac{\int f(t)\mathrm{d}t\Big|_{t=0}}{s} \qquad\qquad (2\text{-}11)$$

及在零初始条件下有：

$$L\left[\underbrace{\int\cdots\int}_{n} f(t)\mathrm{d}t^n\right] = \frac{F(s)}{s^n} \qquad\qquad (2\text{-}12)$$

证明：
$$L\left[\int f(t)\mathrm{d}t\right] = \int_0^\infty \left[\int f(t)\mathrm{d}t\right]\mathrm{e}^{-st}\mathrm{d}t$$

$$= \left[\frac{\mathrm{e}^{-st}}{(-s)}\int f(t)\mathrm{d}t\right]\Bigg|_0^\infty - \int_0^\infty \frac{\mathrm{e}^{-st}}{(-s)} f(t)\mathrm{d}t$$

$$= \left[\frac{1}{s}\int f(t)\mathrm{d}t\right]_{t=0} + \frac{1}{s}\int_0^\infty f(t)\mathrm{e}^{-st}\mathrm{d}t$$

$$= \frac{F(s)}{s} + \frac{\left[\int f(t)\mathrm{d}t\right]_{t=0}}{s}$$

当初始条件 $\int f(t)\mathrm{d}t\Big|_{t=0} = 0$ 时，由上式有：

---

① 根据分部积分法：$\int U\mathrm{d}v = Uv - \int v\mathrm{d}u$。

$$\left[\int f(t)\mathrm{d}t\right] = \frac{F(s)}{s}$$

同理，可以证明在零初始条件下有：

$$L\left[\int\int f(t)\mathrm{d}t^2\right] = \frac{F(s)}{s^2}$$

$$\vdots$$

$$L\left[\underbrace{\int\cdots\int}_{n} f(t)\mathrm{d}t^n\right] = \frac{F(s)}{s^n} \qquad\qquad （证毕）$$

上式表明，在零初始条件下，原函数的 n 重积分的拉氏变换等于其象函数除以 s^n。它是微分的逆运算，积分定理与微分定理同样都是非常重要的运算定理。

5. 位移定理

$$L\left[\mathrm{e}^{-at} f(t)\right] = F(s+a) \qquad\qquad (2\text{-}13)$$

证明：
$$L\left[\mathrm{e}^{-at} f(t)\right] = \int_0^\infty \mathrm{e}^{-at} f(t)\mathrm{e}^{-st}\mathrm{d}t$$

$$= \int_0^\infty f(t)\mathrm{e}^{-(s+a)t}\mathrm{d}t$$

$$= F(s+a) \qquad\qquad （证毕）$$

它表明原函数 $f(t)$ 乘以因子 e^{-at} 时，它的象函数只需把 $F(s)$ 中的 s 用 $s+a$ 代替即可。也就是将 $F(s)$ 平移到 $F(s+a)$ 的位置。

6. 延迟定理

$$L\left[f(t-\tau)\right] = \mathrm{e}^{-s\tau} F(s) \qquad\qquad (2\text{-}14)$$

原函数 $f(t)$ 延迟 τ 时间即成为 $f(t-\tau)$。参见图 2.2.1。

证明：由图 2.2.1 可知，当 $t < \tau$ 时，$f(t-\tau) = 0$。

$$L\left[f(t-\tau)\right] = \int_0^\infty f(t-\tau)\mathrm{e}^{-st}\mathrm{d}t = \int_0^\tau 0\times\mathrm{e}^{-st}\mathrm{d}t + \int_\tau^\infty f(t-\tau)\mathrm{e}^{-st}\mathrm{d}t$$

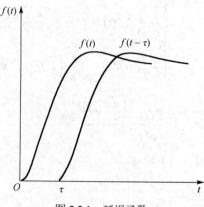

图 2.2.1　延迟函数

进行变量代换，设 $x = t - \tau$，即 $t = x + \tau$，$dt = d(x + \tau) = dx$，当 t 由 $t \to \infty$ 时，x 由 $0 \to \infty$，代入上式，可得：

$$L\left[f(t - \tau) \right] = \int_0^\infty f(x) e^{-s(x + \tau)} dx = \int_0^\infty f(x) e^{-sx} e^{-s\tau} dx$$

$$= e^{-s\tau} \int_0^\infty f(x) e^{-sx} dx = e^{-s\tau} F(s) \qquad （证毕）$$

7. 相似定理

$$L\left[f\left(\frac{t}{a} \right) \right] = aF(as) \qquad (2\text{-}15)$$

证明：

$$L\left[f\left(\frac{t}{a} \right) \right] = \int_0^\infty f\left(\frac{t}{a} \right) e^{-st} dt$$

进行变量代换，令 $x = \dfrac{t}{a}$，则

$$L\left[f\left(\frac{t}{a} \right) \right] = \int_0^\infty f(x) e^{-sax} d(ax) = a \int_0^\infty f(x) e^{-sax} dx = aF(as) \qquad （证毕）$$

上式说明当原函数 $f(t)$ 的 t 缩小（或扩大）若干倍时，它的象函数 $F(s)$ 及其变量 s 相应扩大（或缩小）同样的倍数。

8. 卷积定理

设 $L\left[f_1(t) \right] = F_1(s)$，$L\left[f_2(t) \right] = F_2(s)$，则有

$$F_1(s) F_2(s) = L\left[\int_0^t f_1(t - \tau) f_2(\tau) d\tau \right] \qquad (2\text{-}16)$$

式中，$\displaystyle\int_0^t f_1(t - \tau) f_2(\tau) d\tau$ 叫作 $f_1(t)$ 和 $f_2(t)$ 的卷积，也可写为 $f_1(t) * f_2(t)$。因此，上式表明，两个原函数的卷积对应于它们象函数的乘积。

证明：由拉氏变换定义式，有：

$$L\left[\int_0^t f_1(t - \tau) f_2(\tau) d\tau \right] = \int_0^\infty \left[\int_0^t f_1(t - \tau) f_2(\tau) d\tau \right] e^{-st} dt$$

在这里引入单位阶跃函数 $1(t - \tau)$，即

$$f_1(t - \tau) 1(t - \tau) = \begin{cases} 0, & t < \tau \\ f_1(t - \tau), & t \geq \tau \end{cases}$$

因此

$$\int_0^t f_1(t - \tau) f_2(\tau) d\tau = \int_0^\infty f_1(t - \tau) 1(t - \tau) f_2(\tau) d\tau$$

所以

$$L\left[\int_0^t f_1(t - \tau) f_2(\tau) d\tau \right] = \int_0^\infty \int_0^\infty f_1(t - \tau) 1(t - \tau) f_2(\tau) d\tau e^{-st} dt$$

$$= \int_0^\infty f_2(\tau) d\tau \int_0^\infty f_1(t - \tau) 1(t - \tau) e^{-st} dt = \int_0^\infty f_2(\tau) d\tau \int_0^\infty f_1(t - \tau) e^{-st} dt$$

令 $\lambda = t - \tau$ ，可得：

$$L\left[\int_0^t f_1(t-\tau)f_2(\tau)\mathrm{d}\tau\right] = \int_0^\infty f_2(\tau)\mathrm{d}\tau\int_0^\infty f_1(\lambda)\mathrm{e}^{-s\lambda}\mathrm{e}^{-s\tau}\mathrm{d}\lambda$$

$$= \int_0^\infty f_2(\tau)\mathrm{e}^{-s\tau}\mathrm{d}\tau\int_0^\infty f_1(\lambda)\mathrm{e}^{-s\lambda}\mathrm{d}\lambda$$

$$= F_2(s)F_1(s) \qquad\qquad （证毕）$$

9. 初值定理

$$\lim_{t\to 0}f(t) = \lim_{s\to\infty}sF(s) \qquad\qquad (2\text{-}17)$$

证明：由微分定理：

$$\int_0^\infty f'(t)\mathrm{e}^{-st}\mathrm{d}t = sF(s) - f(0)$$

当 $s\to\infty$ 时，$\mathrm{e}^{-st}\to 0$ ，于是上式左边 $\lim\limits_{s\to\infty}\int_0^\infty f'(t)\mathrm{e}^{-st}\mathrm{d}t = 0$ 。所以 $\lim\limits_{s\to\infty}sF(s) - f(0) = 0$ ，即

$$\lim_{t\to 0}f(t) = \lim_{s\to\infty}sF(s) \qquad\qquad （证毕）$$

上式表明原函数 $f(t)$ 在 $t = 0$ 时的数值（即初始值），可以通过将象函数乘以 s 后，再求 $s\to\infty$ 的极限值求得。当然，前提条件是：当 $t\to 0$ 和 $s\to\infty$ 时，各式极限值存在。

10. 终止定理

$$\lim_{t\to\infty}f(t) = \lim_{s\to 0}sF(s) \qquad\qquad (2\text{-}18)$$

证明：由微分定理：

$$\int_0^\infty f'(t)\mathrm{e}^{-st}\mathrm{d}t = sF(s) - f(0)$$

等式两边取极限：

$$\lim_{s\to 0}\int_0^\infty f'(t)\mathrm{e}^{-st}\mathrm{d}t = \lim_{s\to 0}sF(s) - f(0)$$

由于当 $s\to 0$ 时，$\mathrm{e}^{-st} = 1$ ，所以

等式左边

$$\lim_{s\to 0}\int_0^\infty f'(t)\mathrm{e}^{-st}\mathrm{d}t = \int_0^\infty f'(t)\mathrm{d}t = f(t)\Big|_0^\infty = \lim_{t\to\infty}f(t) - f(0)$$

代入原式，有：

$$\lim_{t\to\infty}f(t) - f(0) = \lim_{s\to 0}[sF(s) - f(0)]$$

两边消去 $f(0)$ ，得：

$$\lim_{t\to\infty}f(t) = \lim_{s\to 0}sF(s) \qquad\qquad （证毕）$$

它表明原函数在 $t\to\infty$ 时的数值（稳态值），可以通过将象函数 $F(s)$ 乘以 s 后，再求 $s\to 0$ 的极限值来得到。同初值定理一样，其前提条件是：当 $t\to\infty$ 和 $s\to 0$ 时，各式极限值存在。

终值定理在分析研究系统的稳态性能时（例如分析系统的稳态误差，求取系统输出量的稳态值等）有着很多的应用，因此终值定理也是一个经常用到的运算定理。

表 2.2.1 给出了拉氏变换的主要运算定理。

表 2.2.1 拉氏变换的主要运算定理

	名称	公式
1	叠加定理	$L[f_1(t) \pm f_2(t)] = L[f_1(t)] \pm L[f_2(t)]$
2	比例定理	$L[Kf(t)] = KL[f(t)]$
3	微分定理	$L[f'(t)] = sF(s) - f(0)$
4	积分定理	$L\left[\int f(t)\mathrm{d}t\right] = \dfrac{F(s)}{s} + \dfrac{\int f(t)\mathrm{d}t\big|_{t=0}}{s}$
5	位移定理	$L[\mathrm{e}^{-at}f(t)] = F(s+a)$
6	延迟定理	$L[f(t-\tau)] = \mathrm{e}^{-s\tau}F(s)$
7	相似定理	$L\left[f\left(\dfrac{t}{a}\right)\right] = aF(as)$
8	卷积定理	$F_1(s)F_2(s) = L\left[\int_0^t f_1(t-\tau)f_2(\tau)\mathrm{d}\tau\right]$
9	初值定理	$\lim\limits_{t\to 0} f(t) = \lim\limits_{s\to\infty} sF(s)$
10	终值定理	$\lim\limits_{t\to\infty} f(t) = \lim\limits_{s\to 0} sF(s)$

2.3 拉氏变换应用举例

例 2.1 求典型一阶系统的单位阶跃响应。

设典型一阶系统的微分方程为:

$$T\frac{\mathrm{d}c(t)}{\mathrm{d}t} + c(t) = r(t) \tag{2-19}$$

式中,$r(t)$ 为输入信号;$c(t)$ 为输出信号;T 为时间常数,其初始条件为零。

解: 对微分方程两边进行拉氏变换,可得:

$$TsC(s) + C(s) = R(s)$$

由于题设输入信号 $r(t)$ 为单位阶跃信号 $\mu(t)$,则根据式(2-2)可得 $R(s) = \dfrac{1}{s}$,代入上式有:

$$(Ts+1)C(s) = \frac{1}{s}$$

$r(t)$ 由上式可得:

$$C(s) = \frac{1}{s}\frac{1}{Ts+1} = \frac{A}{s} + \frac{B}{Ts+1}$$

用待定系数法可求得 $A=1$,$B=-T$,代入上式有:

$$C(s) = \frac{1}{s} - \frac{T}{Ts+1} = \frac{1}{s} - \frac{1}{s+\dfrac{1}{T}}$$

通过表 2.1.1 可查得上式 $C(s)$ 的原函数为:

$$C(s) = 1 - \mathrm{e}^{-\frac{1}{T}t} \tag{2-20}$$

由式(2-20)所表达的响应曲线如图 2.3.1 所示,它是一个按指数规律上升的曲线,当 $t \to \infty$ 时无限接近单位阶跃函数的曲线。对式(2-20)和图 2.3.1 进行分析可知:

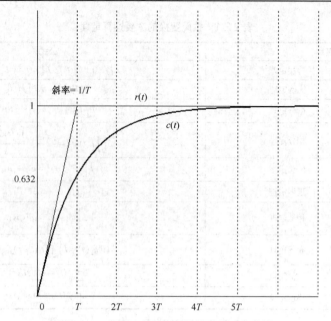

图 2.3.1　典型一阶系统的单位阶跃响应曲线

① 响应曲线起点的斜率为：

$$m = \frac{dc(t)}{dt}\bigg|_{t=0} = \frac{1}{T}e^{-\frac{t}{T}}\bigg|_{t=0} = \frac{1}{T}$$

所以可知，响应曲线在起点的斜率为时间常数 T 的倒数，T 越大，m 越小，上升过程越慢。

② 在 t 经历 T、$2T$、$3T$、$4T$ 和 $5T$ 的时间后，其响应的输出分别为稳态值的 63.2%、86.5%、95%、98.2% 和 99.3%。由此可见，对典型一阶系统，它的过渡过程时间大约为 $3T \sim 5T$，达到稳态值的 95%～99.3%。

例 2.2　若输入量 $r(t)$ 为一单位阶跃函数，求下列二阶微分方程的输出量 $c(t)$。

$$T^2\frac{d^2c(t)}{dt^2} + 2T\zeta\frac{dc(t)}{dt} + c(t) = r(t) \tag{2-21}$$

解：

（1）对上式进行拉氏变换，有：

$$T^2 s^2 C(s) + 2T\zeta s C(s) + C(s) = \frac{1}{s}$$

由上式有：

$$C(s) = \frac{1}{T^2 s^2 + 2\zeta T s + 1}\frac{1}{s} = \frac{\omega^2}{s^2 + 2\zeta\omega_n s + \omega_n^2}\frac{1}{s} \tag{2-22}$$

上式中：

$$\omega_n = \frac{1}{T}$$

（2）为了通过查表求得 $c(t)$，需将式（2-22）用部分分式法展开，为此须先求得方程 $s^2 + 2\zeta\omega_n s + \omega_n^2 s = 0$ 的一对根 $s_{1,2} = -\zeta\omega_n \pm \omega_n\sqrt{\zeta^2 - 1}$。由此式可见，对于不同的 ζ 值，$s_{1,2}$ 的性质不同。而对不同性质的根，展开部分分式的形式也不同，现分别求解如下：

① 当 $\zeta = 0$ 时（又称无阻尼或零阻尼）：

特征方程的根 $s_{1,2} = \pm j\omega_n$，即为一对纯虚根时，式（2-22）可展开为：

$$C(s) = \frac{\omega_n^2}{s^2 + \omega_n^2}\frac{1}{s} = \frac{A}{s} + \frac{Bs + C}{s^2 + \omega_n^2}$$

求解待定系数可得：

$$A = 1, \quad B = -1, \quad C = 0$$

代入上式有：

$$C(s) = \frac{1}{s} - \frac{s}{s^2 + \omega_n^2}$$

由表 2.1.1 可查得：

$$c(t) = 1 - \cos\omega_n t \qquad\qquad (2\text{-}23)$$

由上式可见，无阻尼时的阶跃响应为等幅振荡线，参见图 2.3.2。

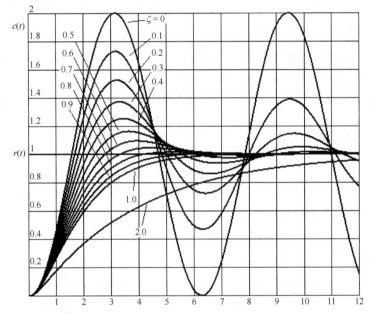

图 2.3.2 典型二阶系统的单位阶跃响应曲线

② 当 $0 < \zeta < 1$ 时（又称欠阻尼）：

特征方程的根 $s_{1,2} = -\zeta\omega_n \pm j\omega_n\sqrt{1-\zeta^2}$ 是一对共轭复根。

通常令
$$\omega_d = \omega_n\sqrt{1-\zeta^2}$$

则
$$s_{1,2} = -\zeta\omega_n \pm j\omega_d$$

$$C(s) = \frac{\omega_n^2}{s^2 + 2\zeta\omega_n s + \omega_n^2}\frac{1}{s}$$

由于 $0 < \zeta < 1$，通过表 2.1 可查得其原函数：

$$c(t) = 1 - \frac{1}{\sqrt{1-\zeta^2}}\,\mathrm{e}^{-\zeta\omega_n t}\sin\left(\omega_n\sqrt{1-\zeta^2}\,t + \arctan\frac{\sqrt{1-\zeta^2}}{\zeta}\right)$$

$$= 1 - \frac{1}{\sqrt{1-\zeta^2}} e^{-\zeta\omega_n n^t} \sin\left(\omega_d t + \arctan\frac{\sqrt{1-\zeta^2}}{\zeta}\right) \qquad (2\text{-}24)$$

由式（2-24）可见，欠阻尼时的阶跃响应为一阻尼振荡曲线，参见图 2.3.2，而且 ζ 越小，振幅越大。

③ 当 $\zeta = 1$ 时（又称临界阻尼）：

特征方程的根 $s_{1,2} = -\omega_n$ 是两个相等的负实根（重根），可将式（2-22）展开为

$$C(s) = \frac{\omega_n^2}{s^2 + 2\zeta\omega_n s + \omega_n^2} \frac{1}{s} = \frac{\omega_n^2}{s(s+\omega_n)^2} = \frac{A}{s} + \frac{B}{(s+\omega_n)^2} + \frac{C}{s+\omega_n}$$

应用通分的方法可求得待定系数 $A=1,\ B=-\omega_n,\ C=-1$。

从而

$$C(s) = \frac{1}{s} - \frac{\omega_n}{(s+\omega_n)^2} - \frac{1}{s+\omega_n}$$

由表 2.1.1 可查得原函数：

$$c(t) = 1 - \omega_n t e^{-\omega_n t} - e^{-\omega_n t} = 1 - e^{-\omega_n t}(1 + \omega_n t) \qquad (2\text{-}25)$$

由式（2-25）可见，临界阻尼时的阶跃响应为单调上升曲线，参见图 2.3.2。

④ 当 $\zeta > 1$ 时（又称过阻尼）：

特征方程的根 $s_{1,2} = -\zeta\omega_n \pm \omega_n\sqrt{\zeta^2-1}$ 是两个不相等的负实根，式（2-22）可展开为：

$$C(s) = \frac{\omega_n^2}{s^2 + 2\zeta\omega_n + \omega_n^2} \frac{1}{s} = \frac{1}{s} \frac{\omega_n^2}{(s-s_1)(s-s_2)}$$

$$= \frac{A}{s} + \frac{B}{s-(-\zeta\omega_n + \omega_n^2\sqrt{\zeta^2-1})} + \frac{C}{s-(-\zeta\omega_n - \omega_n^2\sqrt{\zeta^2-1})}$$

$$= \frac{A}{s} + \frac{B}{s+\omega_n(\zeta - \sqrt{\zeta^2-1})} + \frac{C}{s+\omega_n(\zeta + \sqrt{\zeta^2-1})}$$

应用通分的方法可以求得待定系数：

$$A=1,\quad B=-\frac{1}{2\sqrt{\zeta^2-1}(\zeta-\sqrt{\zeta^2-1})},\quad C=\frac{1}{2\sqrt{\zeta^2-1}(\zeta+\sqrt{\zeta^2-1})}$$

于是：

$$C(s) = \frac{1}{s} - \frac{B}{2\sqrt{\zeta^2-1}(\zeta-\sqrt{\zeta^2-1})[s+\omega_n(\zeta-\sqrt{\zeta^2-1})]} + \frac{C}{2\sqrt{\zeta^2-1}(\zeta+\sqrt{\zeta^2-1})[s+\omega_n(\zeta+\sqrt{\zeta^2-1})]}$$

同理，由表 2.1.1 可查得原函数：

$$c(t) = 1 - \frac{1}{2\sqrt{\zeta^2-1}(\zeta-\sqrt{\zeta^2-1})} e^{-(\zeta-\sqrt{\zeta^2-1})} + \frac{1}{2\sqrt{\zeta^2-1}(\zeta+\sqrt{\zeta^2-1})} e^{-(\zeta+\sqrt{\zeta^2-1})} \qquad (2\text{-}26)$$

由式（2-26）可知，过阻尼时的阶跃响应曲线也为单调上升曲线，不过其上升的斜率较临界阻尼更慢，参见图 2.3.2 中 $\zeta = 2.0$ 的曲线。

图 2.3.2 所示为典型二阶系统在不同阻尼比时的单位阶跃响应曲线。

由以上分析可见，典型二阶系统在不同阻尼比的情况下，它们的阶跃响应输出特性的差异是很大的。若阻尼比过小则系统的振荡加剧，超调量大幅度增加；若阻尼比过大，则系统的响应过慢，又大

大增加了调整时间。因此怎样选择适中的阻尼比以兼顾系统的稳定性和快速性，成为研究自动控制系统的一个重要课题。

我们在例 2.1 和例 2.2 中对典型一阶系统和二阶系统进行分析得到的结果，对分析一般自动控制系统具有普遍的参考价值。

例 2.3 求典型一阶系统的单位斜坡响应。

典型一阶系统的微分方程为：

$$T\frac{\mathrm{d}c(t)}{\mathrm{d}t} + c(t) = r(t)$$

上式的拉氏变换式为：

$$TsC(s) + C(s) = R(s)$$

由于为单位斜坡输入，即 $r(t) = t$，因此 $R(s) = \dfrac{1}{s^2}$，代入上式有：

$$(Ts+1)C(s) = \frac{1}{s^2}$$

由上式有：

$$C(s) = \frac{1}{Ts+1}\frac{1}{s^2} = \frac{A}{s^2} + \frac{B}{s} + \frac{C}{Ts+1}$$

应用通分的方法，可求得待定系数 $A = 1$，$B = -T$，$C = T^2$。

因此可得：

$$C(s) = \frac{1}{s^2} - \frac{T}{s} + \frac{T^2}{Ts+1}$$

查表可得原函数为：

$$c(t) = t - T + Te^{-\frac{t}{T}} \tag{2-27}$$

由上式可画出如图 2.3.3 所示的单位斜坡响应。

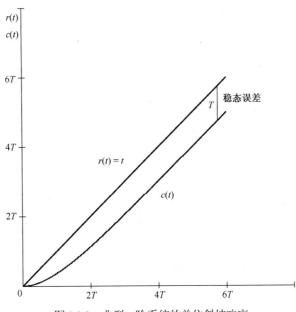

图 2.3.3 典型一阶系统的单位斜坡响应

分析式（2-27）和图 2.3.3 可以看到，典型一阶系统的斜坡响应始终存在误差，其误差 e(t) 为：

$$e(t) = r(t) - c(t) = t - (t - T + Te^{-\frac{t}{T}}) = T(1 - e^{-\frac{t}{T}})$$

由上式可以看出，当 $t \to \infty$ 时，误差 $e(t)$ 趋于 T，即

$$\lim_{t \to \infty} e(t) = T$$

$\lim\limits_{t \to \infty} e(t)$ 也称为稳态误差，显然，时间常数 T 越小，系统跟踪斜坡输入信号的稳态误差也越小。

在分析跟随系统时，通常以单位斜坡信号作为典型输入信号（例如，匀速转动时的角位移量便是斜坡信号），因此例 2.3 中的分析方法和结果对分析一般跟随系统也具有普遍的参考价值。

第3章 控制系统的数学模型

要对控制系统进行深入分析和设计，首先需要建立控制系统的数学模型。所谓控制系统的数学模型指的是描述控制系统内部物理量（或变量）之间关系的数学表达式。把具体的系统抽象为数学模型，有助于我们应用经典或现代控制理论所提供的方法去分析它的性能和研究改进系统的途径。

在实际应用中，建立控制系统数学模型的方法有分析法（又称机理建模法）和实验法（又称系统辨识）。前者根据系统组成各元件工作过程中所遵循的物理定理来进行。例如，电路中的基尔霍夫电路定理，力学中的牛顿定理，热力学中的热力学定理等。而后者是根据元件或系统对某些典型输入信号的响应或其他实验数据建立数学模型，当元件或系统比较复杂，其运动特性很难用几个简单的数学方程表示时，实验法就显得非常重要了。

本章仅介绍分析法，系统辨识由专门课程介绍。在经典控制理论中，常用的数学模型有微分方程模型、传递函数模型和系统框图模型等。它们反映了系统的输出量、输入量和内部各变量间的关系，也反映了系统的内在特性，它们是经典控制理论中常用的时域分析法、频率特性法和根轨迹法赖以实现的基础。此外本章还简单介绍了现代控制理论中的状态空间模型。

3.1 微分方程模型

控制模型如果按数学模型分类，可以分为线性系统和非线性系统，定常系统和时变系统，对于不同的系统，处理的方式有所不同。

线性系统： 如果系统满足叠加原理，则称其为线性系统。也就是说，两个不同的作用函数同时作用于系统所得的响应，等于两个作用函数单独作用的响应之和。

线性系统对于几个输入量同时作用的响应可以一个一个地处理，然后对每一个输入量响应的结果进行叠加。

线性定常系统和线性时变系统： 可以用线性定常微分方程描述的系统称为线性定常系统，如果描述系统的微分方程的系数是时间的函数，则为线性时变系统。

火箭升空控制系统就是一个典型的时变控制的例子（火箭本身质量随着燃料的消耗而变化）。

非线性系统： 如果系统不能应用叠加原理，则该系统为非线性系统。

以下是非线性系统的一些例子：

$$\frac{\mathrm{d}^2 x}{\mathrm{d}t^2} + \left(\frac{\mathrm{d}x}{\mathrm{d}t}\right)^2 + x = A\sin\omega t$$

$$\frac{\mathrm{d}^2 x}{\mathrm{d}t^2} + (x^2 - 1)\frac{\mathrm{d}x}{\mathrm{d}t} + x = 0$$

$$\frac{\mathrm{d}^2 x}{\mathrm{d}t^2} + \frac{\mathrm{d}x}{\mathrm{d}t} + x + x^3 = 0$$

经典控制理论中（我们正在学习的），采用的是单输入、单输出描述方法。主要是针对线性定常系统，对于非线性系统和时变系统，解决问题的能力是极其有限的。

微分方程模型是一种最基本的数学模型，也是进一步具体展开分析系统的基础。一个控制系统的微分方程的编写应根据组成系统各元件工作过程中所遵循的物理定理来进行。例如，电路中的基尔霍夫定理，力学中的牛顿定理，热力学中的热力学定理等。

一般来说，建立微分方程模型的步骤如下：

① 确定系统的输入量和输出量。

② 将系统划分为若干环节，从输入端开始，按信号传递的顺序，依据各变量所遵循的物理学定律，列出各环节的线性化原始方程。

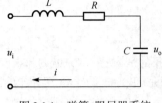

③ 消去中间变量，写出仅包含输入、输出变量的微分方程式。

例 3.1 写出图 3.1.1 所示 RLC 电路的微分方程。其中 u_i 表示输入，u_o 表示输出。

图 3.1.1 弹簧-阻尼器系统

解：根据基尔霍夫定理：

$$L\frac{\mathrm{d}i}{\mathrm{d}t} + Ri + \frac{1}{C}\int i\mathrm{d}t = u_i \tag{3-1}$$

$$u_o = \frac{1}{C}\int i\mathrm{d}t \tag{3-2}$$

由式（3-2）可得 $i = C\dfrac{\mathrm{d}u_o}{\mathrm{d}t}$，代入式（3-1）得：

$$LC\frac{\mathrm{d}^2 u_o}{\mathrm{d}t^2} + RC\frac{\mathrm{d}u_o}{\mathrm{d}t} + u_o = u_i \tag{3-3}$$

由式（3-3）可见，这是一个线性定常二阶微分方程，所以图中所示 RLC 电路系统为一个线性定常二阶系统。

例 3.2 求弹簧-质量-阻尼器的机械位移系统的微分方程。（阻尼器是一种产生粘性摩擦的装置，由活塞和充满油液的缸体组成。活塞和缸体之间的任何相对运动都将受到油液的阻滞。阻尼器用来吸收系统的能量并转变为热量而散失掉。）

解：首先，系统的输入量为外力 F，输出量为位移 x。

然后，画出系统原理结构图以及质量块受力分析图，如图 3.1.2 所示。

图中，m 为质量，f 为粘性阻尼系数，k 为弹性系数。根据牛顿定理，可列出质量块的力平衡方程如下：

$$m\frac{\mathrm{d}^2 x}{\mathrm{d}t^2} = F - f\frac{\mathrm{d}x}{\mathrm{d}t} - kx$$

整理得：

$$m\frac{\mathrm{d}^2 x}{\mathrm{d}t^2} + f\frac{\mathrm{d}x}{\mathrm{d}t} + kx = F \tag{3-4}$$

可见，这也是一个二阶定常微分方程。x 为输出量，F 为输入量。在国际单位制中，m、f 和 k 的单位分别为 kg、N·s/m、N/m。（思考：上述方程中为什么没有出现重力 mg？）

例 3.3 求机械转动系统的微分方程。设外加转矩 M 为输入量，转角 θ 为输出量。

解：对于转动物体，可用转动惯量代表惯性负载。根据机械转动系统的牛顿定理可列出微分方程：

$$J\frac{\mathrm{d}^2 \theta}{\mathrm{d}t^2} = M - f\frac{\mathrm{d}\theta}{\mathrm{d}t} - k\theta$$

整理得：

$$J\frac{\mathrm{d}^2\theta}{\mathrm{d}t^2} + f\frac{\mathrm{d}\theta}{\mathrm{d}t} + k\theta = M \tag{3-5}$$

式中，f 和 k 分别为粘滞阻尼系数和扭转弹性系数。若忽略扭转弹性系数的影响，则方程为：

$$J\frac{\mathrm{d}^2\theta}{\mathrm{d}t^2} + f\frac{\mathrm{d}\theta}{\mathrm{d}t} = M$$

若令 $\omega = \dfrac{\mathrm{d}\theta}{\mathrm{d}t}$，则方程可进一步写为：

$$J\frac{\mathrm{d}\omega}{\mathrm{d}t} + f\omega = M$$

若再忽略粘滞阻尼系数，则方程为：

$$J\frac{\mathrm{d}\omega}{\mathrm{d}t} = M \tag{3-6}$$

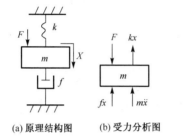
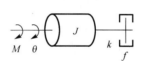

(a) 原理结构图　　(b) 受力分析图

图 3.1.2　弹簧-阻尼-质量机械系统　　　　图 3.1.3　机械转动系统

　　例 3.4　图 3.1.4 所示为电枢控制直流电动机的原理结构图，要求取电枢电压 $u_a(t)$（V）为输入量，电动机转速 $\omega(t)$（rad/s）为输出量，列写微分方程。图中 R_a（Ω）、L_a（H）分别是电枢电路的电阻和电感，M_c（N·M）是折合到电动机轴上的总负载转距。激磁磁通为常值。

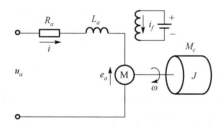

图 3.1.4　电枢控制式直流电动机原理图

　　解：电枢控制直流电动机的工作实质是将输入的电能转换为机械能，也就是由输入的电枢电压 $u_a(t)$ 在电枢回路中产生电枢电流，再由电流 $i_a(t)$ 与激磁磁通相互作用产生电磁转距 $M_m(t)$，从而拖动负载运动。因此，直流电动机的运动方程可由以下三部分组成。

　　① 电枢回路电压平衡方程：

$$u_a(t) = L_a\frac{\mathrm{d}i_a(t)}{\mathrm{d}t} + R_a i_a(t) + e_a \tag{3-7}$$

式中，e_a 是电枢反电势，它是当电枢旋转时产生的反电势，其大小与激磁磁通及转速成正比，方向与电枢电压 $u_a(t)$ 相反，即

$$e_a = C_e\omega(t) \tag{3-8}$$

式中，C_e 为反电势常数（V/rad/s）。

② 电磁转距方程：

$$M_m(t) = C_e i_a(t) \tag{3-9}$$

式中，C_e 表示电动机转距系数（N·M/A）；$M_m(t)$ 表示电枢电流产生的电磁转距（N·M）。

③ 电动机轴上的转距平衡方程：

$$J_m \frac{\mathrm{d}\omega(t)}{\mathrm{d}t} + f_m \omega(t) = M_m(t) - M_c(t) \tag{3-10}$$

式中，J_m 表示电动机和负载折合到电动机轴上的转动惯量（kg·m·s^2）；f_m 表示电动机和负载折合到电动机轴上的粘性摩擦系数（N·m/rad/s）。

根据式（3-9）和式（3-10）可求得 $i_a(t)$，把 $i_a(t)$ 和式（3-8）代入式（3-7），最终可得：

$$L_a J_m \frac{\mathrm{d}^2\omega(t)}{\mathrm{d}t^2} + (L_a f_m + R_a J_m)\frac{\mathrm{d}\omega(t)}{\mathrm{d}t} + (R_a f_m + C_m C_e)\omega(t)$$

$$= C_m u_a(t) - L_a \frac{\mathrm{d}M_c(t)}{\mathrm{d}t} - R_a M_c(t) \tag{3-11}$$

在实际工程应用中，由于电枢电路电感 L_a 较小，通常忽略不计，因此式（3-11）可简化为：

$$T_m \frac{\mathrm{d}\omega(t)}{\mathrm{d}t} + \omega(t) = K_1 u_a(t) - K_2 M_c(t) \tag{3-12}$$

式中，$T_m = \dfrac{R_a J_m}{R_a f_m + C_m C_e}$ 表示电动机机电时间常数（s）；$K_1 = \dfrac{C_m}{R_a f_m + C_m C_e}$、$K_2 = \dfrac{R_a}{R_a f_m + C_m C_e}$ 表示电动机传递系数。

如果电枢电阻 R_a 和电动机转动惯量 J_m 都很小从而可忽略不计时，式（3-12）可以进一步简化为：

$$C_e \omega(t) = u_a(t) \tag{3-13}$$

电动机的转速 $\omega(t)$ 与电枢电压 $u_a(t)$ 成正比，于是电动机可作为测速发电机使用。

微分方程模型中需要讨论的问题如下。

1. 相似系统和相似量

在例 3.1 和例 3.2 中，虽然一个是 RLC 电路控制系统，一个是机械位移系统，但是我们注意到式（3-3）和式（3-4）的微分方程形式是完全一样的。

$$LC \frac{\mathrm{d}^2 u_\mathrm{o}}{\mathrm{d}t^2} + RC \frac{\mathrm{d}u_\mathrm{o}}{\mathrm{d}t} + u_\mathrm{o} = u_\mathrm{i}$$

$$m \frac{\mathrm{d}^2 x}{\mathrm{d}t^2} + f \frac{\mathrm{d}x}{\mathrm{d}t} + kx = F$$

若在例 3.1 中令 $q = \int i \mathrm{d}t$，q 为电荷，那么式（3-3）变为：

$$L \frac{\mathrm{d}^2 q}{\mathrm{d}t^2} + R \frac{\mathrm{d}q}{\mathrm{d}t} + \frac{1}{C} q = u_\mathrm{i}$$

由此可见，同一物理系统根据变量设定的不同可以有不同形式的数学模型，而不同类型的物理系统也可以有相同形式的数学模型。

定义 3.1.1 具有相同的数学模型的不同物理系统称为相似系统。

所以我们可以称例 3.1 和例 3.2 为力-荷相似系统，在此相似系统中，x, F, m, f, k 分别与 $q, u_i, L, R, \frac{1}{C}$ 为相似量。

利用相似系统的概念，我们可以用一个易于实现的系统来模拟相对复杂的系统，从而实现仿真研究。

2. 非线性元件（环节）微分方程的线性化

以上举例讨论的都是线性定常系统，描述这些系统的微分方程都为线性定常微分方程，其最重要的特性便是可以应用线性叠加原理，即系统的总输出可以由若干个输入引起的输出叠加得到。

但若描述系统的数学模型是非线性微分方程，则相应的系统称为非线性系统，这种系统不能采用线性叠加原理。在经典控制理论领域对非线性环节的处理能力是很小的，但在工程应用中，除了含有强非线性环节或系统参数随时间变化较大的情况，一般采用近似的线性化方法。

具有连续变化的非线性函数的线性化，可采用切线法或小偏差法。在一个小范围内，将非线性特性用一段直线来代替（分段定常系统）。

（1）一个变量的非线性函数 $y = f(x)$

若函数在 x_0 处连续可微，则可将它在该点附近用泰勒级数展开：

$$y = f(x) = f(x_0) + f'(x_0)(x - x_0) + \frac{1}{2!}f''(x_0)(x - x_0)^2 + \cdots$$

当增量 $\Delta x = x - x_0$ 较小时，可以略去其高次幂项，则有：

$$y - y_0 = f(x) - f(x_0) = f'(x_0)(x - x_0)$$

令函数增量 $\Delta y = y - y_0$；比例系数 $k = f'(x_0)$，即函数在 x_0 处切线的斜率，则上式可以变为：

$$\Delta y = k\Delta x \tag{3-14}$$

（2）两个变量的非线性函数 $y = f(x_1, x_2)$

对于两个变量的非线性函数，同样可在某个工作点 (x_{10}, x_{20}) 附近用泰勒级数展开：

$$y = f(x_1, x_2) = f(x_{10}, x_{20}) + \left[\frac{\partial f(x_{10}, x_{20})}{\partial x_1}(x_1 - x_{10}) + \frac{\partial f(x_{10}, x_{20})}{\partial x_2}(x_2 - x_{20}) \right]$$

$$+ \frac{1}{2!}\left[\frac{\partial f^2(x_{10}, x_{20})}{\partial x_1^2}(x_1 - x_{10})^2 + \frac{\partial f(x_{10}, x_{20})}{\partial x_1 \partial x_2}(x_1 - x_{10})(x_2 - x_{20}) \right.$$

$$\left. + \frac{\partial f^2(x_{10}, x_{20})}{\partial x_2^2}(x_2 - x_{20})^2 \right] + \cdots$$

略去二级以上的导数项，并令 $\Delta y = y - f(x_{10}, x_{20})$，$\Delta x_1 = x_1 - x_{10}$，$\Delta x_2 = x_2 - x_{20}$，则有：

$$k_1 = \frac{\partial f(x_{10}, x_{20})}{\partial x_1}, \quad k_2 = \frac{\partial f(x_{10}, x_{20})}{\partial x_2}$$

则上式可简化为：

$$\Delta y = k_1\Delta x_1 + k_2\Delta x_2 \tag{3-15}$$

这种小偏差线性化方法对于控制系统的大多数工作状态是可行的，在平衡点附近，偏差一般不会很大，都是"小偏差点"。

3.2　传递函数模型

微分方程是在时域中描述系统动态性能的数学模型，在给定外作用和初始条件下，解微分方程可以得到系统的输出响应，但是系统结构和参数变化往往会使分析过程比较麻烦。

传递函数是在用拉氏变换求解线性常微分方程的过程中引申出来的概念。用拉氏变化法求解微分方程时，可以得到控制系统在复数域的数学模型——传递函数。传递函数是经典控制理论中最重要的数学模型之一。与微分方程模型相比，传递函数模型具有以下优点：

① 不必求解微分方程就可以研究零初始条件系统在输入作用下的动态过程。也就是说，其间可以省去烦琐的求解过程。

② 可以了解系统参数或结构变化时对系统动态过程的影响。也就是说，它更具有分析性。

③ 可以把对系统的性能要求转化为对传递函数的要求。也就是说，它更具有综合性。

1. 传递函数的定义

定义 3.2.1　线性定常系统在零初始条件下系统输出量的拉式变换与系统输入量的拉氏变换之比称为传递函数。即

$$传递函数 G(s) = \frac{输出量的拉式变换式}{输入量的拉式变换式} = \frac{C(s)}{R(s)}$$

这里所谓初始条件为零（又称零初始条件），一般是指输入量在 $t = 0$ 时刻以后才作用于系统，**系统的输入量和输出量及其各阶导数在 $t \leqslant 0$ 时的值均为零**。现实的控制系统多属于这种情况，在研究一个系统时，总是假定该系统原来处于稳定平衡状态，若不加输入量，系统就不会发生任何变化。系统的各个变量都可用输入量作用前的稳态值作为起算点（即零点），所以一般都能满足零初始条件。

如果一个系统的输入量为 $r(t)$，输出量为 $c(t)$，并由下列微分方程描述：

$$a_n \frac{d^n c(t)}{dt} + a_{n-1} \frac{d^{n-1} c(t)}{dt} + \cdots + a_1 \frac{dc(t)}{dt} + a_0 c(t) = b_m \frac{d^m r(t)}{dt} + b_{m-1} \frac{d^{m-1} r(t)}{dt} + \cdots + b_1 \frac{dr(t)}{dt} + b_0 r(t)$$

在初始条件为零时，对方程两边进行拉式变换，可得：

$$a_n s^n C(s) + a_{n-1} s^{n-1} C(s) + \cdots + a_1 s C(s) + a_0 C(s) = b_m s^m R(s) + b_{m-1} s^{m-1} R(s) + \cdots + b_1 s R(s) + b_0 R(s)$$

整理可得：

$$(a_n s^n + a_{n-1} s^{n-1} + \cdots + a_1 s + a_0) C(s) = (b_m s^m + b_{m-1} s^{m-1} + \cdots + b_1 s + b_0) R(s)$$

根据传递函数的定义有：

$$G(s) = \frac{C(s)}{R(s)} = \frac{b_m s^m + b_{m-1} s^{m-1} + \cdots + b_1 s + b_0}{a_n s^n + a_{n-1} s^{n-1} + \cdots + a_1 s + a_0} \tag{3-16}$$

由以上推导过程可见，在零初始条件下，只要将微分方程中的微分算符 $\frac{d^{(i)}}{dt}$ 换成相应的 $s^{(i)}$，即可得到系统的传递函数。式（3-16）为传递函数的一般表达式。

2. 传递函数的性质

① 传递函数的概念适用于线性定常系统，由于它是由微分方程变换得来的，所以它和微分方程

之间存在着一一对应的关系。对于一个确定的系统，由于它的微分方程结构是唯一的，所以其传递函数也是唯一的。

② 传递函数是复变量 s 的有理分式，s 是复数，而分式中的各项系数 $a_n, a_{n-1}, \cdots, a_1, a_0$ 及 $b_m, b_{m-1}, \cdots, b_1, b_0$ 都是实数，它们反映的是组成系统的元件的参数。由式（3-16）可见，传递函数完全取决于其系数，所以传递函数只与系统本身的内部结构及其参数有关，与系统的输入量、扰动量等外部因素无关。因此，传递函数代表了反映系统输入和输出关系的固有特性，是一种抽象函数来描述系统的数学模型，又称为系统的复数域模型（以时间为自变量的微分方程，则称为时间域模型）。

③ 传递函数并不能反映系统或元件的学科属性和物理性质。物理性质和学科类别截然不同的系统可能具有完全一样的传递函数。因此，研究某传递函数所得结论可适用所有具有这种传递函数的各种系统。

④ 传递函数的概念主要适用于单输入、单输出系统，若系统有多个输入信号，在求传递函数的时候，除了一个相关输入量外，其他的输入量一概视为零。

⑤ 传递函数的分母是它所对应的系统微分方程的特征方程的多项式。即特征方程 $a_n s^n + a_{n-1} s^{n-1} + \cdots + a_1 s + a_0 = 0$ 的等号左边部分。而特征方程的根反映了系统动态过程的性质，所以由传递函数可以研究系统的动态特性。对实际系统而言，分母的阶次一般大于分子的阶次，即式（3-16）中 $n \geq m$，此时称该系统为 n 阶系统。

⑥ 若输入为单位脉冲函数，则 $R(s) = L[r(t)] = 1$，此时

$$C(s) = R(s)G(s) = G(s)$$

也就是说，当输入为单位脉冲函数时，系统的传递函数就等于其响应。

例 3.5　求电枢控制式直流电动机的传递函数。

解：由例 3.4 求得的结果可知电枢控制式直流电动机的微分方程为：

$$L_a J_m \frac{\mathrm{d}^2 \omega(t)}{\mathrm{d}t} + (L_a f_m + R_a J_m) \frac{\mathrm{d}\omega(t)}{\mathrm{d}t} + (R_a f_m + C_m C_e)\omega(t) = C_m u_a(t) - L_a \frac{\mathrm{d}M_c(t)}{\mathrm{d}t} - R_a M_c(t)$$

方程两边进行拉式变换，可得：

$$[L_a J_m s^2 + (L_a f_m + R_a J_m)s + (R_a f_m + C_m C_e)]\Omega(s) = C_m U_a(s) - (L_a s + R_a)M_c(s)$$

由于系统输入非单一信号，所以要分别求每个信号各自的传递函数。

令 $M_c(s) = 0$，得到转速对电枢电压的传递函数：

$$G_u(s) = \frac{\Omega(s)}{U_a(s)} = \frac{C_m}{L_a J_m s^2 + (L_a f_m + R_a J_m)s + (R_a f_m + C_m C_e)}$$

令 $U_a(s) = 0$，得到转速对负载力矩的传递函数：

$$G_m(s) = \frac{\Omega(s)}{M_c(s)} = \frac{-(L_a s + R_a)}{L_a J_m s^2 + (L_a f_m + R_a J_m)s + (R_a f_m + C_m C_e)}$$

最后利用叠加原理可得转速表达式：

$$\Omega(s) = G_u(s)U_a(s) + G_m(s)M_c(s)$$

例 3.6　求图 3.2.1 所示系统的传递函数。

解：根据基尔霍夫定理可得方程组：

$$\frac{1}{C}\int i_1 \mathrm{d}t + R_1 i_1 - R_1 i_2 = 0$$

$$R_1 i_2 - R_1 i_1 + R_2 i_2 = u_i$$

$$R_2 i_2 = u_o;$$

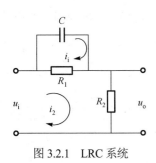

图 3.2.1　LRC 系统

对上列方程两边分别进行拉式变换，可得：

$$\left(\frac{1}{Cs}+R_1\right)I_1(s)-R_1I_2(s)=0$$

$$-R_1I_1(s)+(R_1+R_2)I_2(s)=U_i(s)$$

$$R_2I_2(s)=U_o(s)$$

所以可得：

$$G(s)=\frac{U_o(s)}{U_i(s)}=\frac{R_2I_2(s)}{-R_1I_1(s)+(R_1+R_2)I_2(s)}$$

消去 $I_1(s)$、$I_2(s)$，最后整理可得：

$$G(s)=\frac{U_o(s)}{U_i(s)}=\frac{R_2+R_1R_2Cs}{R_1+R_2+R_1R_2Cs}$$

若令 $T=\dfrac{R_1R_2C}{R_1+R_2}$，$\alpha=\dfrac{R_1+R_2}{R_2}$，上式可简化为：

$$G(s)=\frac{U_o(s)}{U_i(s)}=\frac{1}{\alpha}\frac{1+\alpha Ts}{1+Ts}$$

3. 传递函数的几种表达方式

传递函数有多种表达方式，在实际应用中，为了更加方便地分析系统的某种特性，常常把系统的传递函数写成特定形式的表达式。

（1）有理分式形式

有理分式形式也就是前面在传递函数定义中介绍的一般表达式：

$$G(s)=\frac{C(s)}{R(s)}=\frac{b_ms^m+b_{m-1}s^{m-1}+\cdots+b_1s+b_0}{a_ns^n+a_{n-1}s^{n-1}+\cdots+a_1s+a_0}$$

由于有理分式形式和系统微分方程一一对应，所以用一般有理分式表达式可以直观地了解系统的微分方程形式。

（2）零、极点形式

$$G(s)=\frac{C(s)}{R(s)}=\frac{b_m}{a_n}\times\frac{Q(s)}{P(s)}=K_g\frac{\prod\limits_{i=1}^{m}(s+z_i)}{\prod\limits_{j=1}^{n}(s+p_j)} \tag{3-17}$$

式中，z_i 称为系统的零点；p_j 称为系统的极点；$K_g=\dfrac{b_m}{a_m}$ 称为系统的传递系数。一般在分析系统结构、稳定性和临界稳定点时，需要把传递函数写成零、极点形式。

（3）时间常数形式

$$G(s)=\frac{C(s)}{R(s)}=\frac{b_0}{a_0}\times\frac{Q(s)}{P(s)}=K\frac{\prod\limits_{i=1}^{m}(\tau_is+1)}{\prod\limits_{j=1}^{n}(T_js+1)} \tag{3-18}$$

式中，τ_i、T_j 称为系统时间常数，K 称为系统放大系数。

显然可得：

$$K = K_g \frac{\prod\limits_{i=1}^{m} z_i}{\prod\limits_{j=1}^{n} p_j} \; ; \quad \tau_i = \frac{1}{z_i} \; ; \quad T_j = \frac{1}{p_j}$$

在这里要注意，如果零点或极点为共轭复数，则一般用二阶项来表示。比如，若 $-p_1, -p_2$ 为共轭极点，则传递函数形式应该写成：

$$\frac{1}{(s + p_1)(s + p_2)} = \frac{1}{s^2 + 2\xi\omega_n s + \omega_n^2}$$

其系数 ω_n 由 $-p_1, -p_2$ 求得。

如果传递函数有零值极点，则可以写成：

$$G(s) = \frac{K_g}{s^\upsilon} \times \frac{\prod\limits_{i=1}^{m_1}(s + z_i)\prod\limits_{k=1}^{m_2}(s^2 + 2\xi_k\omega_k s + \omega_k^2)}{\prod\limits_{j=1}^{n_1}(s + p_j)\prod\limits_{l=1}^{n_2}(s^2 + 2\xi_l\omega_l + \omega_l^2)}$$

或

$$G(s) = \frac{K}{s^\upsilon} \times \frac{\prod\limits_{i=1}^{m_1}(\tau_i s + 1)\prod\limits_{k=1}^{m_2}(\tau_k^2 s^2 + 2\xi_k\tau_k s + 1)}{\prod\limits_{j=1}^{n_1}(T_j s + 1)\prod\limits_{l=1}^{n_2}(T_l^2 s^2 + 2\xi_l T_l + 1)}$$

其中，$m_1 + 2m_2 = m$，$\upsilon + n_1 + 2n_2 = n$。

由以上可知，传递函数事实上就是一些基本因子的乘积。这些基本因子就是典型环节所对应的传递函数。

4．典型环节的传递函数

任何一个复杂系统都是由有限个典型环节组合而成的，控制系统中常见的典型环节有比例环节、积分环节、惯性环节、振荡环节、微分环节和延迟环节等，熟悉这些典型环节有助于更好地分析处理实际控制系统。下面分别介绍各典型环节的传递函数。

（1）比例环节

时域方程： $$c(t) = kr(t), \; t \geqslant 0$$

传递函数： $$G(s) = \frac{C(s)}{R(s)} = k$$

比例环节又称为放大环节，它的特点是输入量与输出量成比例，无失真和时间延迟。k 称为放大系数。实际中常见的比例环节实例有分压器、放大器、无间隙无变形齿轮转动等。

（2）积分环节

时域方程： $$c(t) = k \int_0^t r(t)\mathrm{d}t, \; t \geqslant 0$$

传递函数：

$$G(s) = \frac{C(s)}{R(s)} = \frac{k}{s} = \frac{1}{Ts}$$

式中，k 表示比例系数；T 称为积分环节的时间常数。积分环节的一个显著特点是输出量取决于输入量对时间的积累。输入量作用一段时间后，即使输入量变为零，输出量仍将保持在已达到的数值，故积分环节有记忆功能。其另一个特点是具有滞后性，从图 3.2.2(a) 中可以看出，当输入量为常值 A 时，由于

$$c(t) = \frac{1}{T} \int_0^t A\mathrm{d}t = \frac{1}{T}At$$

式中，$c(t)$ 是一斜线，输出量需要经过时间 T 的滞后，才能达到输入量 $r(t)$ 在 $t = 0$ 时的数值。因此，积分环节也常被用来改善控制系统的稳态特性。在复平面上还可以看到，积分环节有一个零值极点。在图 3.2.2(b) 中用 "×" 表示（如果是零点，则应该用 "○" 表示）。

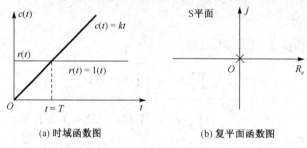

(a) 时域函数图   (b) 复平面函数图

图 3.2.2 积分环节函数图

实际中常见的积分环节实例有电动机角速度与角度之间的传递函数，模拟计算机中的积分器等。

（3）惯性环节

时域方程：

$$Tc'(t) + c(t) = kr(t), \quad t \geqslant 0$$

传递函数：

$$G(s) = \frac{C(s)}{R(s)} = \frac{k}{Ts+1}$$

式中，k 为放大系数，T 为时间常数。当输入为单位阶跃函数时有：

$$Tc'(t) + c(t) = 1$$

可解得：

$$c(t) = k(1 - \mathrm{e}^{-\frac{t}{T}})$$

如图 3.2.3(a) 所示环节的输出量将按指数曲线上升，具有惯性。在复平面上，还可以看到惯性环节具有一个负值极点，如图 3.2.3(b) 所示。

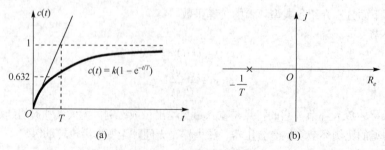

(a)   (b)

图 3.2.3 惯性环节函数图

惯性环节含有一个储能元件，对突变的输入其输出不能立即复现，输出无振荡。实际中常见的惯性环节实例有直流伺服电动机以及 RC 电路。

（4）振荡环节

时域方程：
$$c''(t) + 2\zeta\omega_n c'(t) + \omega_n^2 c(t) = \omega_n^2 r(t)$$

传递函数：
$$G(s) = \frac{\omega_n^2}{s^2 + 2\zeta\omega_n s + \omega_n^2} = \frac{1}{T^2 s^2 + 2\zeta T s + 1}$$

式中，ζ 称为阻尼比；ω_n 称为自然振荡角频率（无阻尼振荡角频率）；$T = \dfrac{1}{\omega_n}$ 为时间常数。

在这里对 ζ 的取值有严格要求，必须满足 $0 \leqslant \zeta < 1$，此时系统处于无阻尼或欠阻尼状态，其输出的阶跃响应才为振荡曲线（详见第 2 章的拉氏变换实例 2.2）。在复平面上，可以看到振荡环节有一对共轭复极点。图 3.2.4 所示为其单位阶跃响应曲线以及复平面极点分布图。

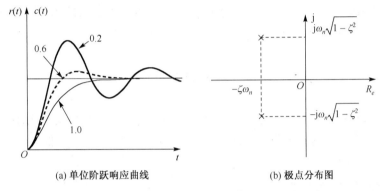

(a) 单位阶跃响应曲线　　　　　　　(b) 极点分布图

图 3.2.4　振荡环节函数图

振荡环节中拥有两个储能元件，并可进行能量交换，其输出出现振荡现象。在实际应用中，满足振荡条件的 RLC 电路输入-输出电压的传递函数就是一个典型的振荡环节实例。

（5）微分环节

微分环节有三种形式：

时域方程
$$c(t) = Kr'(t)$$
$$c(t) = K(\tau r'(t) + r(t))$$
$$c(t) = K[\tau^2 r''(t) + 2\zeta\tau r'(t) + r(t)]$$

对应的传递函数
$$G(s) = Ks$$
$$G(s) = K(\tau s + 1)$$
$$G(s) = K(\tau^2 s^2 + 2\zeta\tau s + 1)$$

上述三种形式分别为理想微分（纯微分）、一阶微分和二阶微分环节。微分环节中输出量与输入量变化的速度成正比，因而能预示输入信号的变化趋势。在复平面上，微分环节没有极点，只有零点，分别是零值零点、实数零点和一对共轭复零点（若 $0 < \zeta < 1$）。在上一节的微分方程模型中，例 3.4 提到的测速发电机就是微分环节的典型实例。

（6）延迟环节

时域方程：
$$c(t) = r(t - \tau)$$

传递函数：
$$G(s) = e^{-\tau s}$$

式中，τ 为延迟时间。延迟环节又称为时滞或时延环节。它的输出是经过一个延迟时间后，完全复现输入信号，如图 3.2.5 所示。

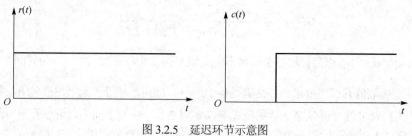

图 3.2.5　延迟环节示意图

　　延迟环节是非线性环节，实际处理的时候需要进行近似的线性化。管道压力、流量等物理量的控制系统数学模型就包含有延迟环节。

3.3　结构框图模型

　　结构框图模型也是一种用来描述控制系统的数学模型，它可以形象地描述自动控制系统各单元之间和各作用量之间的相互联系，具有简明直观、运算方便的优点，所以结构框图模型在分析自动控制系统中获得了广泛的应用。

3.3.1　结构框图的基本概念

　　在引入传递函数后，我们可以把环节的传递函数标在结构框图的方块内，把输入量和输出量用拉式变换表示，并且标明信号流向以及各信号的极性。如果已知系统的组成和各部分的传递函数，则可以画出各部分的结构框图并最终连成整个系统的结构框图。

　　结构框图由函数结构图（或方块图）、信号线、引出点和比较点等部分组成，它们的图形如图 3.3.1 所示。

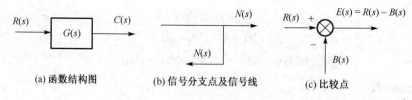

图 3.3.1　结构图的图形符号

　　① 函数结构图：如图 3.3.1(a)所示，框左边向内箭头为输入拉氏式，右边向外箭头为输出拉氏式，方块内为系统中一个相对独立的单元的传递函数 $G(s)$。它们的关系为 $C(s) = G(s)R(s)$。

　　② 信号线：信号线表示信号流通的途径和方向。流通方向用箭头表示。在系统的前向通路中，箭头指向右方，信号由左向右流通。因此输入信号在最左端，输出信号在最右端。而在反馈回路中则相反，箭头由右指向左方，参见图 3.3.1(b)。

　　③ 信号分支点：如图 3.3.1(b)所示，它表示信号由该点取出，从同一信号线上取出的信号，其大小和性质完全一样。

　　④ 比较点：如图 3.3.1(c)所示，其输出量为该点各输入量的代数和。因此在信号输入处要标明各信号的极性。

图 3.3.2 所示为一典型自动控制系统的结构框图，它包含前向通路和反馈回路（主反馈回路和局部反馈回路），引出点和比较点，输入量 $R(s)$、输出量 $C(s)$、反馈量 $B(s)$、偏差量 $E(s)$。

在结构框图中，清楚地反映了系统的组成和信号流向，同时也表示了信号传递过程中的数学关系。所以结构框图也是描述系统的一种数学模型，同时由于内含传递函数，所以它也是一种复数域的数学模型。

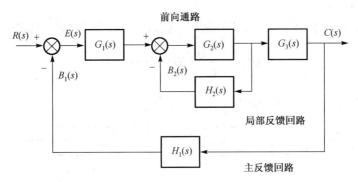

图 3.3.2　典型自动控制系统的结构框图

例 3.7　试绘制例 3.4 电枢控制式直流电动机系统的结构框图。

解：根据例 3.4 可知，电枢控制式直流电动机的微分方程主要由电枢回路的电压平衡方程和电动机轴上的转矩平衡方程组成，表示如下：

$$u_a(t) = L_a \frac{\mathrm{d}i_a(t)}{\mathrm{d}t} + R_a i_a(t) + C_e \omega \tag{3-19}$$

$$J_m \frac{\mathrm{d}\omega(t)}{\mathrm{d}t} + f_m \omega(t) = C_m i_a(t) - M_c(t) \tag{3-20}$$

在零初始条件下分别对式（3-19）和式（3-20）两端进行拉氏变换，整理后可得如下方程：

$$[U_a(s) - C_e \Omega(s)] \frac{1}{L_a s + R_a} = I_a(s) \tag{3-21}$$

$$\Omega(s) = \frac{1}{J_m s + f_m}[C_m I_a(s) - M_c(s)] \tag{3-22}$$

根据式（3-21）和式（3-22），按信号的传递顺序，可绘出电枢控制直流电动机的系统结构图，如图 3.3.3 所示。

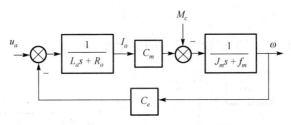

图 3.3.3　电枢控制直流电动机的结构框图

3.3.2　结构框图的等效变换

所谓结构框图的等效变换，实质上就是在结构框图上进行数学方程的运算。通过等效变换，可以达到简化系统结构框图的效果，从而能更加方便地求得系统的传递函数。

　　结构框图等效变换的原则是变换后环节的输入量和输出量的数学关系保持不变。

　　结构框图的等效变换分为环节的合并和信号分支点或相加点的移动，下面分别介绍这几种形式的结构框图等效变化。

1. 环节的合并

（1）环节的串联

当系统中有两个（或两个以上）环节串联时，其等效传递函数为各环节传递函数的乘积。即

$$G(s) = \frac{C(s)}{R(s)} = G_1(s)G_2(s) \tag{3-23}$$

由图 3.3.4(a)和(b)可见，两者输出量相等。

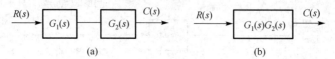

图 3.3.4　结构框图串联变换

（2）环节的并联

当系统有两个（或两个以上）环节并联时，其等效传递函数为各环节传递函数的代数和。即

$$G(s) = \frac{C(s)}{R(s)} = G_1(s) + G_2(s) \tag{3-24}$$

图 3.3.5 所示为并联环节等效变换图。

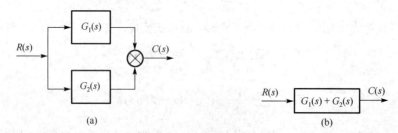

图 3.3.5　结构框图并联变换

2. 反馈环节

当系统中含有反馈环节时，可以按照图 3.3.6 所示进行等效变换。

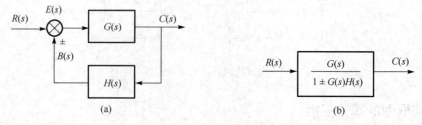

图 3.3.6　结构框图反馈变换

由图可见：

$$C(s) = E(s)G(s)$$

$$E(s) = R(s) \pm H(s)Y(s)$$

所以可得环节的传递函数为：

$$\Phi(s) = \frac{C(s)}{R(s)} = \frac{G(s)}{1 \mp G(s)H(s)} \tag{3-25}$$

3. 信号分支点或比较点的移动

当系统中出现信号交叉时，需要移动比较点或引出点的位置，这时应注意保持移动前后信号传递的等效性。

表 3.3.1 汇集了结构框图等效变换的基本规则，可供查阅。

表 3.3.1　结构框图等效变换规则

变换方式	原结构图	等效结构图	等效运算关系
串联			$C(s) = G_1(s)G_2(s)R(s)$
并联			$C(s) = [G_1(s) \pm G_2(s)]R(s)$
反馈			$C(s) = \dfrac{G(s)R(s)}{1 \mp G(s)H(s)}$
比较点前移			$C(s) = R(s)G(s) \pm Q(s)$ $= \left[R(s) \pm \dfrac{Q(s)}{G(s)} \right] G(s)$
比较点后移			$C(s) = [R(s) \pm Q(s)]G(s)$ $= R(s)G(s) \pm Q(s)G(s)$
引出点前移			$C(s) = G(s)R(s)$
引出点后移			$C(s) = R(s)G(s)\dfrac{1}{G(s)}$ $C'(s) = G(s)R(s)$
比较点与引出点之间的移动			$C(s) = R_1(s) - R_2(s)$

例 3.8 简化图 3.3.7 所示系统的结构框图，求系统的闭环传递函数 $\Phi(s) = \dfrac{C(s)}{R(s)}$。

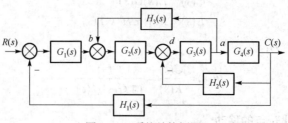

图 3.3.7　系统结构框图

解： 这是一个多回路系统。可以有多种解题方法，这里从内回路到外回路逐步化简。

第一步，将引出点 a 后移，比较点 b 后移，即将图 3.3.7 简化成图 3.3.8(a) 所示结构。

第二步，图 3.3.8(a) 中 $H_3(s)$ 和 $\dfrac{G_2(s)}{G_4(s)}$ 串联及与 $H_2(s)$ 并联，再与串联的 $G_3(s)$ 和 $G_4(s)$ 组成反馈回路，进而简化成图 3.3.8(b) 所示结构。

第三步，对图 3.3.8(b) 中的回路再进行串联及反馈变换，成为如图 3.3.8(c) 所示形式。

最后可得系统的闭环传递函数为：

$$\Phi(s) = \frac{C(s)}{R(s)} = \frac{G_1(s)G_2(s)G_3(s)G_4(s)}{1 + G_2(s)G_3(s)H_3(s) + G_3(s)G_4(s)H_2(s) + G_1(s)G_2(s)G_3(s)G_4(s)H_1(s)}$$

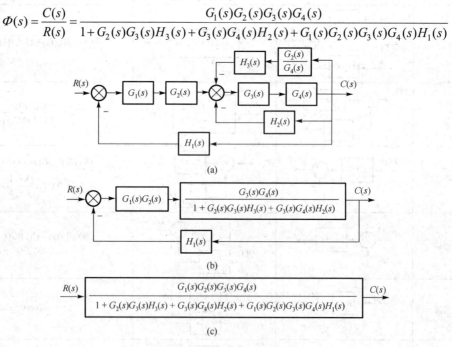

图 3.3.8　化简系统结构框图

3.4　控制系统数学模型参数的实验确定

3.4.1　引言

对于大型直流电动机，一般可以通过一系列标准测试程序来确定其传递函数参数。而对于分马力电动机，这些测试程序并不适用，主要是因为小型电动机轴摩擦系数较大型直流电动机将成比例增加。因此，可采用更为一般的实验方法来确定其传递函数参数。

在本节中将介绍控制系统数学模型参数的两种实验辨识方法。

3.4.2 简单二阶系统阶跃响应

对于一个简单的二阶传递函数，一般通过实验方法来确定其参数。

考虑如下系统：

$$G(s) = \frac{K}{(s+p_1)(s+p_2)}$$

需确定参数 K、p_1、p_2。

假定

$$\frac{p_2}{p_1} \geqslant 3$$

这一假定并不是非常严密的，因为大多数系统，包括直流电动机，极点的分布都是比较分散的。

该系统的阶跃响应为：

$$Y(s) = \frac{G(s)}{s} = \frac{K}{s(s+p_1)(s+p_2)} = \frac{A}{s} + \frac{B}{s+p_1} + \frac{C}{s+p_2} \tag{3-26}$$

其中，

$$A = sY(s)|_{s=0} = \frac{K}{(s+p_1)(s+p_2)}|_{s=0} = \frac{K}{p_1 p_2} \tag{3-27}$$

$$B = (s+p_1)Y(s)|_{s=-p_1} = \frac{K}{s(s+p_2)}|_{s=-p_1} = \frac{K}{p_1(p_1-p_2)} \tag{3-28}$$

$$C = (s+p_2)Y(s)|_{s=-p_2} = \frac{K}{s(s+p_1)}|_{s=-p_2} = \frac{K}{p_2(p_2-p_1)} \tag{3-29}$$

对式（3-26）取拉普拉斯反变换：

$$y(t) = [A + Be^{-p_1 t} + Ce^{-p_2 t}]1(t) \tag{3-30}$$

注意到 $B<0$，$C>0$ 且 $C = -(B+A)$。将 $y(t)$ 分解为 $y_1(t)$ 和 $y_2(t)$ 两部分，令

$$y_1(t) = A + Be^{-p_1 t}$$

$$y_2(t) = Ce^{-p_2 t}$$

阶跃响应如图 3.4.1 所示。

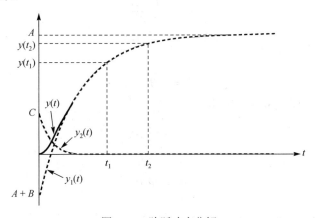

图 3.4.1 阶跃响应分解

给定 $p_2 \geqslant 3p_1$，当 t 取较大值时，

$$y(t) \approx y_1(t) = A + Be^{-p_1 t}$$

接下来定义函数：

$$z(t) = A - y(t) = -Be^{-p_1 t} - Ce^{-p_2 t}$$

当 t 取较大值时，

$$z(t) \to -Be^{-p_1 t} \triangleq z_1(t)$$

注意到 $z(t) > 0$，可对 $z(t)$ 取自然对数。当 t 取较大值时，

$$\frac{\mathrm{d}}{\mathrm{d}t}[\ln(z(t))] \approx \frac{\mathrm{d}}{\mathrm{d}t}[\ln(z_1(t))] = \frac{\mathrm{d}}{\mathrm{d}t}[\ln(-Be^{-p_1 t})]$$

$$= \frac{\mathrm{d}}{\mathrm{d}t}[\ln(-B) + \ln(e^{-p_1 t})] = -p_1$$

可知，只要画出 $\ln(z(t))$ 的曲线图，找出 t 较大值处的斜率，该斜率即为 $-p_1$，如图 3.4.2 所示。

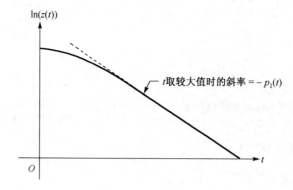

图 3.4.2　$\ln(z(t))$ 曲线图

至此，确定了 p_1，下面来确定 p_2 和 K。回顾图 3.4.1，当 t 取较大值时，$y(t)$ 趋于稳定，幅值为 A，且

$$y(t) \approx A + Be^{-p_1 t}$$

取 $y(t)$ 稳定状态处的某一点，对应确定值 t，可得：

$$B = \frac{y(t) - A}{e^{-p_1 t}} \tag{3-31}$$

t 逐渐增加，重复式（3-31），最后 B 取值接近为一个恒定值。

因为

$$C = -(B + A)$$

求得 C，由式（3-28）和式（3-29）可得：

$$p_2 = -\frac{B}{C}p_1$$

求得 p_2，由式（3-27）可得：

$$K = Ap_1 p_2$$

求得 K。

最终确定了该简单二阶传递函数的全部参数。

还可以通过另一种方法来确定 p_2，如图 3.4.1 所示，在确定 B 和 C 后，可得：

$$y_1(t) = A + Be^{-p_1 t}$$

于是得到：

$$y_2(t) \triangleq y(t) - y_1(t) = Ce^{-p_2 t}$$

同样，对 $y_2(t)$ 取自然对数，画出 $\ln(y_2(t))$ 的曲线图，找出当 t 取较大值时曲线 $\ln(y_2(t))$ 的斜率，从而确定 p_2。这种方法可以用来验证前一种方法所辨识的参数结果。

下面给出一个实际应用例子。首先介绍一下所需的实验室设备。图 3.4.3 所示为一组记录简单传递函数阶跃响应的实验室设备，由供电电源、示波器和反馈控制箱三部分组成。反馈控制箱采用运算放大器作为补偿器，运放电路中的 8 个小圆盘为镀金插座，对电阻电容的引脚具有良好的电气连接特性。反馈控制箱还具有连接到求和器的反馈路径。这里用不到反馈信号，将反馈信号输入端接地。

参考输入信号既可以由外部提供也可以由内部提供。对于反馈控制箱左下方标记为"EXT/INT"的拨动开关，如果拨到"EXT"处，则参考输入信号由外部信号源提供；如果拨到"INT"处，则其下方的另一个拨动开关可启动内部阶跃输入信号。其右侧的黑色旋钮用于调节阶跃输入信号的幅值。

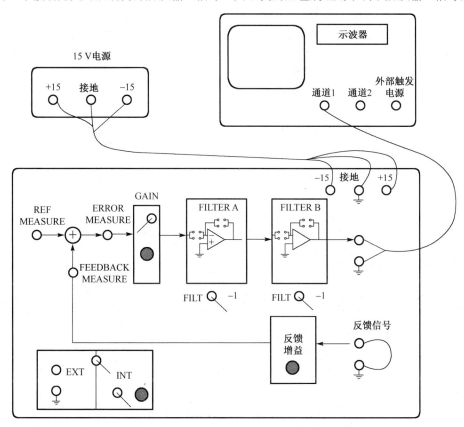

图 3.4.3 一组阶跃响应测量设备

利用反馈控制箱的运算放大器电路，实现传递函数：

$$G(s) = \frac{40}{(s+2)(s+20)} \tag{3-32}$$

记录得到其单位阶跃响应，如图 3.4.4 所示。验证通过该图是否可以辨识得到传递函数式（3-32）。

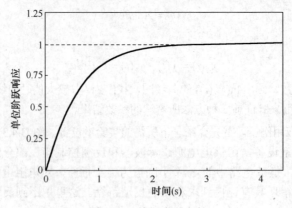

图 3.4.4　单位阶跃响应

由图 3.4.4 可知 $A = 1.0$。

图 3.4.5 所示为函数 $\ln(z(t)) = \ln[A - y(t)]$ 的曲线。

由图 3.4.5 可得斜率在 $0 < t < 2\,\text{s}$ 间大致为 -1.7，因此 $p_1 = 1.7$。

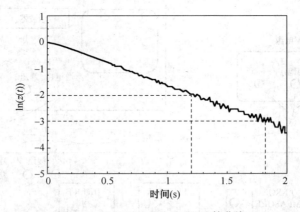

图 3.4.5　$\ln(z(t)) = \ln[A - y(t)]$ 的曲线

下面确定 B，计算函数

$$B(t) = \frac{y(t) - A}{\mathrm{e}^{-1.7t}}$$

在 $0.5 < t < 1.5\,\text{s}$ 间的值，并画出其曲线图，如图 3.4.6 所示。

可得：

$$B = -1.08$$

确定 B 值后，可得：

$$C = -(B + A) = -(1 - 1.08) = 0.08$$

接着作图：

$$\ln(y_2(t)) = \ln[y(t) - (A + B\mathrm{e}^{-1.7t})] = \ln[C\mathrm{e}^{-p_2 t}]$$

如图 3.4.7 所示，在 $0 < t < 0.1\,\text{s}$ 间，曲线斜率大致为 -24，因此 $p_2 = 24$。于是，

$$K = A \times p_1 \times p_2 = 40.8$$

因此，传递函数辨识结果为：

$$G(s) = \frac{40.8}{(s+1.7)(s+24)}$$

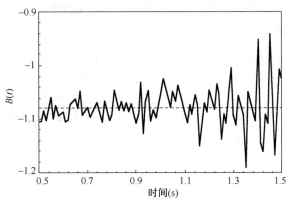

图 3.4.6　$B(t) = \dfrac{y(t) - A}{e^{-1.7t}}$ 曲线图

图 3.4.8 所示为实际给定模型阶跃响应与辨识所得模型阶跃响应的比较。使用精度为 ±5% 标称值的电阻电容，利用反馈控制箱运算放大器电路实现传递函数，可以看出辨识结果与给定的实际传递函数非常接近。

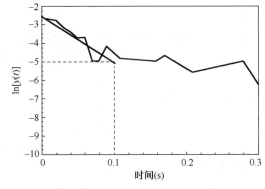

图 3.4.7　确定 p_2

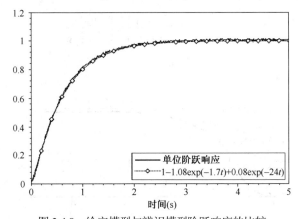

图 3.4.8　给定模型与辨识模型阶跃响应的比较

3.4.3　一种新的辨识方法

以上所介绍的辨识方法只适用于具有两个极点且无零点的传递函数，下面将介绍一种新的参数辨识方法，理论上，这种方法可以辨识具有任意多个极点和零点的传递函数。

实际应用中，对参数可辨识的传递函数的零极点数量是有限制的。

考虑以下形式的传递函数：

$$G(s) = \frac{K_0 \prod_{i=1}^2 (1 + \gamma_i s)}{\prod_{i=1}^3 (1 + \tau_i s)}$$

$$= \frac{K_0 (1 + (\gamma_1 + \gamma_2)s + \gamma_1 \gamma_2 s^2)}{1 + (\tau_1 + \tau_2 + \tau_3)s + (\tau_1 \tau_2 + \tau_1 \tau_3 + \tau_2 \tau_3)s^2 + \tau_1 \tau_2 \tau_3 s^3}$$

$$= \frac{K_0 + b_1 s + b_2 s^2}{1 + a_1 s + a_2 s^2 + a_3 s^3}$$

其中，

$$b_1 = K_0(\gamma_1 + \gamma_2)$$
$$b_2 = K_0 \gamma_1 \gamma_2$$
$$a_1 = \tau_1 + \tau_2 + \tau_3$$
$$a_2 = \tau_1 \tau_2 + \tau_1 \tau_3 + \tau_2 \tau_3$$
$$a_3 = \tau_1 \tau_2 \tau_3$$

需确定参数 K_0，b_1，b_2，a_1，a_2，a_3。

为了说明该辨识方法的优越性，这里所给的传递函数包含了 2 个零点。实际应用中，传递函数几乎很少有零点。在对该辨识方法的分析讨论中，如果传递函数只包含 1 个零点，或是不存在零点，则分析过程将大大简化。

考虑由 $G(s)$ 表示的 LTI 系统的单位阶跃响应。即

$$y_u(t) = \int_0^\infty g(t - \tau) 1(\tau) \mathrm{d}\tau$$

假定其响应如图 3.4.9 所示。应用终值定理：

$$\lim_{t \to \infty} y_u(t) = \lim_{s \to 0} s \frac{G(s)}{s} = \lim_{s \to 0} G(s)$$

$$= \lim_{s \to 0} \frac{K_0 + b_1 s + b_2 s^2}{1 + a_1 s + a_2 s^2 + a_3 s^3}$$

$$= K_0$$

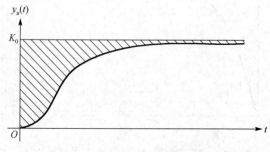

图 3.4.9　未知系统 $G(s)$ 的阶跃响应

定义

$$y_1(t) = \int_0^t [K_0 - y_u(\tau)] \, d\tau \qquad (3\text{-}33)$$

等号两边取拉普拉斯变换：

$$Y_1(s) = \frac{1}{s}\left[\frac{K_0}{s} - Y_u(s)\right] = \frac{1}{s}\left[\frac{K_0}{s} - \frac{G(s)}{s}\right] = \frac{1}{s^2}[K_0 - G(s)]$$

注意到图 3.4.9 中，阴影部分的面积为：

$$\lim_{t \to \infty} y_1(t) \triangleq K_1 = \lim_{s \to 0} s Y_1(s) = \lim_{s \to 0} \frac{1}{s}[K_0 - G(s)]$$

因为 $G(s) = \dfrac{K_0 + b_1 s + b_2 s^2}{1 + a_1 s + a_2 s^2 + a_3 s^3}$，所以

$$
\begin{aligned}
K_0 - G(s) &= K_0 - \frac{K_0 + b_1 s + b_2 s^2}{1 + a_1 s + a_2 s^2 + a_3 s^3} \\
&= \frac{K_0 + a_1 K_0 s + a_2 K_0 s^2 + a_3 K_0 s^3 - K_0 - b_1 s - b_2 s^2}{1 + a_1 s + a_2 s^2 + a_3 s^3} \\
&= \frac{(a_1 K_0 - b_1) s + (a_2 K_0 - b_2) s^2 + a_3 K_0 s^3}{1 + a_1 s + a_2 s^2 + a_3 s^3}
\end{aligned}
$$

则

$$
\begin{aligned}
\lim_{s \to 0} \frac{1}{s}[K_0 - G(s)] &= \lim_{s \to 0} \frac{1}{s} \frac{(a_1 K_0 - b_1) s + (a_2 K_0 - b_2) s^2 + a_3 K_0 s^3}{1 + a_1 s + a_2 s^2 + a_3 s^3} \\
&= a_1 K_0 - b_1
\end{aligned}
$$

至此，得到两个等式：

$$K_0 = \lim_{s \to 0} G(s)$$
$$K_1 = a_1 K_0 - b_1$$

在实际应用中，如果传递函数不存在零点，则 $b_1 = 0$。于是在通过数值积分求得 K_1 后，可以立即求出 a_1，因此可辨识得到如下形式的传递函数：

$$G(s) = \frac{K_0}{1 + \tau_1 s}$$

为了简化表达式，使

$$
\begin{aligned}
K_0 - G(s) &= \frac{(a_1 K_0 - b_1) s + (a_2 K_0 - b_2) s^2 + a_3 K_0 s^3}{1 + a_1 s + a_2 s^2 + a_3 s^3} \\
&= \frac{K_1 s + (a_2 K_0 - b_2) s^2 + a_3 K_0 s^3}{1 + a_1 s + a_2 s^2 + a_3 s^3} \\
&\triangleq G_1(s)
\end{aligned}
$$

定义：

$$y_2(t) = \int_0^t [K_1 - y_1(\tau)] \, d\tau \qquad (3\text{-}34)$$

等号两边取拉普拉斯变换：

$$Y_2(s) = \frac{1}{s}\left[\frac{K_1}{s} - Y_1(s)\right] = \frac{1}{s}\left[\frac{K_1}{s} - \frac{G_1(s)}{s^2}\right] = \frac{1}{s^2}\left[K_1 - \frac{G_1(s)}{s}\right]$$

其中，

$$
\begin{aligned}
K_1 - \frac{G_1(s)}{s} &= K_1 - \frac{K_1 s + (a_2 K_0 - b_2)s^2 + a_3 K_0 s^3}{s(1 + a_1 s + a_2 s^2 + a_3 s^3)} \\
&= K_1 - \frac{K_1 + (a_2 K_0 - b_2)s + a_3 K_0 s^2}{1 + a_1 s + a_2 s^2 + a_3 s^3} \\
&= \frac{K_1 + a_1 K_1 s + a_2 K_1 s^2 + a_3 K_1 s^3 - K_1 - (a_2 K_0 - b_2)s - a_3 K_0 s^2}{1 + a_1 s + a_2 s^2 + a_3 s^3} \\
&= \frac{(a_1 K_1 - a_2 K_0 + b_2)s + (a_2 K_1 - a_3 K_0)s^2 + a_3 K_1 s^3}{1 + a_1 s + a_2 s^2 + a_3 s^3}
\end{aligned}
$$

同样定义 K_2：

$$
\begin{aligned}
\lim_{t \to \infty} y_2(t) &\triangleq K_2 \\
&= \lim_{s \to 0} s\left[\frac{1}{s^2}\frac{(a_1 K_1 - a_2 K_0 + b_2)s + (a_2 K_1 - a_3 K_0)s^2 + a_3 K_1 s^3}{1 + a_1 s + a_2 s^2 + a_3 s^3}\right] \\
&= \lim_{s \to 0}\left[\frac{1}{s}\frac{(a_1 K_1 - a_2 K_0 + b_2)s + (a_2 K_1 - a_3 K_0)s^2 + a_3 K_1 s^3}{1 + a_1 s + a_2 s^2 + a_3 s^3}\right] \\
&= \lim_{s \to 0}\left[\frac{(a_1 K_1 - a_2 K_0 + b_2) + (a_2 K_1 - a_3 K_0)s + a_3 K_1 s^2}{1 + a_1 s + a_2 s^2 + a_3 s^3}\right] \\
&= a_1 K_1 - a_2 K_0 + b_2
\end{aligned}
$$

至此，得到三个等式：

$$
\begin{aligned}
K_0 &= \lim_{s \to 0} G(s) \\
K_1 &= a_1 K_0 - b_1 \\
K_2 &= a_1 K_1 - a_2 K_0 + b_2
\end{aligned}
$$

可以看出以上三个等式中未知量个数多于等式个数。而在 $b_1 = b_2 = 0$，即无零点的情况下，可通过递归算法辨识得到如下形式的传递函数：

$$G(s) = \frac{K_0}{(1 + \tau_1 s)(1 + \tau_2 s)}$$

要求得 K_2，首先需要通过数值积分确定 $y_1(t)$。对于任意时间段 t_n：

$$y_1(t_n) \approx \sum_{i=1}^{n} [K_0 - y_u(t_i)]\Delta t$$

如图 3.4.10 所示。根据上式，可以通过作图法求得 $y_1(t)$，但这种方法极其烦琐。另一种方法是通过记录得到阶跃响应，编写 MATLAB 程序计算数值积分求得 $y_1(t)$。同时，这个 MATLAB 程序在接下来的辨识过程中还将多次使用。

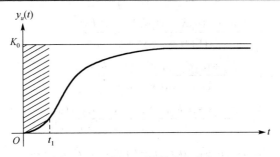

图 3.4.10　由 $y_u(t)$ 阶跃响应确定 y_1

如今，大部分数字示波器都具有波形捕获功能，同时可以将捕获的波形数据存储到便携存储介质中，如软盘等。

因此，以文件形式获得用于 MATLAB 程序的数据并不困难。

假定已经通过数值积分求得 $y_1(t)$，则图 3.4.11 中阴影部分的面积为：

$$\lim_{t \to \infty} y_2(t) = \lim_{t \to \infty} \int_0^t [K_1 - y_1(\tau)] \mathrm{d}\tau = K_2$$

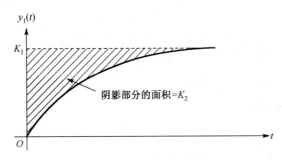

图 3.4.11　由 $y_1(t)$ 曲线图确定 K_2

到此为止，已经完全可以辨识出他励直流电动机的传递函数。下面继续进行迭代运算，辨识更高阶模型的参数。

定义：

$$y_3(t) = \int_0^t [K_2 - y_2(\tau)] \mathrm{d}\tau \tag{3-35}$$

使

$$
\begin{aligned}
K_1 - \frac{G_1(s)}{s} &= \frac{(a_1 K_1 - a_2 K_0 + b_2)s + (a_2 K_1 - a_3 K_0)s^2 + a_3 K_1 s^3}{1 + a_1 s + a_2 s^2 + a_3 s^3} \\
&= \frac{K_2 s + (a_2 K_1 - a_3 K_0)s^2 + a_3 K_1 s^3}{1 + a_1 s + a_2 s^2 + a_3 s^3} \\
&\triangleq G_2(s)
\end{aligned}
$$

式（3-35）等号两边取拉普拉斯变换：

$$Y_3(s) = \frac{1}{s}\left[\frac{K_2}{s} - Y_2(s)\right] = \frac{1}{s}\left[\frac{K_2}{s} - \frac{G_2(s)}{s^2}\right] = \frac{1}{s^2}\left[K_2 - \frac{G_2(s)}{s}\right]$$

其中，

$$K_2 - \frac{G_2(s)}{s} = K_2 - \frac{K_2 s + (a_2 K_1 - a_3 K_0)s^2 + a_3 K_1 s^3}{s(1 + a_1 s + a_2 s^2 + a_3 s^3)}$$

$$= K_2 - \frac{K_2 + (a_2 K_1 - a_3 K_0)s + a_3 K_1 s^2}{1 + a_1 s + a_2 s^2 + a_3 s^3}$$

$$= \frac{K_2 + a_1 K_2 s + a_2 K_2 s^2 + a_3 K_2 s^3 - K_2 - (a_2 K_1 - a_3 K_0)s - a_3 K_1 s^2}{1 + a_1 s + a_2 s^2 + a_3 s^3}$$

$$= \frac{(a_1 K_2 - a_2 K_1 + a_3 K_0)s + (a_2 K_2 - a_3 K_1)s^2 + a_3 K_2 s^3}{1 + a_1 s + a_2 s^2 + a_3 s^3}$$

定义 K_3 ：

$$\lim_{t \to \infty} y_3(t) \triangleq K_3$$

$$= \lim_{s \to 0} s \left[\frac{1}{s^2} \frac{(a_1 K_2 - a_2 K_1 + a_3 K_0)s + (a_2 K_2 - a_3 K_1)s^2 + a_3 K_2 s^3}{1 + a_1 s + a_2 s^2 + a_3 s^3} \right]$$

$$= \lim_{s \to 0} \left[\frac{1}{s} \frac{(a_1 K_2 - a_2 K_1 + a_3 K_0)s + (a_2 K_2 - a_3 K_1)s^2 + a_3 K_2 s^3}{1 + a_1 s + a_2 s^2 + a_3 s^3} \right]$$

$$= \lim_{s \to 0} \left[\frac{(a_1 K_2 - a_2 K_1 + a_3 K_0) + (a_2 K_2 - a_3 K_1)s + a_3 K_2 s^2}{1 + a_1 s + a_2 s^2 + a_3 s^3} \right]$$

$$= a_1 K_2 - a_2 K_1 + a_3 K_0$$

K_3 为图 3.4.12 中阴影部分的面积。

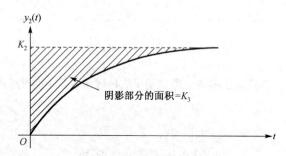

图 3.4.12　由 $y_2(t)$ 曲线图确定 K_3

至此，得到四个等式：

$$K_0 = \lim_{s \to 0} G(s)$$
$$K_1 = a_1 K_0 - b_1$$
$$K_2 = a_1 K_1 - a_2 K_0 + b_2$$
$$K_3 = a_1 K_2 - a_2 K_1 + a_3 K_0$$

等式个数仍然不足以确定传递函数 $G(s)$ 的所有系数。如果再做一次迭代运算，则可以辨识出以下传递函数：

$$\bar{G}(s) = \frac{K_0 + b_1 s}{1 + a_1 s + a_2 s^2 + a_3 s^3}$$

同样，在这里讨论一下当 $b_i = 0$，即无零点的情况下，根据以上四个等式，可以辨识得到一个具有三个极点且无零点的传递函数。

为了确定 $G(s)$ 的所有系数，还需要进行两次迭代运算。

同样，给出以下熟悉的定义：

$$y_4(t) = \int_0^t [K_3 - y_3(\tau)] \mathrm{d}\tau \tag{3-36}$$

使

$$K_2 - \frac{G_2(s)}{s} = \frac{(a_1 K_2 - a_2 K_1 + a_3 K_0)s + (a_2 K_2 - a_3 K_1)s^2 + a_3 K_2 s^3}{1 + a_1 s + a_2 s^2 + a_3 s^3}$$

$$= \frac{K_3 s + (a_2 K_2 - a_3 K_1)s^2 + a_3 K_2 s^3}{1 + a_1 s + a_2 s^2 + a_3 s^3}$$

$$\triangleq G_3(s)$$

对式（3-36）等号两边取拉普拉斯变换：

$$Y_4(s) = \frac{1}{s} \left[\frac{K_3}{s} - Y_3(s) \right] = \frac{1}{s} \left[\frac{K_3}{s} - \frac{G_3(s)}{s^2} \right] = \frac{1}{s^2} \left[K_3 - \frac{G_3(s)}{s} \right]$$

其中，

$$K_3 - \frac{G_3(s)}{s} = K_3 - \frac{K_3 s + (a_2 K_2 - a_3 K_1)s^2 + a_3 K_2 s^3}{s(1 + a_1 s + a_2 s^2 + a_3 s^3)}$$

$$= K_3 - \frac{K_3 + (a_2 K_2 - a_3 K_1)s + a_3 K_2 s^2}{1 + a_1 s + a_2 s^2 + a_3 s^3}$$

$$= \frac{K_3(1 + a_1 s + a_2 s^2 + a_3 s^3) - [K_3 + (a_2 K_2 - a_3 K_1)s + a_3 K_2 s^2]}{1 + a_1 s + a_2 s^2 + a_3 s^3}$$

$$= \frac{(a_1 K_3 - a_2 K_2 + a_3 K_1)s + (a_2 K_3 - a_3 K_2)s^2 + a_3 K_3 s^3}{1 + a_1 s + a_2 s^2 + a_3 s^3}$$

定义 K_4：

$$\lim_{t \to \infty} y_4(t) \triangleq K_4$$

$$= \lim_{s \to 0} s \left[\frac{1}{s^2} \frac{(a_1 K_3 - a_2 K_2 + a_3 K_1)s + (a_2 K_3 - a_3 K_2)s^2 + a_3 K_3 s^3}{1 + a_1 s + a_2 s^2 + a_3 s^3} \right]$$

$$= \lim_{s \to 0} \left[\frac{1}{s} \frac{(a_1 K_3 - a_2 K_2 + a_3 K_1)s + (a_2 K_3 - a_3 K_2)s^2 + a_3 K_3 s^3}{1 + a_1 s + a_2 s^2 + a_3 s^3} \right]$$

$$= \lim_{s \to 0} \left[\frac{(a_1 K_3 - a_2 K_2 + a_3 K_1) + (a_2 K_3 - a_3 K_2)s + a_3 K_3 s^2}{1 + a_1 s + a_2 s^2 + a_3 s^3} \right]$$

$$= a_1 K_3 - a_2 K_2 + a_3 K_1$$

K_4 为图 3.4.13 中所示阴影部分的面积。

至此，得到了五个等式：

$$K_0 = \lim_{s \to 0} G(s)$$
$$K_1 = a_1 K_0 - b_1$$
$$K_2 = a_1 K_1 - a_2 K_0 + b_2$$
$$K_3 = a_1 K_2 - a_2 K_1 + a_3 K_0$$
$$K_4 = a_1 K_3 - a_2 K_2 + a_3 K_1$$

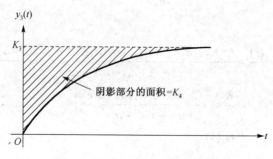

图 3.4.13　由 $y_3(t)$ 曲线图确定 K_4

后 4 个等式包含了 5 个未知量，所以继续进行迭代运算，定义：

$$y_5(t) = \int_0^t [K_4 - y_4(\tau)] \mathrm{d}\tau \tag{3-37}$$

重复以上分析步骤可得到另外一个等式，但从以上 K_3 与 K_4 等式可直接看出：

$$K_5 = a_1 K_4 - a_2 K_3 + a_3 K_2$$

至此，可确定 $G(s)$ 的所有系数。这种新的辨识方法的数值稳定性依赖于特定的辨识问题。尽管如此，这种方法已经能够辨识：

$$\bar{G}(s) = \frac{K_0 + b_1 s}{1 + a_1 s + a_2 s^2 + a_3 s^3} \tag{3-38}$$

或

$$\hat{G}(s) = \frac{K_0}{1 + a_1 s + a_2 s^2 + a_3 s^3} \tag{3-39}$$

与式（3-27）所介绍的第一种方法相比，这种新的辨识方法更加优越，它所辨识得到的传递函数式（3-38）和式（3-39）已经代表了绝大部分的实际系统模型。在第 7 章中将采用本节所讨论的系统模型参数的两种辨识方法。

请读者思考，在图 3.3.7 中，是否可将引出点 a 直接移到比较点 d 之前，为什么？

3.5　状态空间模型

3.5.1　引言

前面介绍的都是基于输入、输出描述模型的分析与设计方法，本节主要介绍状态空间模型的相关内容。状态空间模型是系统的内部模型，描述了系统内部状态和系统输入、输出之间的关系，深入揭示了系统的动态特性，是现代控制理论分析、设计系统的基础。

在本节中将介绍状态空间模型的基本概念和系统的状态空间描述。

3.5.2　状态与状态空间的概念

为了说明状态的概念，首先观察一个例子。如图 3.5.1 所示光滑平面上的弹簧-阻尼器系统，根据物理学定律可知，在外力 $F(t)$ 作用下，若在某一时刻的位移 $y(t)$ 及速度 $v(t)$ 也是已知的，则系统未来的动态响应就能确定下来。但是，如果仅知道物体的位移 $y(t)$ 或速度 $v(t)$，则不能确定系统未来的动态响应。同时，由于物体的位移、速度及加速度这三个量之间的物理关系，这三个量是不独立的，可以根据其中的两个量确定第三个量，因此第三个量对于描述系统的状态是多余的。可以选择物体在某一时刻的位移及速度作为弹簧-阻尼器系统在某一时刻的状态。

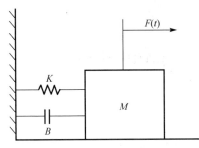

图 3.5.1　弹簧-阻尼器系统

从上面的例子可以看出，状态对于描述系统特性应该是充分且必要的，因此可以得到如下关于状态的定义：

状态是系统中一些信息的集合，在已知未来外部输入的情况下，这些信息对于确定系统未来的行为是充分且必要的。

上述定义中的必要性是指这些信息缺少一个就不能完全描述系统，充分性是指这些信息中再加入一些信息都是多余的，即不再需要更多的信息。

系统在各个时刻的状态是变化的，能够确定系统各个时刻状态的具有最少个数变量的一组变量称为**状态变量**。例如，弹簧-阻尼器系统的物体的位移与速度是一组状态变量。

把描述系统状态的 n 个状态变量 $x_i(t)(i=1,2,\cdots,n)$ 作为一个向量的 n 个分量，这个向量称为状态向量，记为 $x(t)$，即

$$x(t)=\begin{bmatrix} x_1(t) & x_2(t) & \cdots & x_n(t) \end{bmatrix}^{\mathrm{T}} \tag{3-40}$$

例如，弹簧-阻尼器系统的状态向量为：

$$x(t)=\begin{bmatrix} y(t) \\ \dot{y}(t) \end{bmatrix}$$

其中，$y(t)$ 为物体的位移，$\dot{y}(t)$ 为物体的速度。

以 n 个状态变量作为坐标轴所组成的 n 维空间称为状态空间。如果 $n=2$，则状态空间是一个平面，通常称为相平面。如果 $n=3$，则是一般的三维空间。三维以上的空间就失去了一般空间的意义。

由于把系统的状态看成是一个向量，状态向量可用状态空间中的一个点来表示，所以能够在状态空间中用几何术语来解释状态变量分析问题，即采用"状态空间分析"方法。

3.5.3　状态与状态空间的概念系统的状态空间描述

描述系统状态变量和输入变量之间关系的一阶微分方程组称为状态方程。

描述系统输出变量与系统状态变量、输入变量之间关系的方程称为输出方程。

系统的状态方程和输出方程合称为系统的状态空间表达式，常简称为状态方程。

状态方程是系统的数学模型，是状态空间分析法的基础。下面首先讨论如何根据系统的物理机理建立系统的状态方程。

建立状态方程的第一步是选择状态变量。选取的状态变量一定要满足状态的定义，首先检查是否相互独立，即不能由其他变量导出某一变量；其次检查是否充分，即是否完全决定了系统的状态。状态变量的个数应等于系统中独立储能元件的个数，因此，若系统具有 n 个独立储能元件，则可以选择 n 个独立的系统变量作为状态变量。

选择状态变量一般有三条途径：

① 选择系统中储能元件的输出物理量作为状态变量。

② 选择系统的输出变量及其各阶导数作为状态变量。

③ 选择能使状态方程成为某种标准形式的变量作为状态变量。

下面举例说明。

例 3.9　建立如图 3.5.1 所示弹簧-阻尼器系统的状态空间表达式。

解：选取状态变量为 $x_1(t) = y(t)$，$x_2(t) = \dot{y}(t)$。

物体受到的力为外力 $F(t)$、弹簧拉力 $F_k(t)$ 和阻尼器阻力 $F_f(t)$ 的合力，所以根据牛顿第二定律得：

$$M\frac{\mathrm{d}^2 y}{\mathrm{d}t^2} = F - F_k - F_f$$

设弹簧和阻尼器是线性的，根据虎克定律等物理定律得状态空间模型具有如下特点：

$$F_k = Ky(t)$$

$$F_f = f\frac{\mathrm{d}y(t)}{\mathrm{d}t}$$

其中，M 为物体的质量；K 为弹簧的弹性模量；f 为阻尼器的阻尼系数。将上式整理成

$$\begin{cases} \dot{x}_1 = x_2 \\ \dot{x}_2 = -\dfrac{K}{M}x_1 - \dfrac{f}{M}x_2 + \dfrac{1}{M}F \end{cases}$$

上面这个描述弹簧-阻尼器系统的状态变量 $x_1(t)$、$x_2(t)$ 和输入变量 $F(t)$ 之间关系的一阶微分方程组就是系统的状态方程。系统的输出方程为：

$$y = x_1$$

将上面的状态空间表达式写成矩阵形式：

$$\begin{bmatrix} \dot{x}_1 \\ \dot{x}_2 \end{bmatrix} = \begin{bmatrix} 0 & 1 \\ -\dfrac{K}{M} & -\dfrac{f}{M} \end{bmatrix}\begin{bmatrix} x_1 \\ x_2 \end{bmatrix} + \begin{bmatrix} 0 \\ \dfrac{1}{M} \end{bmatrix}F \tag{3-41a}$$

$$y = \begin{bmatrix} 1 & 0 \end{bmatrix}\begin{bmatrix} x_1 \\ x_2 \end{bmatrix} \tag{3-41b}$$

或

$$\dot{x} = Ax + BF$$

$$y = Cx$$

其中，$x = \begin{bmatrix} x_1 \\ x_2 \end{bmatrix}$；$A = \begin{bmatrix} 0 & 1 \\ -\dfrac{K}{M} & -\dfrac{f}{M} \end{bmatrix}$；$B = \begin{bmatrix} 0 \\ \dfrac{1}{M} \end{bmatrix}$；$C = \begin{bmatrix} 1 & 0 \end{bmatrix}$。

例 3.10　建立如图 3.5.2 所示 RLC 网络的状态空间表达式。

解：下面对同一系统选择不同的状态变量，从而得到不同的状态空间表达式。

① 选择两个独立的储能元件电容上的电荷 $q(t)$ 和电感 $i(t)$ 为状态变量，即 $x_1 = q$，$x_2(t) = i$，则

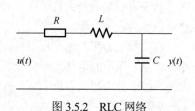

图 3.5.2　RLC 网络

$$\begin{cases} \dfrac{\mathrm{d}q}{\mathrm{d}t} = i \\ iR + L\dfrac{\mathrm{d}i}{\mathrm{d}t} + \dfrac{1}{C}q = u \end{cases}$$

整理得系统的状态方程为：

$$\begin{cases} \dfrac{\mathrm{d}q}{\mathrm{d}t} = i \\ \dfrac{\mathrm{d}i}{\mathrm{d}t} = -\dfrac{1}{LC}q - \dfrac{R}{L}i + \dfrac{1}{L}u \end{cases}$$

或

$$\begin{cases} \dot{x}_1 = x_2 \\ \dot{x}_2 = -\dfrac{1}{LC}x_1 - \dfrac{R}{L}x_2 + \dfrac{1}{L}u \end{cases}$$

写成矩阵形式：

$$\begin{bmatrix} \dot{x}_1 \\ \dot{x}_2 \end{bmatrix} = \begin{bmatrix} 0 & 1 \\ -\dfrac{1}{LC} & -\dfrac{R}{L} \end{bmatrix} \begin{bmatrix} x_1 \\ x_2 \end{bmatrix} + \begin{bmatrix} 0 \\ \dfrac{1}{L} \end{bmatrix} u \tag{3-42a}$$

输出方程为：

$$y = \frac{q}{C} = \frac{x_1}{C} = \begin{bmatrix} \dfrac{1}{C} & 0 \end{bmatrix} \begin{bmatrix} x_1 \\ x_2 \end{bmatrix} \tag{3-42b}$$

② 选状态变量为电感中的电流 $x_1 = i$，电容上的电压 $x_2 = \dfrac{q}{C} = \dfrac{1}{C}\displaystyle\int i(t)\mathrm{d}t$，则

$$\begin{cases} \dot{x}_1 = -\dfrac{R}{L}x_1 - \dfrac{1}{L}x_2 + \dfrac{1}{L}u \\ \dot{x}_2 = \dfrac{1}{C}x_1 \end{cases}$$

状态空间表达式为：

$$\begin{bmatrix} \dot{x}_1 \\ \dot{x}_2 \end{bmatrix} = \begin{bmatrix} -\dfrac{R}{L} & -\dfrac{1}{L} \\ \dfrac{1}{C} & 0 \end{bmatrix} \begin{bmatrix} x_1 \\ x_2 \end{bmatrix} + \begin{bmatrix} \dfrac{1}{L} \\ 0 \end{bmatrix} u \tag{3-43a}$$

$$y = x_2 = \begin{bmatrix} 0 & 1 \end{bmatrix} \begin{bmatrix} x_1 \\ x_2 \end{bmatrix} \tag{3-43b}$$

③ 选状态变量为电感中的电流 $x_1 = Li + R\displaystyle\int i\mathrm{d}t$，$x_2 = \displaystyle\int i\mathrm{d}t$。

注意，这里的状态变量虽然符合状态变量的条件，但是没有明显的物理意义，也是不可测的量。

对状态变量 x_1 求导得：

$$\dot{x}_1 = L\frac{\mathrm{d}i}{\mathrm{d}t} + Ri$$

而系统的方程为：

$$L\frac{\mathrm{d}i}{\mathrm{d}t} + Ri + \frac{1}{C}\int i\mathrm{d}t = u$$

所以，

$$\dot{x}_1 = -\frac{1}{C}\int i\mathrm{d}t + u = -\frac{1}{C}x_2 + u$$

对状态变量 x_2 求导得：

$$\dot{x}_2 = i = \frac{1}{L}x_1 - \frac{R}{L}\int i\mathrm{d}t = \frac{1}{L}x_1 - \frac{R}{L}x_2$$

所以，系统的状态方程为：

$$\begin{cases} \dot{x}_1 = -\frac{1}{C}x_2 + u \\ \dot{x}_2 = \frac{1}{L}x_1 - \frac{R}{L}x_2 \end{cases}$$

系统的输出方程为：

$$y = \frac{1}{C}\int i\mathrm{d}t = \frac{1}{C}x_2$$

则状态空间表达式为：

$$\begin{bmatrix} \dot{x}_1 \\ \dot{x}_2 \end{bmatrix} = \begin{bmatrix} 0 & -\frac{1}{C} \\ \frac{1}{L} & -\frac{R}{L} \end{bmatrix} \begin{bmatrix} x_1 \\ x_2 \end{bmatrix} + \begin{bmatrix} 1 \\ 0 \end{bmatrix} u \tag{3-44a}$$

$$y = \frac{1}{C}\int i\mathrm{d}t = \frac{1}{C}x_2 = \begin{bmatrix} 0 & \frac{1}{C} \end{bmatrix} \begin{bmatrix} x_1 \\ x_2 \end{bmatrix} \tag{3-44b}$$

从这个例题可以看出：

① 状态变量的选择不唯一，因此状态方程也不唯一（但在相似意义下是唯一的）。

② 状态变量的个数一定。

③ 状态变量可以是有明显物理意义的量，也可以是没有明显物理意义的量。状态变量可以是可测的量，也可以是不可测的量。

例 3.11 他激直流电动机速度控制系统（忽略负载力矩）如图 3.5.3 所示。系统输入为 u_f，输出为电动机的角速度 ω。

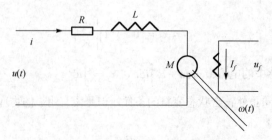

图 3.5.3 直流电动机速度控制系统

解：选取状态变量：因为系统中独立储能元件有 3 个，即激磁线圈电感、电枢线圈电感和电机转动惯量，所以选择状态变量为电动机的角速度 $x_1 = \omega$，电枢电流 $x_2 = I$，激磁回路电流 $x_3 = I_f$。根据电机理论，有下列关系：

$$\begin{cases} J\dfrac{\mathrm{d}\omega}{\mathrm{d}t} = C_M I \\[2mm] E_M + L\dfrac{\mathrm{d}I}{\mathrm{d}t} + IR = E_g \\[2mm] E_g = K_g I_f \\[2mm] E_M = C_e \omega \\[2mm] u_f = I_f R_f + L_f \dfrac{\mathrm{d}I_f}{\mathrm{d}t} \end{cases}$$

整理可得系统的状态方程为：

$$\begin{cases} \dfrac{\mathrm{d}\omega}{\mathrm{d}t} = \dfrac{C_M}{J} I \\[3mm] \dfrac{\mathrm{d}I}{\mathrm{d}t} = -\dfrac{C_e}{L}\omega - \dfrac{R}{L}I + \dfrac{K_g}{L}I_f \\[3mm] \dfrac{\mathrm{d}I_f}{\mathrm{d}t} = -\dfrac{R_f}{L_f}I_f + \dfrac{1}{L_f}u_f \end{cases}$$

或

$$\begin{cases} \dot{x}_1 = \dfrac{C_M}{J} I \\[3mm] \dot{x}_2 = -\dfrac{C_e}{L}x_1 - \dfrac{R}{L}x_2 + \dfrac{K_g}{L}x_3 \\[3mm] \dot{x}_3 = -\dfrac{R_f}{L_f}x_3 + \dfrac{1}{L_f}u_f \end{cases}$$

或者表示为：

$$\dot{x} = \begin{bmatrix} 0 & \dfrac{C_M}{J} & 0 \\[3mm] -\dfrac{C_e}{L} & -\dfrac{R}{L} & -\dfrac{K_g}{L} \\[3mm] 0 & 0 & -\dfrac{R_f}{L_f} \end{bmatrix} x + \begin{bmatrix} 0 \\[2mm] 0 \\[2mm] \dfrac{1}{L_f} \end{bmatrix} u_f \qquad (3\text{-}45\mathrm{a})$$

其中，$x = \begin{bmatrix} x_1 & x_2 & x_3 \end{bmatrix}^{\mathrm{T}}$，若取电机角速度为输出量，则输出方程为：

$$y = \omega = x_1 = \begin{bmatrix} 1 & 0 & 0 \end{bmatrix} x \qquad (3\text{-}45\mathrm{b})$$

若取两个输出量为 $y_1 = \omega$ 和 $y_2 = I$，则输出方程为：

$$\begin{bmatrix} y_1 \\ y_2 \end{bmatrix} = \begin{bmatrix} 1 & 0 & 0 \\ 0 & 1 & 0 \end{bmatrix} \begin{bmatrix} x_1 \\ x_2 \\ x_3 \end{bmatrix} \qquad (3\text{-}45\mathrm{c})$$

从上面的几个典型物理系统的数学模型可以看出，**很多系统虽然具有不同的物理特性，但却具有**

相同形式的数学模型。例如，例 3.9 所示弹簧-阻尼器系统和例 3.10 所示 RLC 网络，都可以用两个一阶线性常微分方程描述。

3.5.4　线性系统的状态空间表达式

下面介绍线性系统的状态空间表达式的一般形式。

1. 单输入单输出线性系统的状态空间表达式

对于线性系统，状态方程中各个状态变量的导数与状态变量和输入变量都是线性关系，输出变量与状态变量、输入变量也是线性关系。因此，单输入单输出（SISO）n 阶线性系统状态空间表达式的一般形式为：

$$\begin{cases} \dot{x}_1 = a_{11}x_1 + a_{12}x_2 + \cdots + a_{1n}x_n + b_1 u \\ \dot{x}_2 = a_{21}x_1 + a_{22}x_2 + \cdots + a_{2n}x_n + b_2 u \\ \qquad\qquad\qquad \vdots \\ \dot{x}_n = a_{n1}x_1 + a_{n2}x_2 + \cdots + a_{nn}x_n + b_n u \end{cases} \tag{3-46a}$$

$$y = c_1 x_1 + c_2 x_2 + \cdots + c_n x_n + du \tag{3-46b}$$

写成矩阵形式：

$$\dot{x} = \begin{bmatrix} a_{11} & a_{12} & \cdots & a_{1n} \\ a_{21} & a_{22} & \cdots & a_{2n} \\ & & \vdots & \\ a_{n1} & a_{n2} & \cdots & a_{nn} \end{bmatrix} x + \begin{bmatrix} b_1 \\ b_2 \\ \vdots \\ b_n \end{bmatrix} u \tag{3-47a}$$

$$y = \begin{bmatrix} c_1 & c_2 & \cdots & c_n \end{bmatrix} x + du \tag{3-47b}$$

或表示为：

$$\dot{x} = Ax + Bu \tag{3-48a}$$

$$y = Cx + du \tag{3-48b}$$

其中，$x = [x_1 \quad x_2 \quad \cdots \quad x_n]^{\mathrm{T}}$，$A = \{a_{ij}\}_{n \times n}$，$B = [b_1 \quad b_2 \quad \cdots \quad b_n]^{\mathrm{T}}$，$C = [c_1 \quad c_2 \quad \cdots \quad c_n]^{\mathrm{T}}$，$d$ 为常数，称为直接传递。

2. 多输入多输出线性系统的状态空间表达式

具有 r 个输入、m 个输出的 n 阶多输入多输出（MIMO）线性系统的状态方程为：

$$\begin{cases} \dot{x}_1 = a_{11}x_1 + a_{12}x_2 + \cdots + a_{1n}x_n + b_{11}u_1 + b_{12}u_2 + \cdots + b_{1r}u_r \\ \dot{x}_2 = a_{21}x_1 + a_{22}x_2 + \cdots + a_{2n}x_n + b_{21}u_1 + b_{22}u_2 + \cdots + b_{2r}u_r \\ \qquad\qquad\qquad\qquad\qquad\qquad \vdots \\ \dot{x}_n = a_{n1}x_1 + a_{n2}x_2 + \cdots + a_{nn}x_n + b_{n1}u_1 + b_{n2}u_2 + \cdots + b_{nr}u_r \end{cases} \tag{3-49a}$$

输出方程为：

$$\begin{cases} y_1 = c_{11}x_1 + c_{12}x_2 + \cdots + c_{1n}x_n + d_{11}u_1 + d_{12}u_2 + \cdots + d_{1r}u_r \\ y_2 = c_{21}x_1 + c_{22}x_2 + \cdots + c_{2n}x_n + d_{21}u_1 + d_{22}u_2 + \cdots + d_{2r}u_r \\ \qquad\qquad\qquad\qquad\qquad\qquad \vdots \\ y_m = c_{m1}x_1 + c_{m2}x_2 + \cdots + c_{mn}x_n + d_{m1}u_1 + d_{m2}u_2 + \cdots + d_{mr}u_r \end{cases} \tag{3-49b}$$

写成矩阵形式为：

$$\dot{x} = \begin{bmatrix} a_{11} & a_{11} & \cdots & a_{1n} \\ a_{21} & a_{21} & \cdots & a_{2n} \\ & & \vdots & \\ a_{n1} & a_{n1} & \cdots & a_{nn} \end{bmatrix} x + \begin{bmatrix} b_{11} & b_{11} & \cdots & b_{1r} \\ b_{21} & b_{21} & \cdots & b_{2r} \\ & & \vdots & \\ b_{n1} & b_{n1} & \cdots & b_{nr} \end{bmatrix} u \tag{3-50a}$$

$$y = \begin{bmatrix} c_{11} & c_{11} & \cdots & c_{1n} \\ c_{21} & c_{21} & \cdots & c_{2n} \\ & & \vdots & \\ c_{m1} & c_{m1} & \cdots & c_{mn} \end{bmatrix} x + \begin{bmatrix} d_{11} & d_{11} & \cdots & d_{1r} \\ d_{21} & d_{21} & \cdots & d_{2r} \\ & & \vdots & \\ d_{m1} & d_{m1} & \cdots & d_{mr} \end{bmatrix} u \tag{3-50b}$$

或

$$\dot{x} = Ax + Bu \tag{3-51a}$$

$$y = Cx + Du \tag{3-51b}$$

其 中 ，$x = [x_1 \quad x_2 \quad \cdots \quad x_n]^T$ 为 $n \times 1$ 维 向 量 ；$u = [u_1 \quad u_2 \quad \cdots \quad u_n]^T$ 为 $r \times 1$ 维 向 量 ；$y = [y_1 \quad y_2 \quad \cdots \quad y_m]^T$ 为 $m \times 1$ 维向量；A 为 $n \times n$ 维系统矩阵，表示系统内部各状态变量之间的关系；B 为 $n \times r$ 维输入矩阵，表示输入对每个状态变量的作用情况；C 为 $m \times n$ 维输出矩阵，表示输出与状态变量的组成关系；D 为 $m \times r$ 维前馈矩阵，表示输入对输出的直接传递关系。若不考虑直接传输，则一般表达式为：

$$\begin{cases} \dot{x} = Ax + Bu \\ y = Cx \end{cases} \tag{3-52}$$

若系统是线性定常系统，则 A, B, C, D 均为常数矩阵。若系统是时变系统，则 A, B, C, D 的元素有些或全部是时间的函数。

多输入多输出系统可以用如图 3.5.4 所示的框图表示，其中积分方框由 n 个积分器组成。

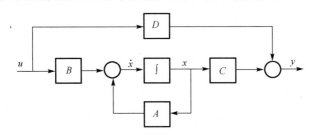

图 3.5.4　线性系统的一般结构

3.5.5　状态方程的线性变换

从前面的讨论可以看出，状态变量的选择是不唯一的，因此状态方程也不唯一，但这些状态方程都描述了同一个系统，因此这些状态方程本质上必然是相同的。事实上，它们之间都可以通过线性变换得到，因此状态方程在相似意义下是唯一的。

下面讨论状态方程的线性变换。这个论题的意义不仅在于说明状态方程在相似意义下是唯一的，更重要的是使很多系统的分析与设计得以简化，在后面章节中将予以介绍。

设状态变量取为 x 时，线性连续时变系统或定常系统的状态空间表达式为：

$$\dot{x}(t) = Ax(t) + Bu(t) \tag{3-53a}$$

$$y(t) = Cx(t) \tag{3-53b}$$

取线性变换：

$$x(t) = P\overline{x}(t) \tag{3-54}$$

其中，P 为常量矩阵。由于式（3-54）中 x 与 $\overline{x}$ 之间是线性关系，所以称为线性变换。由状态的定义可知，虽然状态变量的选取不同，但状态变量的个数都是 n，因此 P 应该是非奇异阵，即存在 P^{-1}，使

$$\overline{x}(t) = P^{-1}x(t) \tag{3-55}$$

上述变换称为非奇异线性变换或等价变换。通过非奇异线性变换，系统的状态空间表达式变换为：

$$\dot{\overline{x}}(t) = \overline{A}\,\overline{x}(t) + \overline{B}u(t) \tag{3-56a}$$

$$y = \overline{C}\,\overline{x}(t) \tag{3-56b}$$

下面推导 A, B, C 和 $\overline{A}, \overline{B}, \overline{C}$ 之间的关系。将式（3-54）代入式（3-53）得：

$$\begin{cases} P\dot{\overline{x}} = AP\overline{x} + Bu \\ y = CP\overline{x} \end{cases}$$

由于存在 P^{-1}，所以有：

$$\begin{cases} \dot{\overline{x}} = P^{-1}AP\overline{x} + P^{-1}Bu \\ y = CP\overline{x} \end{cases} \tag{3-57}$$

比较式（3-57）和式（3-56）得：

$$\overline{A} = P^{-1}AP \quad \overline{B} = P^{-1}B \quad \overline{C} = CP \tag{3-58}$$

或

$$A = P\overline{A}P^{-1} \quad B = P\overline{B} \quad C = \overline{C}P^{-1} \tag{3-59}$$

由式（3-58）或式（3-59）可对状态空间表达式进行非奇异线性变换。下面考察经非奇异线性变换后，矩阵 A 与 $\overline{A}$ 的特征值的变化情况。

$$\begin{aligned} \left| \lambda I - \overline{A} \right| &= \left| \lambda I - P^{-1}AP \right| = \left| \lambda P^{-1}P - P^{-1}AP \right| \\ &= \left| P^{-1}\lambda IP - P^{-1}AP \right| = \left| P^{-1}(\lambda I - A)P \right| \\ &= \left| P^{-1} \right| \left| \lambda I - A \right| \left| P \right| = \left| P^{-1} \right| \left| P \right| \left| \lambda I - A \right| \\ &= \left| P^{-1}P \right| \left| \lambda I - A \right| = \left| \lambda I - A \right| \end{aligned}$$

可见，$\overline{A}$ 和 A 具有相同的特征多项式，因此具有相同的特征值。因此，经非奇异线性变换后，虽然状态变量变了，状态方程的参数也变了，但状态方程的特征值不变，所以，一般称特征值是系统的不变量。

例 3.12 已知系统的状态方程为：

$$\begin{bmatrix} \dot{x}_1 \\ \dot{x}_2 \\ \dot{x}_3 \end{bmatrix} = \begin{bmatrix} 0 & 1 & 0 \\ 0 & 0 & 1 \\ -6 & -11 & -6 \end{bmatrix} \begin{bmatrix} x_1 \\ x_2 \\ x_3 \end{bmatrix} + \begin{bmatrix} 0 \\ 0 \\ 1 \end{bmatrix} u$$

取线性变换为：

$$\begin{bmatrix} x_1 \\ x_2 \\ x_3 \end{bmatrix} = \begin{bmatrix} 1 & 1 & 1 \\ -1 & -2 & -3 \\ 1 & 4 & 9 \end{bmatrix} \begin{bmatrix} \overline{x}_1 \\ \overline{x}_2 \\ \overline{x}_3 \end{bmatrix}$$

求变换后系统的状态方程。

解：　　　$P = \begin{bmatrix} 1 & 1 & 1 \\ -1 & -2 & -3 \\ 1 & 4 & 9 \end{bmatrix}$ 　　　　　$P^{-1} = \begin{bmatrix} 3 & 2.5 & 0.5 \\ -3 & -4 & -1 \\ 1 & 1.5 & 0.5 \end{bmatrix}$

由式（3-58）得：

$$\overline{A} = P^{-1}AP = \begin{bmatrix} 3 & 2.5 & 0.5 \\ -3 & -4 & -1 \\ 1 & 1.5 & 0.5 \end{bmatrix} \begin{bmatrix} 0 & 1 & 0 \\ 0 & 0 & 1 \\ -6 & -11 & -6 \end{bmatrix} \begin{bmatrix} 1 & 1 & 1 \\ -1 & -2 & -3 \\ 1 & 4 & 9 \end{bmatrix}$$

$$= \begin{bmatrix} 3 & 2.5 & 0.5 \\ -3 & -4 & -1 \\ 1 & 1.5 & 0.5 \end{bmatrix} \begin{bmatrix} -1 & -2 & -3 \\ 1 & 4 & 9 \\ -1 & -8 & -27 \end{bmatrix} = \begin{bmatrix} -1 & 0 & 0 \\ 0 & -2 & 0 \\ 0 & 0 & -3 \end{bmatrix}$$

$$\overline{B} = P^{-1}B = \begin{bmatrix} 3 & 2.5 & 0.5 \\ -3 & -4 & -1 \\ 1 & 1.5 & 0.5 \end{bmatrix} \begin{bmatrix} 0 \\ 0 \\ 1 \end{bmatrix} = \begin{bmatrix} 0.5 \\ -1 \\ 0.5 \end{bmatrix}$$

所以，变换后的状态方程为：

$$\dot{\overline{x}} = \begin{bmatrix} -1 & 0 & 0 \\ 0 & -2 & 0 \\ 0 & 0 & -3 \end{bmatrix} \overline{x} + \begin{bmatrix} 0.5 \\ -1 \\ 0.5 \end{bmatrix} u$$

在例 3.12 中，通过线性变换后的状态方程的系数矩阵为对角矩阵，使状态变量之间没有耦合作用。这种形式对控制系统分析和设计都是非常有益的。

① 状态空间模型不仅能反映系统内部状态，而且能揭示系统内部状态与外部的输入和输出变量的联系。

② 状态空间模型将多个变量时间序列处理为向量时间序列，这种从变量到向量的转变更适合解决多输入多输出变量情况下的建模问题。

③ 状态空间模型能够用现在和过去的最小信息形式描述系统的状态，因此，它不需要大量的历史数据资料，既省时又省力。

习　　题

1．定义传递函数时为何要附加零初始条件？零初始条件的含义是什么？

2．现实中，真实的系统都具有一定程度的非线性特性和时变特性，但是理论分析和设计经常采用线性时不变模型，请简述原因。

3．列举控制理论中的几种数学模型。

4．简述现代控制理论基于状态空间模型的原因。

5．求图 P3.1 所示调节器的传递函数 $U_o(s)/U_i(s)$。（图中运放器为理想运算放大器。）

6．某系统的方框图如图 P3.2 所示，求系统的传递函数 $C(s)/R(s)$。

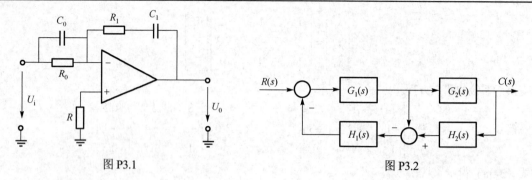

图 P3.1　　　　　　　　　　　　　　　　　图 P3.2

7. 某系统的结构图如图 P3.3 所示，求：

（1）传递函数 $C(s)/R(s)$。

（2）传递函数 $C(s)/N(s)$。

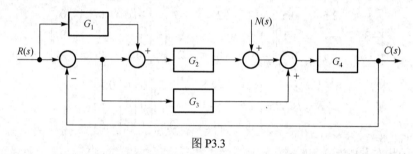

图 P3.3

8. 零初始条件下，设某一系统在单位脉冲 $\delta(t)$ 作用下的响应函数为：$k(t) = 5e^{-2t} + 10e^{-5t}$

（1）根据传递函数的定义，试求该系统的传递函数。

（2）求该系统的微分方程模型。

9. 系统的微分方程组如下：

$$\dot{x}_1(t) = k_1[r(t) - c(t) - \beta x_3(t)]$$
$$x_2(t) = \tau \dot{r}(t)$$
$$T\dot{x}_3(t) + x_3(t) = x_1(t) + x_2(t)$$
$$\dot{c}(t) = k_2 x_3(t)$$

其中，$r(t)$ 为输入量，$c(t)$ 为输出量；$x_1(t), x_2(t), x_3(t)$ 为中间变量；τ, β, k_1, k_2 为常量。试画出该系统的结构图，并求传递函数 $C(s)/R(s)$。

10. 已知描述某控制系统的运动方程组如下：

$$x_1(t) = r(t) - c(t) + n_1(t)$$
$$x_2(t) = K_1 x_1(t)$$
$$x_3(t) = x_2(t) - x_5(t)$$
$$T\frac{\mathrm{d}x_4(t)}{\mathrm{d}t} = x_3(t)$$
$$x_5(t) = x_4(t) - K_2 n_2(t)$$
$$K_0 x_5(t) = \frac{\mathrm{d}^2 c(t)}{\mathrm{d}t^2} + \frac{\mathrm{d}c(t)}{\mathrm{d}t}$$

其中，$r(t)$ 为输入量，$c(t)$ 为输出量；$n_1(t), n_2(t)$ 为系统的扰动信号；$x_1(t) \sim x_5(t)$ 为中间变量；K_1, K_2, K_3 为常量，T 为时间常数。试画出该系统的结构图，并求传递函数 $C(s)/R(s), C(s)/N_1(s), C(s)/N_2(s)$。

11. 某系统在输入信号 r(t)=(1+t)1(t)作用下，测得输出响应为：$y(t) = (t + 0.9) - 0.9e^{-10t}$, $t \geq 0$ 已知初始条件为零，试求系统的传递函数。

12. 电气网络结构也可以从系统反馈的角度来理解。试画出图示电气网络的结构框图。

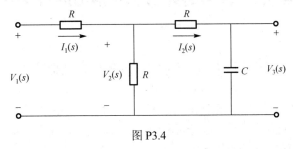

图 P3.4

13. 已知系统的结构图如图 P3.5 所示，其状态变量为 x_1，x_2，x_3。试列写出系统的状态空间模型。

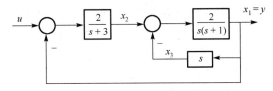

图 P3.5

14. 设描述系统输入-输出关系的微分方程为

$$\ddot{x}(t) + 3\dot{x}(t) + 2x(t) = u(t)$$

（1）若选取状态变量为 $x_1 = x, x_2 = \dot{x}$，试写出该系统的状态方程；

（2）若重选一组状态变量 $\bar{x}_1, \bar{x}_2$，使得 $x_1 = \bar{x}_1 + \bar{x}_2$，$x_2 = -\bar{x}_1 - 2\bar{x}_2$，试列写系统在 $\bar{x}_1, \bar{x}_2$ 坐标系中的状态方程。

第4章 控制系统的运动响应分析

4.1 典型输入一阶系统的运动响应分析

控制系统的外加输入信号在大多数情况下是无法预先准确知道的，具有一定的随机性，比较各种信号下的系统响应是不可能的。因此，在分析和研究控制系统时，需要选取一些具有代表性的试验信号作为系统的输入，我们称之为典型输入信号。通过比较各种系统对这些输入信号的响应，实现对系统性能的比较。典型输入信号一般应具备以下条件：

① 在典型输入信号作用下，能反映出系统在实际工作条件下的性能。

② 典型输入信号的数学表达要简单，便于数学分析和理论计算。

③ 在控制现场或者实验室中容易产生，便于实验分析和检验。

在控制理论中，常采用如下信号作为典型输入信号。

（1）阶跃信号

$$r(t) = \begin{cases} 0, & t < 0 \\ R, & t \geq 0 \end{cases}$$

式中，R 为常数，是输入信号的幅值。当 $R=1$ 时，称为单位阶跃信号，记为 $1(t)$，它用于考察系统对于恒值输入信号跟踪能力的试验信号。阶跃信号如图 4.1.1(a)所示。

（2）速度信号（斜坡信号）

$$r(t) = R\delta(t)$$

$$r(t) = \begin{cases} 0, & t < 0 \\ Rt, & t \geq 0 \end{cases}$$

式中，R 是常数，是输入信号的斜率。当 $R=1$ 时，称为单位斜坡函数，它是用于考察系统对等速率信号跟踪能力时的试验信号。速度信号如图 4.1.1(b)所示。

（3）加速度信号（抛物线信号）

$$r(t) = \begin{cases} 0, & t < 0 \\ \dfrac{1}{2}Rt^2, & t \geq 0 \end{cases}$$

式中，R 是常数，是输入信号的加速度。当 $R=1$ 时，称为单位加速度信号，它是考察系统机动跟踪能力时的试验信号。加速度信号如图 4.1.1(c)所示。

（4）脉冲信号

$$r(t) = R\delta(t)$$

当 $R=1$ 时，称为单位脉冲信号。其中，$\delta(t)$ 为狄拉克 δ 函数，定义为：

$$\delta(t) = \begin{cases} \infty, & t = 0 \\ 0, & t \neq 0 \end{cases} \qquad \int_{-\infty}^{+\infty} \delta(t)\mathrm{d}t = 1$$

理想的单位脉冲函数是单位阶跃函数对时间的导数，而单位阶跃函数是单位脉冲函数对时间的积分。单位脉冲信号是用于考察系统在脉冲扰动后的恢复过程。加速度信号如图 4.1.1(d)所示。

（5）正弦信号

$$r(t) = \begin{cases} 0, & t < 0 \\ A\sin(\omega t + \delta), & t \geqslant 0 \end{cases}$$

式中，A 为正弦函数的幅值，ω 为振荡的角频率，且有 $\omega = 2\pi f = 2\pi/T$，f 为振荡频率，T 为振荡周期。正弦函数输入信号主要用于频率域分析，在时间域分析中也常用到。正弦信号如图 4.1.1(e)所示。

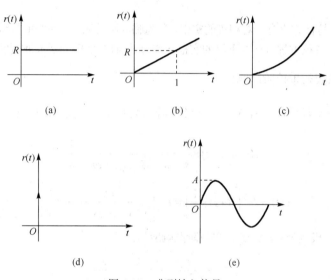

图 4.1.1　典型输入信号

上面介绍了在控制系统分析中常用的几种典型输入信号，至于在系统分析实践中选用何种试验信号，需要根据对系统的考察目的来确定。

4.2　典型输入二阶系统的运动响应分析

1. 典型二阶系统的结构

典型二阶系统的结构框图如图 4.2.1 所示。

典型二阶系统的开环传递函数为：

$$G(s) = \frac{\omega_n^2}{s^2 + 2\zeta\omega_n s}$$

典型二阶系统的闭环传递函数为：

$$\Phi(s) = \frac{G(s)}{1 + G(s)} = \frac{\omega_n^2}{s^2 + 2\zeta\omega_n s + \omega_n^2}$$

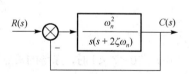

图 4.2.1　典型二阶系统结构框图

$\Phi(s)$ 称为典型二阶系统的传递函数，ζ 称为阻尼系数，ω_n 称为无阻尼振荡圆频率或自然频率。这两个参数称为二阶系统的特征参数。

二阶系统的特征方程为 $s^2 + 2\zeta\omega_n s + \omega_n^2 = 0$，得到特征方程的两个根，或者说闭环传递函数的两个极点可以解得为 $s_{1,2} = -\zeta\omega_n \pm \omega_n\sqrt{\zeta^2 - 1}$。

特征参数 ζ 和 ω_n 是描述特征根的两个重要参数，二阶系统的动态响应分析和动态性能描述，基本上是以这两个参数来表示的。在二阶系统特征根的表达式中，随着阻尼系数 ζ 的不同取值，特征根 s_1、s_2 就具有不同的类型。

① 当 $\zeta = 0$ 时，特征方程有一对共轭的虚根，称为无阻尼系统，系统的阶跃响应为持续的等幅振荡。

② 当 $0 < \zeta < 1$ 时，特征方程有一对实部为负的共轭复根，称为欠阻尼系统，系统的阶跃响应为衰减的振荡过程。

③ 当 $\zeta = 1$ 时，特征方程有一对相等的实根，称为临界阻尼系统，系统的阶跃响应为非振荡过程。

④ 当 $\zeta > 1$ 时，特征方程有一对不等的实根，称为过阻尼系统，系统的阶跃响应为非振荡过程。

2. 典型二阶系统的单位阶跃响应

当输入为单位阶跃函数时，$R(s) = \dfrac{1}{s}$，得到典型二阶系统的单位阶跃响应为：

$$C(s) = \Phi(s) \times \frac{1}{s} = \frac{\omega_n^2}{s^2 + 2\zeta\omega_n s + \omega_n^2} \times \frac{1}{s}$$

$$c(t) = L^{-1}\left[\Phi(s) \times \frac{1}{s}\right] = L^{-1}\left[\frac{\omega_n^2}{s^2 + 2\zeta\omega_n s + \omega_n^2} \times \frac{1}{s}\right]$$

① 当 $\zeta = 0$ 时，极点为 $s = \pm j\omega_n$，单位阶跃响应为：

$$C(s) = \frac{\omega_n^2}{s(s^2 + \omega_n^2)} = \frac{1}{s} - \frac{s}{s^2 + \omega_n^2}$$

$$c(t) = 1 - \cos\omega_n t, \qquad t \geq 0$$

得到如图 4.2.2 所示的无阻尼状态。

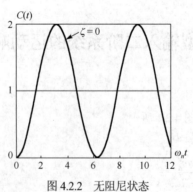

图 4.2.2 无阻尼状态

② 当 $0 < \zeta < 1$ 时，系统的极点为：

$$C(s) = \frac{1}{s} \cdot \frac{\omega_n^2}{s^2 + 2\zeta\omega_n s + \omega_n^2} = \frac{1}{s} - \frac{s + 2\zeta\omega_n}{s^2 + 2\zeta\omega_n s + \omega_n^2}$$

$$= \frac{1}{s} - \frac{s + \zeta\omega_n}{(s + \zeta\omega_n)^2 + (\sqrt{1-\zeta^2}\,\omega_n)^2} - \frac{\zeta\omega_n}{(s + \zeta\omega_n)^2 + (\sqrt{1-\zeta^2}\,\omega_n)^2}$$

$$c(t) = 1 - \mathrm{e}^{-\zeta\omega_n t}\left[\cos(\sqrt{1-\zeta^2}\,\omega_n t) + \frac{\zeta}{\sqrt{1-\zeta^2}}\sin(\sqrt{1-\zeta^2}\,\omega_n t)\right]$$

$$= 1 - \frac{\mathrm{e}^{-\zeta\omega_n t}}{\sqrt{1-\zeta^2}}\sin\left(\sqrt{1-\zeta^2}\,\omega_n t + \arctan\frac{\sqrt{1-\zeta^2}}{\zeta}\right), \qquad t \geqslant 0$$

极点的负实部 $-\zeta\omega_n$ 决定了指数衰减的快慢，虚部 $\omega_d = \omega_n\sqrt{1-\zeta^2}$ 是振荡频率。称 $-\zeta\omega_n$ 为阻尼振荡圆频率。注意：$\omega_d < \omega_n$。

得到如图 4.2.3 所示的欠阻尼状态。

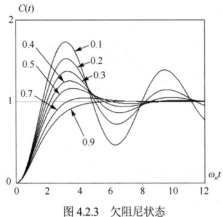

图 4.2.3　欠阻尼状态

③ 当 $\zeta = 1$ 时，系统极点为 $s_{1,2} = -\omega_n$，单位阶跃响应函数为：

$$C(s) = \frac{1}{s} \cdot \frac{\omega_n^2}{s^2 + 2\omega_n s + \omega_n^2} = \frac{\omega_n^2}{s(s+\omega_n)^2} = \frac{1}{s} - \frac{1}{s+\omega_n} - \frac{\omega_n}{(s+\omega_n)^2}$$

$$c(t) = 1 - \mathrm{e}^{-\omega_n t}(1 + \omega_n t)$$

得到如图 4.2.4 所示的临界阻尼状态。

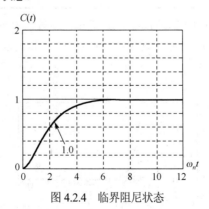

图 4.2.4　临界阻尼状态

④ 当 $\zeta > 1$ 时，极点为 $s_{1,2} = -\zeta\omega_n \pm \omega_n\sqrt{\zeta^2-1}$，单位阶跃响应为：

$$C(s) = \frac{1}{(T_1 s+1)(T_2 s+1)} \cdot \frac{1}{s} = \frac{1}{s} + \frac{T_1}{T_2 - T_1}\frac{1}{\left(s+\dfrac{1}{T_1}\right)} + \frac{T_2}{T_1 - T_2}\frac{1}{\left(s+\dfrac{1}{T_2}\right)}$$

$$c(t) = 1 + \frac{T_1}{T_2 - T_1} e^{-\frac{t}{T_1}} + \frac{T_2}{T_1 - T_2} e^{-\frac{t}{T_2}}$$

其中，$T_1 = \dfrac{1}{\omega_n \left(\zeta - \sqrt{\zeta^2 - 1} \right)}$，$T_2 = \dfrac{1}{\omega_n \left(\zeta + \sqrt{\zeta^2 - 1} \right)}$。

得到如图 4.2.5 所示的过阻尼状态。

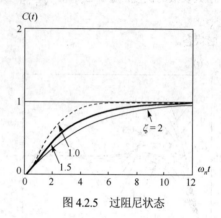

图 4.2.5　过阻尼状态

上述 4 种情况分别称为二阶无阻尼、欠阻尼、临界阻尼和过阻尼系统，其阻尼系数、特征根、极点分布和单位阶跃响应如表 4.2.1 所示。

表 4.2.1　阻尼系数、特征根、极点位置和单位阶跃响应

阻尼系数	特征根	极点位置	单位阶跃响应
$\zeta = 0$, 无阻尼	$s_{1,2} = \pm j\omega_n$	一对共轭虚根	等幅周期振荡
$o < \zeta < 1$, 欠阻尼	$s_{1,2} = -\zeta\omega_n \pm j\omega_n\sqrt{1 - \zeta^2}$	一对共轭复根（左半平面）	衰减振荡
$\zeta = 1$, 临界阻尼	$s_{1,2} = -\omega_n$(重根)	一对负实重根	单调上升
$\zeta > 1$, 过阻尼	$s_{1,2} = -\zeta\omega_n \mp \omega_n\sqrt{\zeta^2 - 1}$	两个互异负实根	单调上升

二阶系统的单位阶跃响应如图 4.2.6 所示，可以看出：随着 ζ 的增加，$c(t)$ 将从无衰减的周期运动变为有衰减的正弦运动，当 $\zeta \geqslant 1$ 时 $c(t)$ 呈现单调上升运动（无振荡）。可见 ζ 反映实际系统的阻尼情况，故称为阻尼系数。

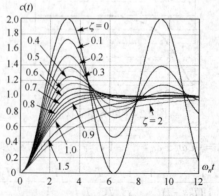

图 4.2.6　二阶系统的单位阶跃响应

4.3　高阶系统的运动响应分析

高阶系统传递函数一般可以表示为：

$$\Phi(s) = \frac{M(s)}{D(s)} = \frac{b_m s^m + b_{m-1} s^{m-1} + \cdots + b_1 s + b_0}{a_n s^n + a_{n-1} s^{n-1} + \cdots + a_1 s + a_0} = \frac{K \prod\limits_{i=1}^{m} (s - z_i)}{\prod\limits_{j=1}^{n} (s - \lambda_j)}, \quad n \geq m$$

式中，$K = b_m / a_n$，由于 $M(s)$ 和 $D(s)$ 均为实系数多项式，故闭环零点 z_i、极点 λ_j 只能是实根或共轭复数。设系统闭环极点均为单极点，系统单位阶跃响应的拉氏变换可表示为：

$$C(s) = \Phi(s) \cdot \frac{1}{s} = \frac{K \prod\limits_{i=1}^{m} (s - z_i)}{s \prod\limits_{j=1}^{n} (s - \lambda_j)} = \frac{M(0)}{D(0)} \cdot \frac{1}{s} + \sum_{j=1}^{n} \frac{M(s)}{sD'(s)} \bigg|_{s=\lambda_j} \frac{1}{s - \lambda_j}$$

对上式进行拉氏反变换可得：

$$c(t) = \frac{M(0)}{D(0)} + \sum_{j=1}^{n} \frac{M(s)}{sD'(s)} \bigg|_{s=\lambda_k} \cdot e^{\lambda_k t} = \frac{M(0)}{D(0)} + \sum_{\lambda_i = -\alpha_i} \frac{M(s)}{sD'(s)} \bigg|_{s=\alpha_i} \cdot e^{-\alpha_i t} + \sum_{\lambda_i = -\sigma \pm j\omega_{di}} A_i e^{-\sigma_i t} \sin(\omega_{di} t + \varphi_i)$$

　　可见，除常数项 $M(0)/D(0)$ 外，高阶系统的单位阶跃响应是系统模态的组合，组合系数即部分分式系数。模态由闭环极点确定，而部分分式系数与闭环零点、极点分布有关，所以，闭环零点、极点对系统动态性能均有影响。当所有闭环极点均具有负的实部，即所有闭环极点均位于左半 s 平面时，随时间 t 的增加所有模态均趋于零（对应瞬态分量），系统的单位阶跃响应最终稳定在 $M(0)/D(0)$。很明显，闭环极点负实部的绝对值越大，相应模态趋于零的速度越快。在系统存在重根的情况下，以上结论仍然成立。

1. 闭环主导极点

　　对稳定的闭环系统，远离虚轴的极点对应的模态只影响阶跃响应的起始段，而距虚轴近的极点对应的模态衰减缓慢，系统动态性能主要取决于这些极点对应的响应分量。此外，各瞬态分量的具体值还与其系数大小有关。根据部分分式理论，各瞬态分量的系数与零、极点的分布有如下关系：①若某极点远离原点，则相应项的系数很小；②若某极点接近一个零点，而又远离其他极点和零点，则相应项的系数也很小；③若某极点远离零点又接近原点或其他极点，则相应项的系数就比较大。系数大而且衰减慢的分量在瞬态响应中起主要作用。因此，距离虚轴最近而且附近又没有零点的极点对系统的动态性能起主导作用，称相应极点为主导极点。

2. 估算高阶系统动态性能指标的零点极点法

　　一般规定，若某极点的实部大于主导极点实部的 5～6 倍以上时，则可以忽略相应分量的影响；若两相邻零、极点间的距离比它们本身的模值小一个数量级，则称该零、极点对为"偶极子"，其作用近似抵消，可以忽略相应分量的影响。

　　在绝大多数实际系统的闭环零、极点中，可以选最靠近虚轴的一个或几个极点作为主导极点，略去比主导极点距虚轴远 5 倍以上的闭环零、极点，以及不十分接近虚轴的靠得很近的偶极子，忽略其对系统动态性能的影响，然后按相应的公式估算高阶系统动态性能指标。

应该注意使简化后的系统与原高阶系统有相同的闭环增益，以保证阶跃响应终值相同。

利用 MATLAB 语言的 step 指令，可以方便准确地得到高阶系统的单位阶跃响应和动态性能指标。

4.4　控制系统的频率特性

定义：线性定常系统的输出量的傅氏变换 $Y(j\omega)$ 与输出量的傅氏变换 $R(j\omega)$ 之比，定义为系统的频率特性，记为 $G(j\omega)$，即

$$G(j\omega) = Y(j\omega) / R(j\omega)$$

从数学意义上，频率特性与传递函数存在下列简单关系：

$$G(j\omega) = G(s)\big|_{s=j\omega}$$

即，将传递函数中 s 用 $j\omega$ 替换后就得到系统的频率特性；反之，将频率特性中的 $j\omega$ 用 s 替换就得到系统的传递函数。

频率法的优点较多。首先，只要求出系统的开环频率特性，就可以判断闭环系统是否稳定。其次，由系统的频率特性所确定的频域指标与系统的时域指标之间存在着一定的对应关系，而系统的频率特性又很容易和它的结构、参数联系起来，因而可以根据频率特性曲线的形状来选择系统的结构和参数，使之满足时域指标的要求。此外，频率特性不但可由微分方程或传递函数求得，而且还可以用实验方法求得。这对于某些难以用机理分析方法建立微分方程或传递函数的元件（或系统）来说，具有重要的意义。因此，频率法得到了广泛的应用，它也是经典控制理论中的重点内容之一。

4.4.1　对数频率特性（Bode 图）

对数频率特性图又称为伯德图，是由对数幅频特性图和对数相频特性图组成的。通常绘制这两张图描述控制系统的频率特性，是按频率 ω 的对数分度来绘制的，ω 的单位是 rad/s。所谓对数分度，是指横坐标以 $\lg\omega$ 进行均匀分度，如图 4.4.1 所示。从图中可知，当频率 ω 每变化 10 倍，横坐标的间隔距离变化 1 个单位长度，被称为十倍频程或十倍频，用 dec（即 decade 的缩写）表示。

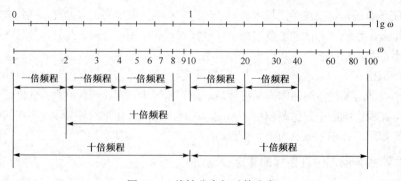

图 4.4.1　线性分度与对数分度

对数幅频特性的纵坐标按 $20\lg|G(j\omega)|$ 线性分度，其中对数是以 10 为底的，单位为分贝（dB），并用符号 $L(\omega)$ 表示，即

$$L(\omega) = 20\lg|G(j\omega)|$$

对数相频特性的纵坐标以 $\varphi(\omega) = \angle G(\mathrm{j}\omega)$ 线性分度，单位为度（°）或弧度（rad）。

在对数特性图中，频率 ω 采用对数分度，所以 $\omega = 0$ 不可能在横坐标上表现出来，横坐标表示最低频率。

采用对数坐标图的优点较多，主要表现在：

① 由于横坐标采用对数刻度，因此将低频段相对展宽了（低频段频率特性的形状对于控制系统性能的研究具有较重要的意义），而将高频段相对压缩了，从而可以在较宽的频段范围中研究系统的频率特性。

② 由于对数可将乘除运算变成加减运算。当绘制由多个环节串联而成的系统的对数坐标图时，只要将各环节对数坐标图的纵坐标相加、减即可，从而简化了画图的过程。

③ 在对数坐标图上，所有典型环节的对数幅频特性乃至系统的对数幅频特性均可用分段直线近似表示。这种近似具有相当的精确度。若对分段直线进行修正，即可得到精确的特性曲线。

④ 若将实验所得的频率特性数据整理并用分段直线画出对数频率特性，很容易写出实验对象的频率特性表达式或传递函数。

1．典型系统的伯德图

（1）比例环节

比例环节频率特性为

$$G(\mathrm{j}\omega) = K$$

显然，它与频率无关，其对数幅频特性和对数相频特性分别为

$$L(\omega) = 20\lg K$$

$$\varphi(\omega) = 0°$$

其伯德图如图 4.4.2 所示。

（2）微分环节 $\mathrm{j}\omega$

微分环节 $\mathrm{j}\omega$ 的对数幅频特性与对数相频特性分别为：

$$L(\omega) = 20\lg \omega$$

$$\varphi(\omega) = 90°$$

对数幅频曲线在 $\omega = 1$ 处通过 0dB 线，斜率为 20dB/dec；对数相频特性为 +90° 直线。特性曲线如图 4.4.3 所示。

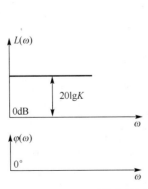

图 4.4.2 比例环节的伯德图

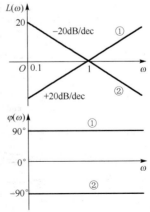

图 4.4.3 微分、积分环节的伯德图

（3）积分环节 $\dfrac{1}{j\omega}$

积分环节 $\dfrac{1}{j\omega}$ 的对数幅频特性与对数相频特性分别为：

$$L(\omega) = -20\lg\omega$$

$$\varphi(\omega) = -90°$$

积分环节对数幅频曲线在 $\omega=1$ 处通过 0dB 线，斜率为 –20dB/dec；对数相频特性为 –90° 直线。特性曲线如图 4.4.3 所示。

积分环节与微分环节成倒数关系，所以其伯德图关于频率轴对称。

（4）惯性环节 $(1+j\omega T)^{-1}$

惯性环节 $(1+j\omega T)^{-1}$ 的对数幅频与对数相频特性表达式为：

$$L(\omega) = -20\lg\sqrt{1+\left(\dfrac{\omega}{\omega_1}\right)^2} \tag{4-1a}$$

$$\varphi(\omega) = -\arctan\dfrac{\omega}{\omega_1} \tag{4-1b}$$

式中，$\omega_1 = \dfrac{1}{T}$，$\omega T = \dfrac{\omega}{\omega_1}$。

当 $\omega << \omega_1$ 时，略去式（4-1a）根号中的 $(\omega/\omega_1)^2$ 项，则有 $L(\omega) \approx -20\lg 1 = 0\text{dB}$，表明 $L(\omega)$ 的低频渐近线是 0dB 水平线。

当 $\omega >> \omega_1$ 时，略去式（4-1a）根号中的 1 项，则有 $L(\omega) = -20\lg(\omega/\omega_1)$，表明 $L(\omega)$ 高频部分的渐近线是斜率为 –20dB/dec 的直线，两条渐近线的交点频率 $\omega_1 = 1/T$ 称为转折频率。图 4.4.4 中曲线①绘出惯性环节对数幅频特性的渐近线与精确曲线，以及对数相频曲线。由图可见，最大幅值误差发生在 $\omega_1 = 1/T$ 处，其值近似等于 –3dB，可用图 4.4.5 所示的误差曲线来进行修正。惯性环节的对数相频特性从 0° 变化到 $-\omega_1 \geq \omega_c^*$，$\gamma \geq \gamma^*$，$h \geq h^*$，并且关于点 $(\omega_1, -45°)$ 对称。这一点读者可以自己证明。

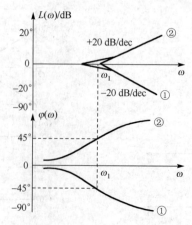

图 4.4.4　$(1+j\omega T)^{\mp 1}$ 的伯德图

```
>> 图 4.4.5 Matlab 程序
ww1=0.1:0.01:10;
for i=1:length(ww1)
  Lw=(-20)*log10(sqrt(1+ww1(i)^2));
  if ww1(i)<=1 Lw1=0;
  else Lw1=(-20)*log10(ww1(i));
  end
  m(i)=Lw-Lw1;
end
ab=semilogx(ww1,m,'b-');
set(ab,'LineWidth',2);grid;
xlabel('w/w1'),ylabel('误差/dB');
```

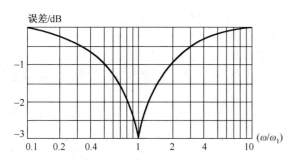

图 4.4.5 惯性环节对数相频特性误差修正曲线

（5）一阶复合微分环节 $1+j\omega$

一阶复合微分环节的对数幅频与对数相频特性表达式为：

$$L(\omega)=20\lg\sqrt{1+\left(\frac{\omega}{\omega_1}\right)^2}$$

$$\varphi(\omega)=\arctan\frac{\omega}{\omega_1}$$

一阶复合微分环节的伯德图如图 4.4.4 中曲线②所示，它与惯性环节的伯德图关于频率轴对称。

（6）二阶振荡环节 $\left[1+2\zeta T\,j\omega+(j\omega T)^2\right]^{-1}$

振荡环节的频率特性：

$$G(j\omega)=\frac{1}{1-\left(\dfrac{\omega}{\omega_n}\right)^2+j2\zeta\left(\dfrac{\omega}{\omega_n}\right)}$$

式中，$\omega_n=\dfrac{1}{T}$，$0<\zeta<1$。

对数幅频特性为：

$$L(\omega)=-20\lg\sqrt{\left[1-\left(\frac{\omega}{\omega_n}\right)^2\right]^2+\left(2\zeta\frac{\omega}{\omega_n}\right)^2} \tag{4-2a}$$

对数相频特性为：

$$\varphi(\omega)=-\arctan\frac{2\zeta\omega/\omega_n}{1-(\omega/\omega_n)^2} \tag{4-2b}$$

当 $\dfrac{\omega}{\omega_n}\ll1$ 时，略去式（4-2a）中的 $\left(\dfrac{\omega}{\omega_n}\right)^2$ 和 $2\zeta\dfrac{\omega}{\omega_n}$ 项，则有：

$$L(\omega) \approx -20\lg 1 = 0\text{dB}$$

表明 $L(\omega)$ 的低频段渐近线是一条 0dB 的水平线。当 $\dfrac{\omega}{\omega_n} \gg 1$ 时，略去式（4-2a）中的 1 和 $2\zeta\dfrac{\omega}{\omega_n}$ 项，则有：

$$L(\omega) = -20\lg\left(\frac{\omega}{\omega_n}\right)^2 = -40\lg\frac{\omega}{\omega_n}$$

表明 $L(\omega)$ 的高频段渐近线是一条斜率为 –40dB/dec 的直线。

显然，当 $\omega/\omega_n = 1$ 时，即 $\omega = \omega_n$ 是两条渐近线的相交点，所以，振荡环节的自然频率 ω_n 就是其转折频率。

振荡环节的对数幅频特性不仅与 ω/ω_n 有关，而且与阻尼比 ζ 有关，因此在转折频率附近一般不能简单地用渐近线近似代替，否则可能引起较大的误差，图 4.4.6 给出当 ζ 取不同值时对数幅频特性的准确曲线和渐近线，由图可见，在 $\zeta < 0.707$ 时，曲线出现谐振峰值，ζ 值越小，谐振峰值越大，它与渐近线之间的误差越大。必要时，可以用图 4.4.7 所示的误差修正曲线进行修正。

由式（4-2b）可知，相角 $\varphi(\omega)$ 也是 ω/ω_n 和 ζ 的函数，当 $\omega = 0$ 时，$\varphi(\omega) = 0$；当 $\omega \to \infty$ 时，$\varphi(\omega) = -180°$；当 $\omega = \omega_n$ 时，不管 ζ 值的大小，ω_n 总是等于 $-90°$，而且相频特性曲线关于 $(\omega_n, -90°)$ 点对称，如图 4.4.6 所示。

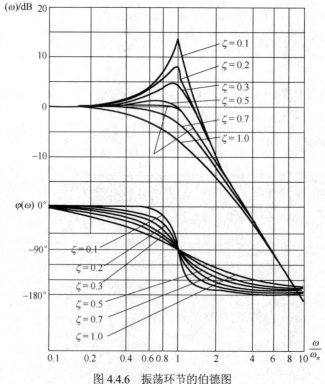

图 4.4.6　振荡环节的伯德图

```
>> 图 4.4.6 Matlab 程序
ks=[0.1 0.2 0.3 0.5 0.7 1.0];
om=10;
for i=1:length(ks)
```

```
num=om*om;
den=[1 2*ks(i)*om om*om];
bode(num,den);hold on;
end
grid;
```

振荡环节的误差修正曲线如图 4.4.7 所示。

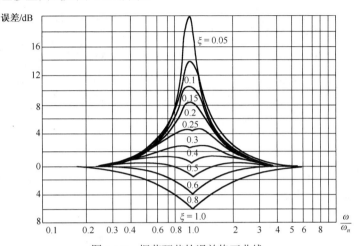

图 4.4.7　振荡环节的误差修正曲线

```
>> 图 4.4.7 Matlab 程序
ks=[0.05 0.1 0.15 0.2 0.25 0.3 0.4 0.5 0.6 0.8 1.0];
wwn=0.1:0.01:10;
for i=1:length(ks)
    for k=1:length(wwn)
        Lw=-20*log10(sqrt((1-wwn(k)^2)^2+(2*ks(i)*wwn(k))^2));
        if wwn(k)<=1 Lw1=0;
        else Lw1=-40*log10(wwn(k));
        end
        m(k)=Lw-Lw1;
    end
    ab=semilogx(wwn,m,'b-');set(ab,'linewidth',1.5);hold on;
end
grid;
```

（7）二阶复合微分环节 $1+2\zeta T\,\mathrm{j}\omega+(\mathrm{j}\omega T)^2$

二阶复合微分环节的频率特性为：

$$G(\mathrm{j}\omega)=1-\left(\frac{\omega}{\omega_n}\right)^2+\mathrm{j}2\zeta\left(\frac{\omega}{\omega_n}\right)$$

式中，$\omega_n=\dfrac{1}{T}$，$0<\zeta<1$。

对数幅频特性为：

$$L(\omega)=20\lg\sqrt{\left[1-\left(\frac{\omega}{\omega_n}\right)^2\right]^2+\left(2\zeta\frac{\omega}{\omega_n}\right)^2}$$

对数相频特性为：

$$\varphi(\omega) = \arctan \frac{2\zeta\omega/\omega_n}{1 - (\omega/\omega_n)^2}$$

二阶复合微分环节与振荡环节成倒数关系，其伯德图与振荡环节伯德图关于频率轴对称。

（8）延迟环节

延迟环节的频率特性为：

$$G(j\omega) = e^{-j\tau\omega} = A(\omega)e^{j\varphi(\omega)}$$

式中，

$$A(\omega) = 1, \varphi(\omega) = -\tau\omega$$

因此

$$L(\omega) = 20\lg|G(j\omega)| = 0 \qquad (4\text{-}3a)$$

$$\varphi(\omega) = -\tau\omega \qquad (4\text{-}3b)$$

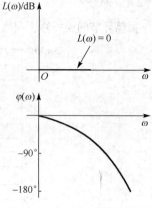

上式表明，延迟环节的对数幅频特性与0dB线重合，对数相频特性值与 ω 成正比，当 $\omega \to \infty$ 时，相角迟后量也趋于 ∞ 。延迟环节的伯德图如图4.4.8所示。

图4.4.8　延迟环节的伯德图

2．开环系统的伯德图

设开环系统由 n 个环节串联组成，系统频率特性为：

$$\begin{aligned}
G(j\omega) &= G_1(j\omega)G_2(j\omega) \cdots G_n(j\omega) \\
&= A_1(\omega)e^{j\varphi_1(\omega)} \cdot A_2(\omega)e^{j\varphi_2(\omega)} \cdots A_n(\omega)e^{j\varphi_n(\omega)} \\
&= A(\omega)e^{j\varphi(\omega)}
\end{aligned}$$

式中

$$A(\omega) = A_1(\omega) \cdot A_2(\omega) \cdots A_n(\omega)$$

取对数后，有

$$\begin{aligned}
L(\omega) &= 20\lg A_1(\omega) + 20\lg A_2(\omega) + \cdots + 20\lg A_n(\omega) \\
&= L_1(\omega) + L_2(\omega) + \cdots + L_3(\omega)
\end{aligned} \qquad (4\text{-}4a)$$

$$\varphi(\omega) = \varphi_1(\omega) + \varphi_2(\omega) + \cdots \varphi_n(\omega) \qquad (4\text{-}4b)$$

$A_i(\omega)$ $(i = 1, 2, \cdots, n)$ 表示各典型环节的幅频特性，$L_i(\omega)$ 和 $\varphi_i(\omega)$ 分别表示各典型环节的对数幅频特性和相频特性。只要能作出 $G(j\omega)$ 所包含的各典型环节的对数幅频和对数相频曲线，将它们分别进行代数相加，就可以求得开环系统的伯德图。实际上，在熟悉了对数幅频特性的性质后，可以采用更为简捷的办法直接画出开环系统的伯德图，具体步骤如下：

（1）将开环传递函数写成尾1标准形式，确定系统开环增益 K ，把各典型环节的转折频率由小到大依次标在频率轴上。

（2）绘制开环对数幅频特性的渐近线。由于系统低频段渐近线的频率特性为 $K/(j\omega)^\upsilon$ ，因此，低频段渐近线为过点 $(1, 20\lg K)$ 、斜率为 $-20\upsilon\text{dB/dec}$ 的直线（ υ 为积分环节数）。

（3）随后沿频率增大的方向每遇到一个转折频率就改变一次斜率，其规律是遇到惯性环节的转折频率，则斜率变化量为 -20dB/dec ；遇到一阶微分环节的转折频率，斜率变化量为 $+20\text{dB/dec}$ ；遇到振荡环节的转折频率，斜率变化量为 -40dB/dec 等。渐近线最后一段（高频段）的斜率为 $-20(n-m)\text{dB/dec}$ ，其中 n 、 m 分别为 $G(s)$ 分母、分子的阶数。

（4）如果需要，可按照各典型环节的误差曲线对相应段的渐近线进行修正，以得到精确的对数幅频特性曲线。

（5）绘制相频特性曲线。分别绘出各典型环节的相频特性曲线，再沿频率增大的方向逐点叠加，最后将相加点连接成曲线。

4.4.2 幅相频率特性（Nyquist 图）

1．比例环节

比例环节的传递函数为：

$$G(s) = K \tag{4-5}$$

其频率特性为：

$$G(j\omega) = K + j0 = Ke^{j0}$$

$$\left.\begin{array}{l} A(\omega) = \left| G(j\omega) \right| = K \\ \varphi(\omega) = \angle G(j\omega) = 0^\circ \end{array}\right\} \tag{4-6}$$

比例环节的幅相特性是 G 平面实轴上的一个点。表明比例环节稳态正弦响应的振幅是输入信号的 K 倍，且响应与输入同相位。图 4.4.9 所示为比例环节的幅相特性。

2．微分环节

微分环节的传递函数为：

$$G(s) = s \tag{4-7}$$

其频率特性为：

$$G(j\omega) = 0 + j\omega = \omega e^{j90^\circ}$$

$$\left.\begin{array}{l} A(\omega) = \omega \\ \varphi(\omega) = 90^\circ \end{array}\right\} \tag{4-8}$$

微分环节的幅值与 ω 成正比，相角恒为 90°。当 $\omega = 0 \to \infty$ 时，幅相特性从 G 平面的原点起始，一直沿虚轴趋于 $+j\infty$ 处，如图 4.4.10 曲线①所示。

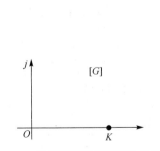

图 4.4.9　比例环节的幅相特性曲线

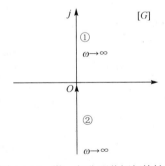

图 4.4.10　微、积分环节幅相特性曲线

3．积分环节

积分环节的传递函数为：

$$G(s) = \frac{1}{s} \tag{4-9}$$

其频率特性为：

$$G(j\omega) = 0 + \frac{1}{j\omega} = \frac{1}{\omega}e^{-j90°}$$

$$\left.\begin{array}{c} A(\omega) = \dfrac{1}{\omega} \\[2mm] \varphi(\omega) = -90° \end{array}\right\} \tag{4-10}$$

积分环节的幅值与 ω 成反比，相角恒为 $-90°$。当 $\omega = 0 \to \infty$ 时，幅相特性从虚轴 $-j\infty$ 处出发，沿负虚轴逐渐趋于坐标原点，如图 4.4.10 曲线②所示。

4. 惯性环节

惯性环节的传递函数为：

$$G(s) = \frac{1}{Ts+1} \tag{4-11}$$

其频率特性为：

$$G(j\omega) = \frac{1}{1+jT\omega} = \frac{1}{\sqrt{1+T^2\omega^2}}e^{-j\arctan T\omega}$$

$$\left.\begin{array}{c} A(\omega) = \dfrac{1}{\sqrt{1+T^2\omega^2}} \\[2mm] \varphi(\omega) = -\arctan T\omega \end{array}\right\} \tag{4-12}$$

当 $\omega = 0$ 时，幅值 $A(\omega) = 1$，相角 $\varphi(\omega) = 0°$；当 $\omega = \infty$ 时，$A(\omega) = 0$，$\varphi(\omega) = -90°$。可以证明，惯性环节幅相特性曲线是一个以（$1/2$，$j0$）为圆心、$1/2$ 为半径的半圆。如图 4.4.11 所示。证明如下：

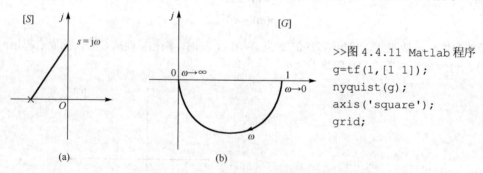

```
>>图 4.4.11 Matlab 程序
g=tf(1,[1 1]);
nyquist(g);
axis('square');
grid;
```

图 4.4.11　惯性环节的极点分布和幅相特性曲线

设

$$G(j\omega) = \frac{1}{1+jT\omega} = \frac{1-jT\omega}{1+T^2\omega^2} = X + jY$$

其中，

$$X = \frac{1}{1+T^2\omega^2} \tag{4-13}$$

$$Y = \frac{-T\omega}{1+T^2\omega^2} = -T\omega X \tag{4-14}$$

由式（4-14）可得：

$$-T\omega = \frac{Y}{X} \tag{4-15}$$

将式（4-15）代入式（4-13）整理后可得：

$$\left(X-\frac{1}{2}\right)^2+Y^2=\left(\frac{1}{2}\right)^2 \tag{4-16}$$

式（4-16）表明：惯性环节的幅相频率特性符合圆的方程，圆心在实轴上 $1/2$ 处，半径为 $1/2$。从式（4-14）还可看出，X 为正值时，Y 只能取负值，这意味着曲线限于实轴的下方，只是半个圆。

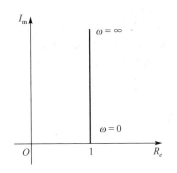

图 4.4.12　一阶微分环节的极坐标图

5. 一阶微分环节

一阶微分环节的传递函数为 $G(s)=Ts+1$，其频率特性为：

$$G(\mathrm{j}\omega)=\mathrm{j}\omega T+1$$

幅频特性和相频特性为：

$$A(\omega)=\sqrt{1+\omega^2T^2}\,,$$

当 $\omega=0$ 时，$A(\omega)=1$，$\varphi(\omega)=0^\circ$；当 $\omega\to\infty$ 时，$A(\omega)=\infty$，$\varphi(\omega)=90^\circ$。

由此可见，一阶微分环节的极坐标图是第一象限中的一条平行于虚轴的直线。如图 4.4.12 所示，当 ω 从 0 变为 ∞ 时，向量 $G(\mathrm{j}\omega)$ 的端点运动从点 $(1,\mathrm{j}0)$ 开始，向平行于虚轴的 ∞ 处移动。

6. 振荡环节

二阶振荡环节的传递函数为：

$$G(s)=\frac{1}{T^2s^2+2T\zeta s+1}=\frac{\omega_n^2}{s^2+2\zeta\omega_n+\omega_n^2},\qquad 0<\zeta<1 \tag{4-17}$$

式中，$\omega_n=1/T$ 为环节的无阻尼自然频率；ζ 为阻尼比，$0<\xi<1$。相应的频率特性为：

$$G(\mathrm{j}\omega)=\frac{1}{\left(1-\dfrac{\omega^2}{\omega_n^2}\right)+\mathrm{j}2\zeta\dfrac{\omega}{\omega_n}} \tag{4-18}$$

$$\left.\begin{aligned}A(\omega)&=\frac{1}{\sqrt{\left(1-\dfrac{\omega^2}{\omega_n^2}\right)^2+4\zeta^2\dfrac{\omega^2}{\omega_n^2}}}\\[4mm]\varphi(\omega)&=-\arctan\frac{2\zeta\dfrac{\omega}{\omega_n}}{1-\dfrac{\omega^2}{\omega_n^2}}\end{aligned}\right\} \tag{4-19}$$

当 $\omega=0$ 时　　　　　　　　　$G(\mathrm{j}0)=1\angle 0^\circ$

当 $\omega=\omega_n$ 时　　　　　　　$G(\omega_n)=1/(2\zeta)\angle-90^\circ$

当 $\omega=\infty$ 时　　　　　　　$G(\mathrm{j}\infty)=0\angle-180^\circ$

分析二阶振荡环节极点分布以及当 $s=\mathrm{j}\omega=\mathrm{j}0\to\mathrm{j}\infty$ 变化时，向量 $s-\boldsymbol{p}_1$、$s-\boldsymbol{p}_2$ 的模和相角的变

化规律，可以绘出 $G(j\omega)$ 的幅相曲线。二阶振荡环节幅相特性的形状与 ζ 值有关，当 ζ 值分别取 0.4、0.6 和 0.8 时，幅相曲线如图 4.4.13 所示。

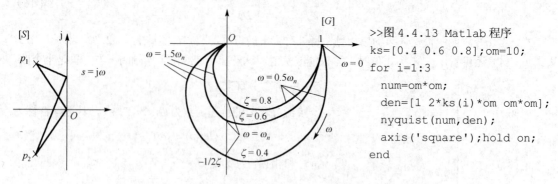

```
>>图 4.4.13 Matlab 程序
ks=[0.4 0.6 0.8];om=10;
for i=1:3
  num=om*om;
  den=[1 2*ks(i)*om om*om];
  nyquist(num,den);
  axis('square');hold on;
end
```

图 4.4.13　振荡环节极点分布和幅相特性曲线

7. 二阶微分环节

二阶复合微分环节的传递函数为：

$$G(s) = T^2 s^2 + 2\zeta T s + 1 = \frac{s^2}{\omega_n^2} + 2\zeta \frac{s}{\omega_n} + 1$$

频率特性为：

$$G(j\omega) = \left[1 - \frac{\omega^2}{\omega_n^2}\right] + j2\zeta \frac{\omega}{\omega_n}$$

$$
\begin{cases}
A(\omega) = \sqrt{\left[1 - \dfrac{\omega^2}{\omega_n^2}\right]^2 + 4\zeta^2 \dfrac{\omega^2}{\omega_n^2}} \\[4mm]
\varphi(\omega) = \arctan \dfrac{2\zeta \dfrac{\omega}{\omega_n}}{1 - \dfrac{\omega^2}{\omega_n^2}}
\end{cases}
$$

当 $\omega = 0$ 时，$A(\omega) = 1$，$\varphi(\omega) = 0°$；当 $\omega = \omega_n$ 时，$A(\omega) = 2\zeta$，$\varphi(\omega) = 90°$。当 $\omega \to \infty$ 时，$A(\omega) = \infty$，$\varphi(\omega) = 180°$。

8. 延迟环节

延迟环节的传递函数为：

$$G(s) = e^{-\tau s}$$

频率特性为：

$$G(j\omega) = e^{-j\tau\omega}$$

$$
\begin{cases}
A(\omega) = 1 \\
\varphi(\omega) = -\tau\omega
\end{cases}
$$

其幅相特性曲线是圆心在原点的单位圆（如图 4.4.14 所示），ω 值越大，其相角迟后量越大。

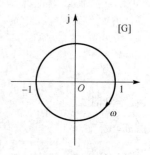

图 4.4.14　延迟环节幅相特性曲线

习　题

1. 求典型二阶系统在临界阻尼状态 $\zeta = 1$ 时，零初始条件下系统的单位阶跃响应表达式。

2. 求典型二阶系统在欠阻尼状态 $0 < \zeta < 1$ 时，零初始条件下系统的单位阶跃响应表达式。

3. 求典型二阶系统在过阻尼状态 $\zeta > 1$ 时，零初始条件下系统的单位阶跃响应表达式。

4. 证明典型二阶系统的极点位置随着阻尼系数而变化的轨迹为一个圆。（$\zeta < 1$ 的情况。）

5. 控制系统的分析经常在时域、复频域（s 域）、或频率域（w 域）进行。试分析在各个域中控制系统的优缺点。

6. 在刻画控制系统的动态性能指标时，为什么选择单位阶跃作为系统的输入？

7. 控制理论中为什么要重点研究典型系统（典型一阶和典型二阶系统）的性能分析？

8. 惯性环节在什么条件下可以近似为比例环节？在什么条件下可以近似为积分环节？

9. 在绘制连续系统频率特性 Bode 图的幅频特性时，常采用"对数频率—分贝"坐标。简述采用"对数频率—分贝"坐标的原因。

10. 一个性能良好的控制系统，其开环幅频特性各个频段的特点如何？各个频段分别影响系统的哪些性能？

11. 如何测量得到一个不稳定环节的频率特性？

12. 在工程实际中，常采用带惯性环节的微分器 $\dfrac{T_D s}{1 + T_{fs}}$ 来替代纯微分环节，请简述原因。

13. 简述频率特性的物理含义。

14. 某最小相位系统的开环对数幅频特性的渐近线如图 P4.1 所示，试确定该系统的开环传递函数以及频率特性。

15. 某最小相位系统的开环对数幅频特性的渐近线如图 P4.2 所示，试确定该系统的开环传递函数以及频率特性。

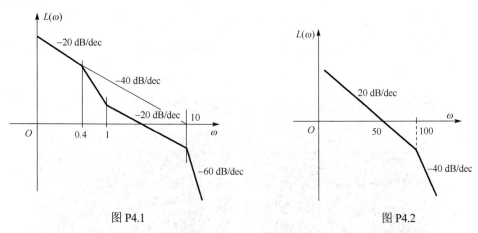

图 P4.1　　　　　　　　　　　　　　　图 P4.2

16. 某最小相位系统的开环对数幅频特性的渐近线如图所示，求该系统的开环频率特性。

17. 某系统做仿真实验，得到系统内部信号和输出如图 P4.4 所示，试分析原因。

18. 请在图 P4.5 中画出下列开环传递函数对应的幅值-频率特性图。

（1）$G(s) = \dfrac{10(s+2)}{(s+1)(s+10)}$

（2）$G(s)H(s) = \dfrac{500(s+2)}{(s+10)(s+50)}$

（3）$G(s) = \dfrac{2000\left(\dfrac{s}{5}+1\right)^2}{s(s+1)(s^2+4s+100)}$

（4）$G(s)H(s) = \dfrac{2000(s+5)}{s(s+2)(s^2+4s+100)}$

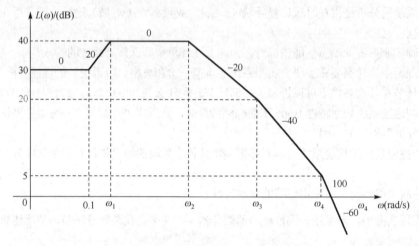

图 P4.3

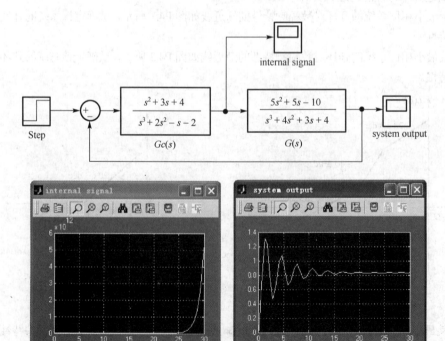

图 P4.4

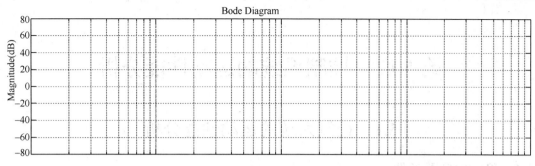

图 P4.5

19. 某系统的开环对数幅频特性的渐近线和开环相频特性曲线如图 P4.6 所示。

（1）求该系统的开环传递函数。（有关的数据和斜率请在图中读出。）

（2）判断闭环系统的稳定性并说明原因。

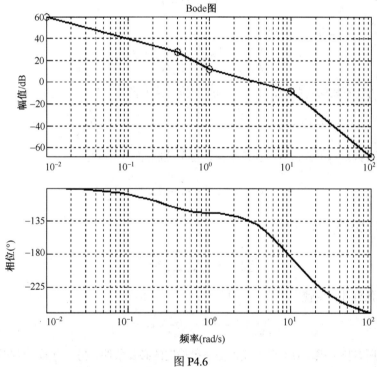

图 P4.6

第5章 控制系统的运动性能分析

5.1 控制系统的运动性能分析

5.1.1 稳定的充要条件

如果在扰动作用下系统偏离了原来的平衡状态，当扰动消失后，系统能够以足够的准确度恢复到原来的平衡状态，则系统是稳定的。否则，系统不稳定。

脉冲信号可看作一种典型的扰动信号。根据系统稳定的定义，若系统脉冲响应收敛，即

$$\lim_{t \to \infty} k(t) = 0$$

则系统是稳定的。设系统闭环传递函数为：

$$\Phi(s) = \frac{M(s)}{D(s)} = \frac{b_m(s-z_1)(s-z_2)\cdots(s-z_m)}{a_n(s-\lambda_1)(s-\lambda_2)\cdots(s-\lambda_n)}$$

设闭环极点为互不相同的单根，则脉冲响应的拉氏反变换为：

$$C(s) = \Phi(s) = \frac{A_1}{s-\lambda_1} + \frac{A_2}{s-\lambda_2} + \cdots + \frac{A_n}{s-\lambda_n} = \sum_{i=1}^{n} \frac{A_i}{s-\lambda_i}$$

式中，A_i 为待定常数。对上式进行拉氏反变换，得单位脉冲响应函数：

$$k(t) = A_1 \mathrm{e}^{\lambda_1 t} + A_2 \mathrm{e}^{\lambda_2 t} + \cdots + A_n \mathrm{e}^{\lambda_n t} = \sum_{i=1}^{n} A_i \mathrm{e}^{\lambda_i t}$$

根据稳定性定义，系统稳定时应有：

$$\lim_{t \to \infty} k(t) = \lim_{t \to \infty} \sum_{i=1}^{n} A_i \mathrm{e}^{\lambda_i t} = 0 \tag{5-1}$$

考虑到系数 A_i 的任意性，要使上式成立，只能有：

$$\lim_{t \to \infty} \mathrm{e}^{\lambda_i t} = 0, \qquad i = 1, 2, \cdots, n \tag{5-2}$$

式（5-2）表明，所有特征根均具有负的实部是系统稳定的必要条件。另一方面，如果系统的所有特征根均具有负的实部，则式（5-1）一定成立。所以，系统稳定的充分必要条件是系统闭环特征方程的所有根都具有负的实部，或者说所有闭环特征根均位于左半 s 平面。

如果特征方程有 m 重根，则相应模态为：

$$\mathrm{e}^{\lambda_0 t}, t\mathrm{e}^{\lambda_0 t}, t^2\mathrm{e}^{\lambda_0 t}, \cdots, t^{m-1}\mathrm{e}^{\lambda_0 t}$$

当时间 t 趋于无穷时是否收敛到零，仍然取决于重特征根 λ_0 是否具有负的实部。

当系统有纯虚根时，系统处于临界稳定状态，脉冲响应呈现等幅振荡。由于系统参数的变化以及扰动是不可避免的，实际上等幅振荡不可能永远维持下去，系统很可能会由于某些因素而导致不稳定。另外，从工程实践的角度来看，这类系统也不能正常工作，因此经典控制理论中将临界稳定系统划归到不稳定系统之列。

线性系统的稳定性是其自身的属性，只取决于系统自身的结构、参数，与初始条件及外作用无关。

线性定常系统如果稳定，则它一定是大范围稳定的，且原点是其唯一的平衡点。

用 MATLAB 语言的多项式求根指令 roots 可以由特征方程系数方便地解出全部特征根，进而可以判断系统是否稳定。

5.1.2　稳定性分析判据

劳斯于 1877 年提出的稳定性判据能够判定一个多项式方程中是否存在位于复平面右半部的正根，而不必求解方程。当把这个判据用于判断系统的稳定性时，又称为代数稳定判据。

设系统特征方程为：

$$D(s) = a_n s^n + a_{n-1} s^{n-1} + \cdots + a_1 s + a_0 = 0 , \qquad a_n > 0 \qquad (5\text{-}3)$$

1.　判定稳定的必要条件

系统稳定的必要条件是：

$$a_i > 0 , \qquad i = 0, 1, 2, \cdots, n-1 \qquad (5\text{-}4)$$

满足必要条件的一、二阶系统一定稳定，满足必要条件的高阶系统未必稳定，因此高阶系统的稳定性还需要用劳斯判据来判断。

2.　劳斯判据

劳斯判据为表格形式，见表 5.1.1。该表称为劳斯表。表中前两行由特征方程的系数直接构成，其他各行的数值按表 5.1.1 所示逐行计算。

表 5.1.1　劳斯表

s^n	a_n	a_{n-2}	a_{n-4}	a_{n-6}	$\cdots$
s^{n-1}	a_{n-1}	a_{n-3}	a_{n-5}	a_{n-7}	$\cdots$
s^{n-2}	$b_1 = \dfrac{a_{n-1}a_{n-2} - a_n a_{n-3}}{a_{n-1}}$	$b_2 = \dfrac{a_{n-1}a_{n-4} - a_n a_{n-5}}{a_{n-1}}$	b_3	b_4	$\cdots$
s^{n-3}	$c_1 = \dfrac{b_1 a_{n-3} - a_{n-1} b_2}{b_1}$	$c_2 = \dfrac{b_1 a_{n-5} - a_{n-1} b_3}{b_1}$	c_3	c_4	$\cdots$
$\vdots$	$\vdots$	$\vdots$	$\vdots$	$\vdots$	$\vdots$
s^0	a_0				

劳斯判据指出：系统稳定的充要条件是劳斯表中第一列系数都大于零，否则系统不稳定，而且第一列系数符号改变的次数就是特征方程中正实部根的个数。

例 5.1　设系统特征方程为 $D(s) = s^4 + 2s^3 + 3s^2 + 4s + 5 = 0$，试判定系统的稳定性。

解：列劳斯表：

s^4	1	3	5
s^3	2	4	0
s^2	$\dfrac{2\times 3 - 1\times 4}{2} = 1$	$\dfrac{2\times 5 - 1\times 0}{2} = 5$	
s^1	$\dfrac{1\times 4 - 2\times 5}{1} = -6$	0	
s^0	$\dfrac{-6\times 5 - 1\times 0}{-6} = 5$		

```
>>例 5.1 题程序及结果
roots([1 2 3 4 5])
    0.2878 + 1.4161i
    0.2878 - 1.4161i
   -1.2878 + 0.8579i
   -1.2878 - 0.8579i
```

劳斯表第一列系数符号改变了两次，所以系统有两个根在右半 s 平面，系统不稳定。

3. 劳斯判据特殊情况的处理

（1）某行第一列元素为零而该行元素不全为零时，用一个很小的正数 ε 代替第一列的零元素参与计算，表格计算完成后再令 $\varepsilon \to 0$。

例 5.2 已知系统特征方程 $D(s) = s^3 - 3s + 2 = 0$，判定系统右半 s 平面中的极点个数。

解： $D(s)$ 的系数不满足稳定的必要条件，系统必然不稳定。列劳斯表：

s^3	1	-3
s^2	0	2
s^1	$\dfrac{-3\varepsilon - 1 \times 2}{\varepsilon} = c \quad c_1 \to -\infty$	0
s^0	$\dfrac{2c_1 - \varepsilon \times 0}{c_1} = 2$	0

```
>>例 5.2 题程序及结果
roots([1 0 -3 2])
   -2.0000
    1.0000
    1.0000
```

劳斯表第一列系数符号改变了两次，所以系统有两个根在右半 s 平面。

（2）某行元素全部为零时，利用上一行元素构成辅助方程，对辅助方程求导得到新的方程，用新方程的系数代替该行的零元素继续计算。当特征多项式包含形如 $(s+\sigma)(s-\sigma)$ 或 $(s+j\omega)(s-j\omega)$ 的因子时，劳斯表会出现全零行，而此时辅助方程的根就是特征方程根的一部分。

例 5.3 已知系统特征方程 $D(s) = s^5 + 3s^4 + 12s^3 + 20s^2 + 35s + 25 = 0$，判定系统是否稳定。

解： 列劳斯表：

s^5	1	12	35
s^4	3	20	25
s^3	$16/3$	$80/3$	0
s^2	5	25	0
s^1	0	0	0
	10	0	
s^0	25	0	

辅助方程：
$$F(s) = 5s^2 + 25 = 0$$
$$F'(s) = 10s = 0$$

```
>>例 3.11 题程序及结果
D=[1 3 12 20 35 25];
roots(D)
    0.0000 + 2.2361i
    0.0000 - 2.2361i
   -1.0000 + 2.0000i
   -1.0000 - 2.0000i
   -1.0000
```

劳斯表第一列系数符号没有改变，所以系统没有在右半 s 平面的根，系统临界稳定。求解辅助方程可以得到系统的一对纯虚根 $\lambda_{1,2} = \pm j\sqrt{5}$。

4. 劳斯判据的应用

劳斯判据除了可以用来判定系统的稳定性外，还可以确定使系统稳定的参数范围。

例 5.4 某单位反馈系统的开环零、极点分布如图 5.1.1 所示，判定系统是否可以稳定。若可以稳定，请确定相应的开环增益范围；若不可以，请说明理由。

解： 由开环零、极点分布图可写出系统的开环传递函数：

$$G(s) = \frac{K(s-1)}{(s/3-1)^2} = \frac{9K(s-1)}{(s-3)^2}$$

闭环系统特征方程为：

$$D(s) = (s-3)^2 + 9K(s-1) = s^2 + (9K-6)s + 9(1-K) = 0 \quad \text{对于二阶}$$

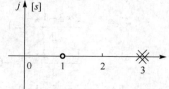

图 5.1.1　开环零极点分布

系统，特征方程系数全部大于零就可以保证系统稳定。由 $\begin{cases} 9K-6>0 \\ 1-K>0 \end{cases}$，可确定使系统稳定的 K 值范围

为 $\dfrac{2}{3}<K<1$。

由此例可以看出，闭环系统的稳定性与系统开环是否稳定之间没有直接关系。

例 5.5　控制系统结构图如图 5.1.2 所示。

（1）确定使系统稳定的开环增益 K 与阻尼比 ζ 的取值范围，并画出相应区域；

（2）当 $\xi=2$ 时，确定使系统极点全部落在直线 $s=-1$ 左边的 K 值范围。

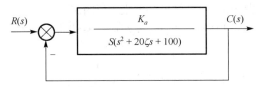

图 5.1.2　控制系统结构图

解：（1）系统开环传递函数为：

$$G(s)=\frac{K_a}{s\,(s^2+20\zeta s+100)}$$

开环增益为：

$$K=\frac{K_a}{100}$$

系统特征方程为：

$$D(s)=s^3+20\zeta\,s^2+100\,s+100K=0$$

列劳斯表：

s^3	1	100	
s^2	20ζ	$100K$	$\rightarrow$　$\zeta>0$
s^1	$(2000\zeta-100K)/20\zeta$	0	$\rightarrow$　$20\zeta>K$
s^0	$100K$	0	$\rightarrow$　$K>0$

根据稳定条件画出使系统稳定的参数区域，如图 5.1.3 所示。

（2）令 $s=\bar{s}-1$ 进行坐标平移，使新坐标的虚轴 $\bar{s}=0$ 与原坐标 $s=-1$ 直线重合，这样就可以在新坐标下用劳斯判据解决问题了。令：

$$D(\bar{s})=(\bar{s}-1)^3+20\xi\,(\bar{s}-1)^2+100(\bar{s}-1)+100K$$

代入 $\zeta=2$，整理得

$$D(\bar{s})=\bar{s}^3+37\bar{s}^2+23\bar{s}+(100K-61)$$

列劳斯表：

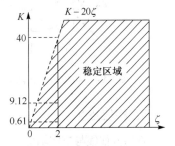

图 5.1.3　使系统稳定的参数范围

s^3	1	23	
s^2	37	$100K-61$	
s^1	$(37\times23+61-100K)/37$	0	$\rightarrow$　$K<9.12$
s^0	$100K-61$	0	$\rightarrow$　$K>0.61$

因此，使系统极点全部落在 s 平面 $s=-1$ 左边的 K 值范围是 $0.61<K<9.12$。

5.1.3　稳定裕度

控制系统稳定与否是绝对稳定性的概念。而对一个稳定的系统而言，还有一个稳定的程度，即相对稳定性的概念。相对稳定性与系统的动态性能指标有着密切的关系。在设计一个控制系统时，不仅要求它必须是绝对稳定的，而且还应保证系统具有一定的稳定程度。只有这样，才能不致因系统参数变化而导致系统性能变差甚至不稳定。

对于一个最小相角系统而言，$G(j\omega)$ 曲线越靠近（-1，j0）点，系统阶跃响应的振荡就越强烈，系统的相对稳定性就越差。因此，可用 $G(j\omega)$ 曲线对（-1，j0）点的接近程度来表示系统的相对稳定性。通常，这种接近程度是以相角裕度和幅值裕度来表示的。

相角裕度和幅值裕度是系统开环频率指标，它与闭环系统的动态性能密切相关。

1. 相角裕度

相角裕度是指幅相频率特性 $G(j\omega)$ 的幅值 $A(\omega) = |G(j\omega)| = 1$ 时的向量与负实轴的夹角，常用希腊字母 γ 表示。

在 G 平面上画出以原点为圆心的单位圆，见图 5.1.4。$G(j\omega)$ 曲线与单位圆相交，交点处的频率 ω_c 称为截止频率，此时有 $A(\omega_c) = 1$。按相角裕度的定义：

$$\gamma = \varphi(\omega_c) - (-180°) = 180° + \varphi(\omega_c) \tag{5-5}$$

由于 $L(\omega_c) = 20\lg A(\omega_c) = 20\lg 1 = 0$，故在伯德图中，相角余度表现为 $L(\omega) = 0\text{dB}$ 处的相角 $\varphi(\omega_c)$ 与 $-180°$ 水平线之间的角度差，如图 5.1.5 所示。上述两图中的 γ 均为正值。

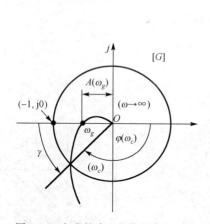

图 5.1.4　相角裕度和幅值裕度的定义

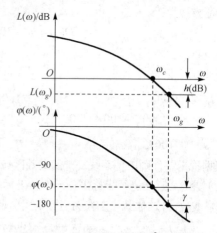

图 5.1.5　稳定裕度在伯德图上的表示

2. 幅值裕度

$G(j\omega)$ 曲线与负实轴交点处的频率 ω_g 称为相角交界频率，此时幅相特性曲线的幅值为 $A(\omega_g)$。幅值裕度是指（-1，j0）点的幅值 1 与 $A(\omega_g)$ 之比，常用 h 表示，即

$$h = \frac{1}{A(\omega_g)} \tag{5-6}$$

在对数坐标图上，

$$20\lg h = -20\lg A(\omega_g) = -L(\omega_g) \tag{5-7}$$

即 h 的分贝值等于 $L(\omega_g)$ 与 0dB 之间的距离（0dB 下为正）。

相角裕度的物理意义在于：稳定系统在截止频率 ω_c 处，若相角滞后一个 γ 角度，则系统处于临界状态；若相角迟后大于 γ，系统将变成不稳定。

幅值裕度的物理意义在于：稳定系统的开环增益再增大 h 倍，则 $\omega = \omega_g$ 处的幅值 $A(\omega_g)$ 等于 1，曲线正好通过（-1, j0）点，系统处于临界稳定状态；若开环增益增大 h 倍以上，系统将变成不稳定。

对于最小相角系统，要使系统稳定，要求相角裕度 $\gamma > 0$，幅值裕度 $h > 1$。为保证系统具有一定的相对稳定性，稳定裕度不能太小。在工程设计中，一般取 $\gamma = 30° \sim 60°$，$h \geqslant 2$ 对应 $20\lg h \geqslant 6\text{dB}$。

5.1.4 稳定裕度的计算

根据式（5-5），要计算相角裕度 γ，首先要知道截止频率 ω_c。求 ω_c 较方便的方法是先由 $G(s)$ 绘制 $L(\omega)$ 曲线，由 $L(\omega)$ 与 0dB 线的交点确定 ω_c。而求幅值裕度 h 首先要知道相角交界频率 ω_g，对于阶数不太高的系统，直接解三角方程 $\angle G(j\omega_g) = -180°$ 是求 ω_g 较方便的方法。通常是将 $G(j\omega)$ 写成虚部和实部，令虚部为零而解得 ω_g。

例5.6 某单位反馈系统的开环传递函数为：

$$G(s) = \frac{K_0}{s(s+1)(s+5)}$$

试求 $K_0 = 10$ 时系统的相角裕度和幅值裕度。

解：
$$G(s) = \frac{K_0/5}{s(s+1)(\frac{1}{5}s+1)}, \qquad \begin{cases} K = K_0/5 \\ \upsilon = 1 \end{cases}$$

绘制开环增益 $K = K_0/5 = 2$ 时的 $L(\omega)$ 曲线如图 5.1.6 所示。

当 $K = 2$ 时，

$$A(\omega_c) = \frac{2}{\omega_c\sqrt{\omega_c^2+1^2}\sqrt{\left(\frac{\omega_c}{5}\right)^2+1^2}} = 1 \approx \frac{2}{\omega_c\sqrt{\omega_c^2}\sqrt{1^2}} = \frac{2}{\omega_c^2}, \qquad 0 < \omega_c < 2$$

所以，
$$\omega_c = \sqrt{2}$$

$$\gamma_1 = 180° + \angle G(j\omega_c)$$

$$= 180° - 90° - \arctan\omega_c - \arctan\frac{\omega_c}{5}$$

$$= 90° - 54.7° - 15.8° = 19.5°$$

又由
$$180° + \angle G(j\omega_g) = 180° - 90° - \arctan\omega_g - \arctan(\omega_g/5) = 0$$

有：
$$\arctan\omega_g + \arctan(\omega_g/5) = 90°$$

等式两边取正切：
$$\left[\frac{\omega_g + \frac{\omega_g}{5}}{1 - \frac{\omega_g^2}{5}}\right] = \tan 90° = \infty$$

得 $1 - \omega_g^2/5 = 0$，即 $\omega_g = \sqrt{5} = 2.236$。

$$\therefore \qquad h_1 = \frac{1}{|A(\omega_g)|} = \frac{\omega_g \sqrt{\omega_g{}^2+1}\sqrt{\left(\dfrac{\omega_g}{5}\right)^2+1}}{2} = 2.793 = 8.9\mathrm{dB}$$

在实际工程设计中，只要绘出 $L(\omega)$ 曲线，直接在图上读数即可，不需要太多计算。

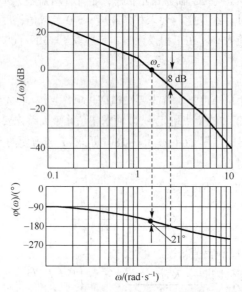

图 5.1.6　$K=2$ 时的 $L(\omega)$ 曲线

5.2　控制系统的稳态性能（控制精度）分析

5.2.1　稳态误差的定义

控制系统的稳态误差是系统控制准确度（精度）的一种度量，其大小是衡量系统稳态性能的重要指标。控制系统的稳态输出不可能在任何情况下都保持与输入量相一致，也不可能在任何形式的扰动作用下都准确地恢复到原来的平衡位置。此外，非线性因素也会造成附加的稳态误差。因此，控制系统的稳态误差是不可避免的。控制系统设计的任务之一就是尽量减小系统的稳态误差，使稳态误差小于某一容许值。

控制系统结构图一般可用图 5.2.1(a)所示的形式表示，经过等效变换可以化成图 5.2.1(b)的形式。系统的误差通常有两种定义方法：按输入端定义和按输出端定义。

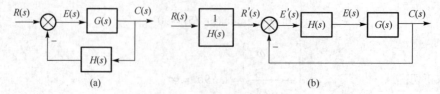

图 5.2.1　系统结构图及误差定义

（1）按输入端定义的误差，即把偏差定义为误差：

$$E(s) = R(s) - H(s)C(s) \tag{5-8}$$

（2）按输出端定义的误差：

$$E'(s) = \frac{R(s)}{H(s)} - C(s) \qquad\qquad (5\text{-}9)$$

按输入端定义的误差 $E(s)$（即偏差）通常是可测量的，有一定的物理意义，但其误差的理论含义不十分明显；按输出端定义的误差 $E'(s)$ 是"希望输出" $R'(s)$ 与实际输出 $C(s)$ 之差，比较接近误差的理论意义，但它通常不可测量，只有数学意义。两种误差定义之间存在如下关系：

$$E'(s) = E(s)/H(s) \qquad\qquad (5\text{-}10)$$

对单位反馈系统而言，上述两种定义是一致的。除特别说明外，本书以后讨论的误差都是指按输入端定义的误差（即偏差）。

　　稳态误差是指误差信号 $e(t)$ 的稳态值。而误差信号 $e(t)$ 也如同控制系统的输出信号 $c(t)$ 一样，包含瞬态分量 $e_{ts}(t)$ 和稳态分量 $e_{ss}(t)$。对于稳定的系统，当时间 t 趋于无穷大时，必有 $e_{ts}(t)$ 趋于零。因此，控制系统的稳态误差就是误差信号 $e(t)$ 的稳态分量 $e_{ss}(\infty)$，即

$$e_{ss} = \lim_{t \to \infty} e(t)$$

5.2.2　稳态误差的分析与计算

1. 终值定理法

　　计算稳态误差一般方法的实质是利用终值定理，它适用于各种情况下的稳态误差计算，既可以用于求输入作用下的稳态误差，也可以用于求干扰作用下的稳态误差。具体计算分三步进行。

　　（1）判定系统的稳定性。稳定是系统正常工作的前提条件，系统不稳定时，求稳态误差没有意义。另外，计算稳态误差要用终值定理，终值定理应用的条件是除原点外，$sE(s)$ 在右半 s 平面及虚轴上解析。当系统不稳定，或 $R(s)$ 的极点位于虚轴上以及虚轴右边时，该条件不满足。

　　（2）求误差传递函数：

$$\Phi_e(s) = \frac{E(s)}{R(s)}, \quad \Phi_{en}(s) = \frac{E(s)}{N(s)}$$

　　（3）用终值定理求稳态误差：

$$e_{ss} = \lim_{s \to 0} s \left[\Phi_e(s) R(s) + \Phi_{en}(s) N(s) \right]$$

　　例 5.7　控制系统结构图如图 5.2.2 所示。已知 $r(t) = n(t) = t$，求系统的稳态误差。

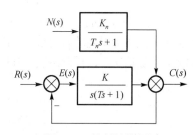

图 5.2.2　控制结构框图

$$\Phi_e(s) = \frac{E(s)}{R(s)} = \frac{1}{1 + \dfrac{K}{s(Ts+1)}} = \frac{s(Ts+1)}{s(Ts+1)+K}$$

　　解：控制输入 $r(t)$ 作用下的误差传递函数

系统特征方程　　　　　　　　　　$D(s) = Ts^2 + s + K = 0$

　　设 $T > 0$，$K > 0$，保证系统稳定。控制输入下的稳态误差为：

$$e_{ssr} = \lim_{s \to 0} s\, \Phi_e(s)\, R(s) = \lim_{s \to 0} s \cdot \frac{s(Ts+1)}{s(Ts+1)+K} \cdot \frac{1}{s^2} = \frac{1}{K}$$

干扰 $n(t)$ 作用下的误差传递函数为:

$$\Phi_{en}(s) = \frac{E(s)}{N(s)} = \frac{-\dfrac{K_n}{T_n s + 1}}{1 + \dfrac{K}{s(Ts+1)}} = \frac{-K_n s(Ts+1)}{(T_n s + 1)\left[s(Ts+1)+K\right]}$$

干扰 $n(t)$ 作用下的稳态误差为:

$$e_{ssn} = \lim_{s \to 0} s\,\Phi_{en}(s)\,N(s) = \lim_{s \to 0} s \cdot \frac{-K_n s(Ts+1)}{(T_n s + 1)\left[s(Ts+1)+K\right]} \cdot \frac{1}{s^2} = \frac{-K_n}{K}$$

由叠加原理得:

$$e_{ss} = s_{ssr} + e_{ssn} = \frac{1 - K_n}{K}$$

例 5.8 例 5.7 中, 若 $r(t)$ 取 $A \cdot 1(t)$, $A \cdot t$, $\dfrac{A}{2} t^2$, 试分别计算系统的稳态误差。

解: 利用例 5.7 得出的 $\Phi_e(s)$ 表达式, 可得:

$r(t) = A \cdot 1(t)$ 时, $\qquad e_{ss1} = \lim\limits_{s \to 0} s \dfrac{s(Ts+1)}{s(Ts+1)+K} \dfrac{A}{s} = 0$

$r(t) = A \cdot t$ 时, $\qquad e_{ss2} = \lim\limits_{s \to 0} s \dfrac{s(Ts+1)}{s(Ts+1)+K} \dfrac{A}{s^2} = \dfrac{A}{K}$

$r(t) = \dfrac{A}{2} \cdot t^2$ 时, $\qquad e_{ss3} = \lim\limits_{s \to 0} s \dfrac{s(Ts+1)}{s(Ts+1)+K} \dfrac{A}{s^3} = \infty$

由例 5.7 和例 5.8 可以得出以下结论: 系统的稳态误差与系统自身的结构参数、外作用的类型 (控制量、扰动量及其作用点) 以及外作用的形式 (阶跃、斜坡或加速度) 有关。

2. 误差系数法

对已知的稳定的控制系统, 当给定输入信号的形式一定时, 系统是否存在稳态误差取决于控制系统开环传递函数描述的系统结构。因此, 按照控制系统跟踪不同输入信号的能力来进行系统分类是必要的。一般情况下, 控制系统的开环传递函数可以写成:

$$G(S)H(s) = \frac{K \prod\limits_{i=1}^{m} (\tau_i s + 1)}{s^v \prod\limits_{j=1}^{n-v} (T_j s + 1)}, \qquad n - v \geq m$$

其中, K 为开环增益, τ_i 和 T_j 为时间常数。v 为开环传递函数具有积分环节的个数, 由它表征系统的类型数, 或称其为系统的无差度。对应于 $v = 0, 1, 2, \cdots$ 的系统, 分别称为 0 型、Ⅰ 型、Ⅱ 型……系统。实际系统中, v 一般不超过 2, 否则系统很难稳定。

(1) 位置输入时, $r(t) = A \cdot 1(t)$。

$$e_{ssp} = \lim_{s \to 0} s\,\Phi_e(s)\,R(s) = \lim_{s \to 0} s \cdot \frac{A}{s} \cdot \frac{1}{1 + G(s)H(s)} = \frac{A}{1 + \lim\limits_{s \to 0} G(s)H(s)}$$

定义静态位置误差系数为:

$$K_p = \lim_{s \to 0} G(s)H(s) = \lim_{s \to 0} \frac{K}{s^{\nu}} \tag{5-11}$$

则
$$e_{ssp} = \frac{A}{1 + K_p} \tag{5-12}$$

（2）速度输入时，$r(t) = A \cdot t$。

$$e_{ssv} = \lim_{s \to 0} s \, \Phi_e(s) \, R(s) = \lim_{s \to 0} s \cdot \frac{A}{s^2} \cdot \frac{1}{1 + G(s)H(s)} = \frac{A}{\lim_{s \to 0} s \, G(s)H(s)}$$

定义静态速度误差系数为：

$$K_v = \lim_{s \to 0} s \, G(s)H(s) = \lim_{s \to 0} \frac{K}{s^{\nu-1}} \tag{5-13}$$

则
$$e_{ssv} = \frac{A}{K_v} \tag{5-14}$$

（3）加速度输入时，$r(t) = \frac{A}{2} t^2$。

$$e_{ssa} = \lim_{s \to 0} s \, \Phi_e(s) \, R(s) = \lim_{s \to 0} s \cdot \frac{A}{s^3} \cdot \frac{1}{1 + G(s)H(s)} = \frac{A}{\lim_{s \to 0} s^2 \, G(s)H(s)}$$

定义静态加速度误差系数为：

$$K_a = \lim_{s \to 0} s^2 \, G(s)H(s) = \lim_{s \to 0} \frac{K}{s^{\nu-2}} \tag{5-15}$$

则
$$e_{ssa} = \frac{A}{K_a} \tag{5-16}$$

综合以上讨论可以列出表 5.2.1。

表 5.2.1   典型输入信号作用下的稳态误差

系统型别	静态误差系数			阶跃输入 $r(t) = A \cdot 1(t)$	斜坡输入 $r(t) = A \cdot t$	加速度输入 $r(t) = \dfrac{A \cdot t^2}{2}$
	K_p	K_v	K_a	位置误差 $e_{ss} = \dfrac{A}{1+K_p}$	速度误差 $e_{ss} = \dfrac{A}{K_v}$	加速度误差 $e_{ss} = \dfrac{A}{K_a}$
0	K	0	0	$\dfrac{A}{1+K}$	∞	∞
I	∞	K	0	0	$\dfrac{A}{K}$	∞
II	∞	∞	K	0	0	$\dfrac{A}{K}$

表 5.2.1 揭示了控制输入作用下系统稳态误差随系统结构、参数及输入形式变化的规律。即在输入一定时，增大开环增益 K，可以减小稳态误差；增加开环传递函数中的积分环节数，可以消除稳态误差。此规律可借助于图 5.2.3 中的系统结构图来理解。图中所示系统是 II 型的，引入 $Ts+1$ 环节是为了保证系统稳定。当系统达到稳态时，$\lim_{s \to 0}(Ts+1) \to 1$，$Ts+1$ 相当于比例环节。

由图 5.2.3 容易理解，系统稳态输出中 t 的最高次数必定与输入的最高次数相同。阶跃响应稳态时为常值，意味着此时 $1/s$ 环节输入端信号 $u(t)$ 为零，也说明 K/s 环节输入端信号（即稳态误差 $e(t)$）为零；斜坡响应稳态时为等速信号，意味着 $u(t)$ 为常值，说明 $e(t)$ 为零。同样可以分析其他典型响应的情形。可见，系统型别是系统响应达到稳态时输出跟踪输入信号的一种能力储备。系统回路中的积分环节越多，系统稳态输出跟踪输入信号的能力似乎越强，但积分环节越多，系统越不容易稳定，所以实际系统中 II 型以上的很少。

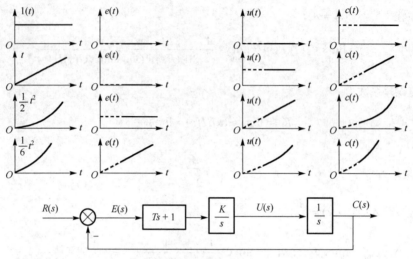

图 5.2.3　稳态误差随典型输入变化的规律

应用静态误差系数法时要注意其适用条件：系统必须稳定；误差是按输入端定义的；只能用于计算典型输入时的终值误差，并且输入信号不能有其他的前馈通道。

应当理解，稳态误差是位置意义上的误差。例如，系统的速度误差是系统在速度（斜坡）信号作用下，系统稳态输出与输入在相对位置上的误差，而不是输出和输入信号在速度上存在误差。

例 5.9　系统结构图如图 5.2.4 所示。已知输入 $r(t)=2t+4t^2$，求系统的稳态误差。

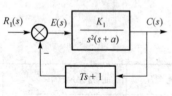

图 5.2.4　控制系统框图

解：系统开环传递函数为：

$$G(s)=\frac{K_1(Ts+1)}{s^2(s+a)}$$

开环增益 $K=\dfrac{K_1}{a}$，系统型别 $v=2$。

系统闭环传递函数为：

$$\Phi(s)=\frac{K_1}{s^2(s+a)+K_1(Ts+1)}$$

特征方程为：

$$D(s)=s^3+as^2+K_1Ts+K_1=0$$

列劳斯表判定系统稳定性：

s^3	1	K_1T	
s^2	a	K_1	$a>0$
s^1	$\dfrac{(aT-1)K_1}{a}$	0	$aT>1$
s^0	K_1	$K_1>0$	

设参数满足稳定性要求，利用表 5-2 计算系统的稳态误差。

当 $r_1(t) = 2t$ 时，　　　　　　　　　　　　　　　$e_{ss1} = 0$

当 $r_2(t) = 4t^2 = 8 \times \dfrac{1}{2} t^2$ 时，　　　　　　　$e_{ss2} = \dfrac{A}{K} = \dfrac{8a}{K_1}$

故得：　　　　　　　　　　　　　　　　　$e_{ss} = e_{ss1} + e_{ss2} = \dfrac{8a}{K_1}$

5.2.3　稳态误差的影响因素（减小稳态误差的方法）

由前面的讨论可知，提高系统的开环增益和增加系统的类型是减小和消除系统稳态误差的有效方法，但这两种方法在其他条件不变时，一般都会影响系统的动态性能，乃至系统的稳定性。若在系统中加入顺馈控制作用，就能实现既减小系统的稳定误差，又能保证系统稳定性不变的目的。

1．对扰动进行补偿

图 5.2.5 为对扰动进行补偿的系统方块图。系统除了原有的反馈通道外，还增加了一个由扰动通过前馈（补偿）装置产生的控制作用，旨在补偿由扰动对系统产生的影响。图中，$G_n(s)$ 为待求的前馈控制装置的传递函数；$N(s)$ 为扰动作用，且可进行测量。

令 $R(s) = 0$，由图 5.2.6 求得扰动引系统的输出为：

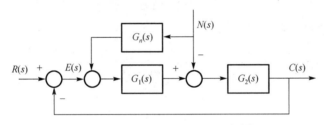

图 5.2.5　按扰动补偿的复合控制系统

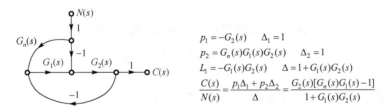

图 5.2.6　系统对应信号流图与梅逊公式

$$C_n(s) = \frac{G_2(s)[G_n(s)G_1(s) - 1]}{1 + G_1(s)G_2(s)} N(s) \tag{5-17}$$

由式（5-17）可知，引入前馈后，系统的闭环特征多项式没有发生任何变化，即不会影响系统的稳定性。为了补偿扰动对系统输出的影响，令式（5-17）等号右边的分子为零，即有 $G_2(s)[G_n(s)G_1(s) - 1] = 0$：

$$G_n(s) = \frac{1}{G_1(s)} \tag{5-18}$$

这是对扰动进行全补偿的条件。由于 $G_1(s)$ 分母的 s 阶次一般比分子的 s 阶次高，故式（5-18）的条件在工程实践中只能近似得到满足。

2．按输入进行补偿

图 5.2.7 为对输入进行补偿的系统方块图。图中 $G_r(s)$ 为待求前馈装置的传递函数。由于 $G_r(s)$ 设置在系统闭环的外面，因而不会影响系统的稳定性。在设计时，一般先设计系统的闭环部分，使其具有良好的动态性能；然后再设计前馈装置 $G_r(s)$，以提高系统在参考输入作用下的稳态精度。

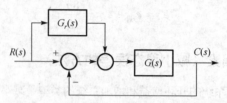

图 5.2.7　按输入补偿的复合控制系统

由图 5.2.7 得：

$$C(s) = [E(s) + G_r(s)R(s)]G(s) \tag{5-19}$$

由于系统的误差表达式

$$E(s) = R(s) - C(s) \tag{5-20}$$

$$C(s) = \frac{[1 + G_r(s)]G(s)}{1 + G(s)}R(s) \tag{5-21}$$

如果选择前馈装置的传递函数

$$G_r(s) = \frac{1}{G(s)} \tag{5-22}$$

则式（5-21）变为

$$C(s) = R(s) \tag{5-23}$$

表明在式（5-22）成立的条件下，系统的输出量在任何时刻都可以完全无误差地复现输入量，具有理想的时间响应特性。

为了说明前馈补偿装置能够完全消除误差的物理意义，将式（5-20）代入式（5-21），可得：

$$E(s) = \frac{1 - G_r(s)G(s)}{1 + G(s)}R(s) \tag{5-24}$$

上式表明，在式（5-22）成立的条件下，恒有 $E(s) = 0$；前馈补偿装置 $G_r(s)$ 的存在，相当于在系统中增加了一个输入信号 $G_r(s)R(s)$，其产生的误差信号与原输入信号 $R(s)$ 产生的误差信号相比，大小相等而方向相反，故式（5-22）称为输入信号的误差全补偿条件。

由于 $G(s)$ 一般具有比较复杂的形式，故全补偿条件［式（5-22）］的物理实现相当困难。在工程实践中，大多采用满足跟踪精度要求的部分补偿条件，或者在对系统性能起主要影响的频段内实现近似全补偿，以使 $G_r(s)$ 的形式简单并易于实现。

小结

（1）时域分析是通过直接求解系统在典型输入信号作用下的时域响应来分析系统性能的。通常是以系统阶跃响应的超调量、调节时间和稳态误差等性能指标来评价系统性能的优劣。

（2）二阶系统在欠阻尼时的响应虽有振荡，但只要阻尼 ζ 的取值适当（如 $\zeta \approx 0.7$），则系统既有响应的快速性，又有过渡过程的平稳性，因而在控制系统中常把二阶系统设计为欠阻尼。

（3）如果高阶系统中含有一对闭环主导极点，则该系统的瞬态响应就可以近似地用这对主导极点所描述的二阶系统来表征。

（4）稳定是系统所能正常工作的首要条件。线性定常系统的稳定性是系统固有特性，它取决于系统的结构和参数，与外施信号的形式和大小无关。不用求根而能直接判断系统稳定性的方法称为稳定判据。稳定判据只回答特征方程式的根在 s 平面上的分布情况，而不能确定根的具体数值。

（5）稳态误差是系统控制精度的度量，也是系统的一个重要性能指标。系统的稳态误差既与其结构和参数有关，也与控制信号的形式、大小和作用点有关。

（6）系统的稳态精度与动态性能在对系统的类型和开环增益的要求上是矛盾的。解决这一矛盾的方法，除了在系统中设置校正装置外，还可用前馈补偿的方法来提高系统的稳态精度。

5.3　控制系统的暂态性能（响应速度）分析

5.3.1　暂态性能指标

系统在阶跃输入信号作用下，其时间响应称为系统的阶跃响应。通常采用单位阶跃响应来表征一个系统的暂态性能。用来表述单位阶跃输入时暂态响应的典型性能指标通常有：最大超调量、上升时间、峰值时间和调整时间等。图 5.3.1 所示为表示性能指标的单位阶跃响应。

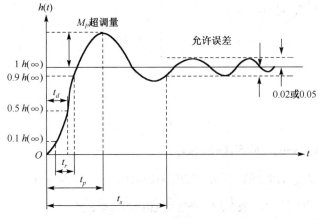

图 5.3.1　表示性能指标的单位阶跃响应

（1）延迟时间 t_d（Delay Time）：响应曲线第一次达到稳态值的一半所需的时间。

（2）上升时间 t_r（Rise Time）：响应曲线从稳态值的 10% 上升到 90% 所需的时间。（5% 上升到 95%，或从 0 上升到 100%，对于欠阻尼二阶系统，通常采用 0～100% 的上升时间；对于过阻尼系统，通常采用 10～90% 的上升时间），上升时间越短，响应速度越快。

（3）峰值时间 t_p（Peak Time）：响应曲线达到过调量的第一个峰值所需要的时间。

（4）调节时间 t_s（Settling Time）：在响应曲线的稳态线上，用稳态值的百分数（通常取 5% 或 2%）作为一个允许误差范围，响应曲线达到并永远保持在这一允许误差范围内所需的时间。

（5）最大超调量 M_p（Maximum Overshoot）：指响应的最大偏离量 $h(t_p)$ 与终值 $h(\infty)$ 之差的百分比，即 $\sigma\%$：

$$\sigma\% = \frac{h(t_p) - h(\infty)}{h(\infty)} \times 100\%$$

t_r 或 t_p 用来评价系统的响应速度；t_s 同时反映响应速度和阻尼程度的综合性指标；$\sigma\%$ 用于评价系统的阻尼程度。

5.3.2   一阶系统的性能指标计算

1. 一阶系统的单位阶跃响应

一阶系统的传递函数为：

$$\varphi(s) = \frac{K}{s + K} = \frac{1}{Ts + 1}$$

在零初始条件下，控制系统在单位阶跃输入信号作用下的输出，称为系统的单位阶跃响应。

一阶系统的单位阶跃响应的拉氏变换和单位阶跃响应分别为：

$$C(s) = \varphi(s) \frac{1}{s} = \frac{K}{s(Ts + 1)}$$

$$C(t) = L^{-1}\left[C(s)\right] = 1 - e^{-\frac{1}{T}}$$

系统输出的稳态值为 $c(\infty) = K$。

由于一阶系统的单位阶跃响应曲线是单调上升的，所以可用上升时间和调节时间作为暂态性能指标。

（1）上升时间 t_r。

由上升时间的定义式，可得：

$$K(1 - e^{-\frac{t_r}{T}}) = 90\%K$$

得：$t_r = T\ln 10 = 2.3T$。

（2）调节时间 t_s。

由调节时间的定义；

$$|c(t_s) - c(\infty)| \leqslant \Delta\%c(\infty)$$

2. 其他典型输入信号的一阶系统输出响应

表 5.3.1 给出了典型输入信号的一阶系统输出响应表达式，供大家参考。

表 5.3.1   一阶系统输出响应表达式

典型输入信号 $r(t)$	输出响应 $c(t)$
$\delta(t)$	$\dfrac{e^{\frac{t}{T}}}{T}$
$1(t)$	$1 - e^{\frac{t}{T}}$
t	$t - T(1 - e^{-\frac{t}{T}})$
$t^2/2$	$t^2/2 - Tt + T^2(1 - e^{-\frac{t}{T}})$

5.3.3   二阶欠阻尼系统的性能指标计算

二阶欠阻尼系统各特征参量之间的关系如图 5.3.2 所示，图中：

● 衰减系数 σ 是闭环极点到虚轴之间的距离；
● 阻尼振荡频率 ω_d 是闭环极点到实轴之间的距离；

- 自然频率 ω_n 是闭环极点到坐标原点之间的距离；
- 阻尼比 ζ 是 ω_n 与负实轴夹角的余弦，即 $\zeta = \cos\beta$。

（1）上升时间 t_r。

对欠阻尼状态，上升时间是第一次达到稳态值的时间，当 $t = t_r$ 时，$c(t_r) = 1$，得到：

$$c(t_r) = 1 - \frac{e^{-\zeta\omega_n t_r}}{\sqrt{1-\zeta^2}}\sin(\omega_d t_r + \beta) = 1$$

因为 $0 < \zeta < 1$，$e^{-\zeta\omega_n t_r} \neq 0$ 及闭环极点在 s 的左半平面，于是只有 $\sin(\omega_d t_r + \beta) = 0$，即 $\omega_d t_r + \beta = \pi$ 时，上升时间 t_r 的公式为：

$$t_r = \frac{\pi - \beta}{\omega_d} = \frac{\pi - \beta}{\omega_n\sqrt{1-\zeta^2}}$$

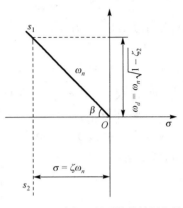

图 5.3.2　二阶欠阻尼系统的特征参量

（2）峰值时间 t_p。

因为 t_p 处有极值，故该处导数值为 0，即 $\left.\dfrac{dc(t)}{dt}\right|_{t=t_p} = 0$，则

$$\left.\frac{dc(t)}{dt}\right|_{t=t_p} = \zeta\omega_n\frac{e^{-\zeta\omega_n t_p}}{\sqrt{1-\zeta^2}}\sin(\omega_d t_p + \beta) - \omega_d\frac{e^{-\zeta\omega_n t_p}}{\sqrt{1-\zeta^2}}\sin(\omega_d t_p + \beta) = 0$$

$$\Rightarrow \zeta\omega_n\frac{e^{-\zeta\omega_n t_p}}{\sqrt{1-\zeta^2}}\sin(\omega_d t_p + \beta) - \omega_d\frac{e^{-\zeta\omega_n t_p}}{\sqrt{1-\zeta^2}}\sin(\omega_d t_p + \beta) = 0$$

$$\Rightarrow \tan(\omega_d t_p + \beta) = \sqrt{1-\zeta^2}\big/\zeta$$

$$\Rightarrow \omega_d t_p = 0, \pi, 2\pi, 3\pi, \cdots$$

根据峰值时间的定义，应取 $\omega_d t_p = \pi$。则峰值的时间计算为

$$t_r = \frac{\pi}{\omega_d} = \frac{\pi}{\omega_n\sqrt{1-\zeta^2}}$$

（3）最大超调量 σ_p。

因为最大超调量发生在峰值时间 t_p 处：

$$c(t_p) = 1 - \frac{e^{-\zeta\omega_n t_p}}{\sqrt{1-\zeta^2}}\sin(\omega_d t_p + \beta), \quad t \geq 0$$

$$\Rightarrow c(t_p) = 1 - \frac{e^{-\zeta\omega_n\frac{\pi}{\omega_n\sqrt{1-\zeta^2}}}}{\sqrt{1-\zeta^2}}\sin\left(\omega_d\frac{\pi}{\omega_d} + \beta\right)$$

$$\Rightarrow \sigma_p = \frac{c(t_p) - c(\infty)}{c(\infty)} = e^{\frac{-\zeta\pi}{\sqrt{1-\zeta^2}}} \times 100\% \qquad (因为 \sin\beta = \sqrt{1-\zeta^2})$$

$$\Rightarrow c(t_p) = 1 + e^{\frac{-\zeta\pi}{\sqrt{1-\zeta^2}}} \qquad (因为 c(\infty) = 1)$$

$$\Rightarrow \sigma_p = \frac{c(t_p) - c(\infty)}{c(\infty)} = e^{\frac{-\zeta\pi}{\sqrt{1-\zeta^2}}} \times 100\%$$

即最大超调量的公式为：

$$\sigma_p = e^{\frac{-\zeta\pi}{\sqrt{1-\zeta^2}}} \times 100\%$$

上式表明 σ_p 仅由 ζ 决定，即阻尼比 ζ 越大，σ_p 就越小。

（4）调节时间 t_s。

调节时间的表达式很难确定。一般在工程上，当 ζ 很小时（$\zeta < 0.8$），通常用下列两式近似计算调节时间，即

$$\begin{cases} t_s = \dfrac{3}{\zeta\omega_n}, & \Delta = \pm 5\% \\[3mm] t_s = \dfrac{4}{\zeta\omega_n}, & \Delta = \pm 2\% \end{cases}$$

其中，Δ 为允许的误差范围，又称误差带。

（5）振荡次数 N。

振荡次数的计算公式为：

$$N = \frac{t_s}{t_f}$$

式中，$t_f = \dfrac{2\pi}{\omega_d} = \dfrac{2\pi}{\omega_n\sqrt{1-\zeta^2}}$ 为阻尼振荡的周期。

从上述各项动态性能指标的计算公式可以看出，各指标之间是相互影响的。在进行控制系统设计时，应采取合理的折中方案或补偿方案才能获得良好的效果。

习　题

1．二阶连续系统稳定的充分必要条件是什么？

2．推导一般的三阶连续系统稳定的充分必要条件。

3．从控制原理角度来考虑，系统的稳态误差与哪些因素有关？

4．控制系统中积分环节增多，对于控制系统的性能有怎样的影响？

5．控制系统开环幅频特性的各个频段分别影响控制系统的哪些性能？

6．开环为稳定的对象，构成闭环控制系统后是否一定稳定？若构成闭环后不稳定，造成系统不稳定的原因是什么？

7．图 P5.1 所示 I 型系统在单位阶跃信号作用下，稳态误差值为零。即稳态时，对象 $\dfrac{1}{s(s+1)}$ 的输入值 $e(t)$ 为零，但是系统输出值却能保持为 1。请解释原因。

8．系统在某个输入信号作用下的稳态误差为无限大，是否意味着系统不稳定？请给出明确的判断，并简述理由。

9．与劳斯（Routh）代数稳定判据相比，Nyquist 稳定判据的主要优点有哪些？

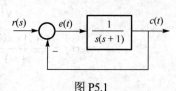

图 P5.1

10. 简述减少（或消除）参考输入作用下系统稳态误差的可能途径。

11. 增加控制系统的开环增益，对于闭环控制系统的性能有怎样的影响？

12. 开环传递函数为如下表达式，分别判断闭环系统的稳定性（稳定、不稳定、临界、稳定状态无法确定）：

（1）$G(s) = \dfrac{40}{s(0.1s+1)}$

（2）$G(s) = \dfrac{100}{s^2}$

（3）$G(s) = \dfrac{K(0.01s+1)}{s^2(0.1s+1)}$

（4）$G(s) = \dfrac{K(0.4s+1)}{s^2(0.1s+1)}$

（5）$G(s) = \dfrac{K(0.45s+1)}{(0.4s+1)(0.5s+1)(0.6s+1)}$

13. 确定图 P5.2 所示闭环系统稳定时参数 τ 的取值范围。

14. 图 P5.3 表示采用了速度反馈控制的二阶系统，试分析速度反馈校正对系统性能的影响。

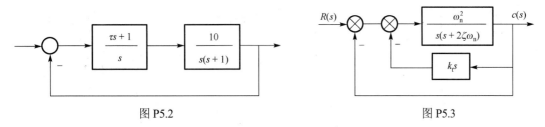

图 P5.2　　　　　　　　　　　　　　　　图 P5.3

15. 设计 $G_n(s)$，使得系统输出端不受扰动 $n(t)$ 影响。

16. 如图 P5.5 所示，若要求系统在 $r(t) = t^2$ 作用下的稳态误差 $e_{ss} \leqslant 0.5$，确定满足要求的 K 值范围。

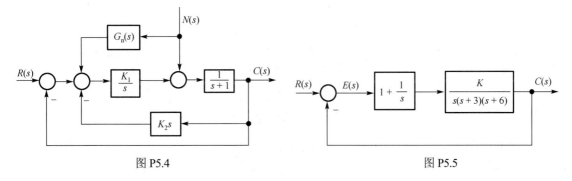

图 P5.4　　　　　　　　　　　　　　　　图 P5.5

17. 某系统的输入 $u(t)$ 和输出 $y(t)$ 之间的动态关系如下：

$$\dot{x}(t) = \begin{bmatrix} 0 & \omega \\ -\omega & 0 \end{bmatrix} x(t) + \begin{bmatrix} 0 \\ \omega \end{bmatrix} u(t)$$

$$y(t) = \begin{bmatrix} 1 & 0 \end{bmatrix} x(t)$$

（1）证明该系统是一个简谐振荡器。

（2）求该系统在零初始条件下的单位脉冲响应。

18．某复合控制系统如图所示。图中 $r(t) = 1 + t$ ， $n(t) = 0.1\sin(100t)$ 。求系统在 $r(t)$ 和 $n(t)$ 同时作用下的系统稳态误差。（误差信号 $e(t) = r(t) - c(t)$ ）。

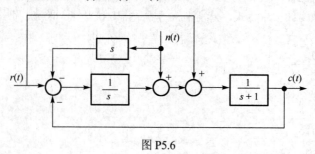

图 P5.6

第6章 控制系统的校正

6.1 校正装置

6.1.1 超前校正网络及其特性

一般而言，当控制系统的开环增益增大到满足其静态性能所要求的数值时，系统有可能不稳定，或者即使能稳定，其动态性能一般也不会理想。在这种情况下，需在系统的前向通路中增加超前校正装置，以实现在开环增益不变的前提下，系统的动态性能亦能满足设计要求。

图 6.1.1 为常用的无源超前网络。假设该网络信号源的阻抗很小，可以忽略不计，而输出负载的阻抗为无穷大，则其传递函数为：

$$\frac{U_c(s)}{U_r(s)} = G_c(s) = \frac{R_2}{R_2 + \dfrac{1}{\dfrac{1}{R_1} + sC}} = \frac{R_2}{R_2 + \dfrac{R_1}{1 + sR_1C}} = \frac{R_2(1 + R_1Cs)}{R_2 + R_1 + R_1R_2Cs} = \frac{R_2(1 + R_1Cs)/(R_1 + R_2)}{(R_1 + R_2 + R_1R_2Cs)/(R_1 + R_2)}$$

$$T = \frac{R_1R_2C}{R_1 + R_2}, \quad \text{时间常数} \ a = \frac{R_1 + R_2}{R_2}, \quad \text{分度系数} \ aT = R_1C$$

$$G_c(s) = \frac{1}{a}\frac{1 + aTs}{1 + Ts} \tag{6-1}$$

注意：采用无源超前网络进行串联校正时，整个系统的开环增益要下降到原来的 $1/\alpha$，因此需要提高放大器增益加以补偿，如图 6.1.2 所示。此时的传递函数为

$$aG_c(s) = \frac{1 + aTs}{1 + Ts} \tag{6-2}$$

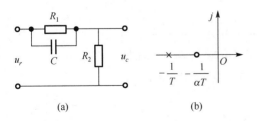

图 6.1.1 无源超前网络

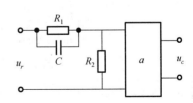

图 6.1.2 带有附加放大器的无源超前校正网络

超前网络的零极点分布如图 6.1.3(b)所示。由于 $a>1$，故超前网络的负实零点总是位于负实极点之右，两者之间的距离由常数 a 决定。可知改变 a 和 T（即电路的参数 R_1、R_2、C）的数值，超前网络的零极点可在 s 平面的负实轴任意移动。

对应得：

$$20\lg|\alpha G_c(s)| = 20\lg\sqrt{1 + (aT\omega)^2} - 20\lg\sqrt{1 + (T\omega)^2} \tag{6-3}$$

$$\varphi_c(\omega) = \arctan aT\omega - \arctan T\omega \qquad (6\text{-}4)$$

画出对数频率特性，如图 6.1.3 所示。显然，超前网络对频率在 $\dfrac{1}{aT}$ 至 $\dfrac{1}{T}$ 之间的输入信号有明显的微分作用，在该频率范围内输出信号相角比输入信号相角超前，超前网络的名称由此而得。$a = 10$，$T = 1$。

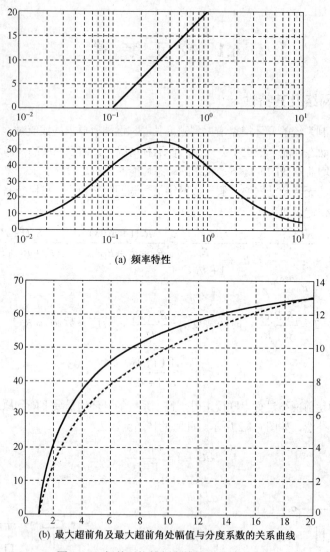

(a) 频率特性

(b) 最大超前角及最大超前角处幅值与分度系数的关系曲线

图 6.1.3　超前网络的频率特性与零极点分布

由式（6-4）可知：

$$\varphi_c(\omega) = \arctan aT\omega - \arctan T\omega = \arctan \frac{(a-1)T\omega}{1+a(T\omega)^2} \qquad (6\text{-}5)$$

对上式求导并令其为零，得到最大超前角频率：

$$\omega_m = \frac{1}{T\sqrt{a}} \qquad (6\text{-}6)$$

将式（6-6）代入式（6-5），得到最大超前角：

$$\varphi_m = \arctan \frac{a-1}{2\sqrt{a}} = \arcsin \frac{a-1}{a+1}$$

$$a = \frac{1 + \sin \varphi_m}{1 - \sin \varphi_m} \tag{6-7}$$

故在最大超前角频率处 ω_m，具有最大超前角 φ_m，φ_m 正好处于频率 $\frac{1}{aT}$ 与 $\frac{1}{T}$ 的几何中心。

因为 $\frac{1}{aT}$ 与 $\frac{1}{T}$ 的几何中心为：

$$\frac{1}{2}\left(\lg \frac{1}{aT} + \lg \frac{1}{T}\right) = \frac{1}{2}\lg \frac{1}{aT^2} = \frac{1}{2}\lg \omega_m^2 = \lg \omega_m \tag{6-8}$$

即几何中心为 ω_m。

$$L_c(\omega_m) = 20\lg \sqrt{1 + (aT\omega_m)^2} - 20\lg \sqrt{1 + (T\omega_m)^2} = 20\lg \sqrt{\frac{1 + (aT\omega_m)^2}{1 + (T\omega_m)^2}}$$

因为
$$T^2 \omega_m^2 = \frac{1}{a}$$

所以
$$L_c(\omega_m) = 20\lg \sqrt{a} = 10\lg a$$

$$L_c(\omega_m) = 20\lg \sqrt{a} = 10\lg a \tag{6-9}$$

由式(6-8)和式(6-9)可画出最大超前相角 φ_m 与分度系数 a 及 $10\lg a$ 与 a 的关系曲线，如图 6.1.3(b) 所示。$a \uparrow \to \varphi_m \uparrow$，但 a 不能取得太大（为了保证较高的信噪比），a 一般不超过 20。由图可知，这种超前校正网络的最大相位超前角一般不大于 65°。如果需要大于 65° 的相位超前角，则要将两个超前网络相串联来实现，并在所串联的两个网络之间加一个隔离放大器，以消除它们之间的负载效应。

6.1.2　滞后校正网络及其特性

条件：如果信号源的内部阻抗为零，负载阻抗为无穷大，则滞后网络的传递函数为：

$$\frac{U_c(s)}{U_r(s)} = G_c(s) = \frac{R_2 + \dfrac{1}{sC}}{R_2 + R_1 + \dfrac{1}{sC}} = \frac{R_2 Cs + 1}{(R_1 + R_2)Cs + 1} = \frac{\dfrac{R_1 + R_2}{R_1 + R_2}R_2 Cs + 1}{(R_1 + R_2)Cs + 1} = T = (R_1 + R_2)C$$

时间常数 $b = \dfrac{R_2}{R_1 + R_2} < 1$，分度系数 $aT = R_1 C$

$$G_c(s) = \frac{1 + bTs}{1 + Ts} \tag{6-10}$$

由图 6.1.5 可知，同超前网络相比，滞后网络在 $\omega < \dfrac{1}{T}$ 时对信号没有衰减作用；$\dfrac{1}{T} < \omega < \dfrac{1}{bT}$ 时，对信号有积分作用，呈滞后特性；$\omega > \dfrac{1}{T}$ 时，对信号衰减作用为 $20\lg b$，b 越小，这种衰减作用越强。

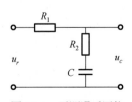

图 6.1.4　无源滞后网络

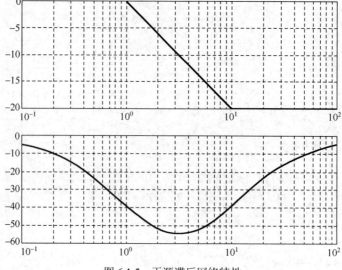

图 6.1.5　无源滞后网络特性

同超前网络中的最大超前角，最大滞后角发生在 $\dfrac{1}{T}$ 与 $\dfrac{1}{bT}$ 的几何中心，称为最大滞后角频率，计算公式为：

$$\omega_m = \frac{1}{T\sqrt{b}} \tag{6-11}$$

$$\varphi_m = \arcsin\frac{1-b}{1+b} \tag{6-12}$$

采用无源滞后网络进行串联校正时，主要利用其高频幅值衰减的特性，以降低系统的开环截止频率，提高系统的相位裕度。滞后网络怎么能提高系统的相位裕度呢？

在设计中力求避免最大滞后角发生在已校系统开环截止频率 ω_c'' 附近。选择滞后网络参数时，通常使网络的交接频率 $\dfrac{1}{bT}$ 远小于 ω_c''，一般取

$$\frac{1}{bT} = \frac{\omega_c''}{10} \tag{6-13}$$

此时，滞后网络在 ω_c'' 处产生的相位滞后按下式确定：

$$\varphi_c(\omega_c'') = \arctan bT\omega_c'' - \arctan T\omega_c'' = \frac{(b-1)T\omega_c''}{1+b(T\omega_c'')^2}$$

将 $\omega_c''T = \dfrac{10}{b}$ 代入上式：

$$\varphi_c(\omega_c'') = \arctan\frac{(b-1)\dfrac{10}{b}}{1+b\left(\dfrac{10}{b}\right)^2} \tag{6-14}$$

$$= \arctan\frac{10(b-1)}{100+b} \approx \arctan[0.1(b-1)]$$

b 与 $\varphi_c(\omega_c'')$ 和 $20\lg b$ 的关系如图 6.1.6 所示。

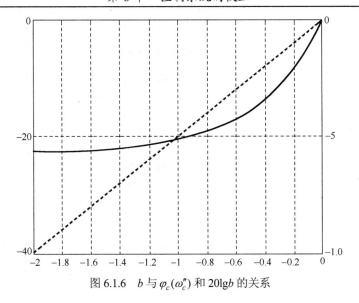

图 6.1.6 b 与 $\varphi_c(\omega_c'')$ 和 $20\lg b$ 的关系

6.1.3 滞后–超前校正网络及其特性

滞后–超前校正网络的结构框图如图 6.1.7 所示。

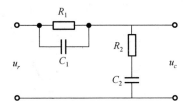

图 6.1.7 无源滞后–超前网络

传递函数为：

$$G_c(s) = \frac{U_c(s)}{U_r(s)} = \frac{R_2 + \dfrac{1}{sC_2}}{\dfrac{1}{\dfrac{1}{R_1} + sC_1} + R_2 + \dfrac{1}{sC_2}}$$

$$= \frac{(R_1C_1s+1)(R_2C_2s+1)}{R_1C_1R_2C_2s^2 + (R_1C_1 + R_2C_2 + R_1C_2)s + 1}$$

$$= \frac{(T_as+1)(T_bs+1)}{(T_1s+1)(T_2s+1)} \tag{6-15}$$

令 $T_a = R_1C_1$，$T_b = R_2C_2$，$\dfrac{T_a}{T_1} = \dfrac{T_2}{T_b} = \dfrac{1}{a}$（$a > 1$，$T_1 > T_a$），$aT_a + \dfrac{T_b}{a} = T_a + T_b + R_1C_2$，则式（6-15）可表示为：

$$G_c(s) = \frac{(T_as+1)(T_bs+1)}{(aT_as+1)\left(\dfrac{T_b}{a}s+1\right)} \tag{6-16}$$

将式（6-16）写成频率特性；

$$G_c(s) = \frac{(T_a\mathrm{j}\omega+1)(T_b\mathrm{j}\omega+1)}{(aT_a\mathrm{j}\omega+1)\left(\dfrac{T_b}{a}\mathrm{j}\omega+1\right)}$$

滞后-超前网络的频率特性如图 6.1.8 所示。

求相角为零时的角频率 ω_1：

$$\varphi(\omega_1) = \mathrm{arctg}\,T_a\omega_1 + \mathrm{arctg}\,T_b\omega_1 - \mathrm{arctg}\,aT_a\omega_1 - \mathrm{arctg}\,\frac{T_b}{a}\omega_1 = 0$$

$$= \mathrm{arctg}\,\frac{(T_a+T_b)\omega_1}{1-T_aT_b\omega_1^2} - \mathrm{arctg}\,\frac{\left(aT_a+\dfrac{T_b}{a}\right)\omega_1}{1-aT_a\dfrac{T_b}{a}\omega_1^2} = 0 \;\Rightarrow\; T_aT_b\omega_1^2 = 1 \;\Rightarrow\; \omega_1 = \frac{1}{\sqrt{T_aT_b}}$$

$$\omega_1 = \frac{1}{\sqrt{T_aT_b}} \tag{6-17}$$

在 $\omega < \omega_1$ 的频段，校正网络具有相位滞后特性；在 $\omega > \omega_1$ 的频段，校正网络具有相位超前特性。

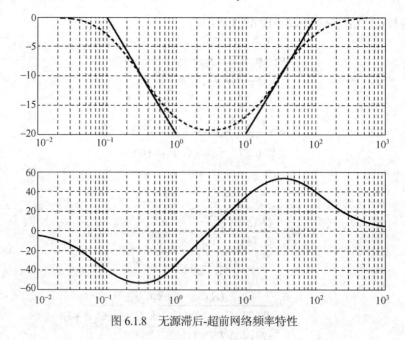

图 6.1.8　无源滞后-超前网络频率特性

6.2　串联 PID 校正（基于频域方法）

串联 PID 校正通常也称为 PID（比例+积分+微分）控制，它利用系统误差、误差的微分和积分信号构成控制规律，对被控对象进行调节，具有实现方便、成本低、效果好、适用范围广等优点，因而在工业过程控制中得到了广泛的应用。PID 控制采用不同的组合，可以实现 PD、PI 和 PID 不同的校正方式。

6.2.1　比例微分（PD）控制

比例微分控制器的传递函数为：

$$G_C(s) = K_P + T_D s = K_P\left(1 + \frac{T_D}{K_P}s\right) \tag{6-18}$$

式中，T_D 是微分时间常数。当 $K_P = 1$ 时，$G_C(s)$ 的频率特性为 $G_C(j\omega) = 1 + jT_D\omega$，对应的对数频率特性曲线见表 6.2.1。显然，PD 校正是相角超前校正。由于微分控制反映误差信号的变化趋势，具有"预测"能力。因此，它能在误差信号变化之前给出校正信号，防止系统出现过大的偏离和振荡，因而可以有效地改善系统的动态性能。另一方面，比例微分校正抬高了高频段，使得系统抗高频干扰能力下降。

6.2.2　比例积分（PI）控制

比例积分控制器的传递函数为：

$$G_c(s) = K_P + \frac{1}{T_I s} = \frac{K_P T_I s + 1}{T_I s} \tag{6-19}$$

式中，T_I 是积分时间常数。当 $K_P = 1$ 时，$G_c(s)$ 的频率特性为 $G_c(j\omega) = \frac{1 + jT_I\omega}{jT_I\omega}$。PI 控制引入了积分环节，使系统型别增加一级，因而可以有效改善系统的稳态精度。另一方面，PI 控制器是相角迟后环节，相角的损失会降低系统的相对稳定度。

6.2.3　比例积分微分（PID）控制

PID 控制器的传递函数为：

$$G_c(s) = K_P + \frac{1}{T_I s} + T_D s = \frac{T_I T_D s^2 + K_P T_I s + 1}{T_I s}$$

$$= \frac{\left(\dfrac{1}{T_1}s + 1\right)\left(\dfrac{1}{T_2}s + 1\right)}{T_I s} \tag{6-20}$$

当 $K_P = 1$ 时，$G_c(j\omega) = 1 + \dfrac{1}{jT_I\omega} + jT_D\omega$，对应的伯德图见表 6.2.1。从伯德图可以看出，PID 控制有迟后-超前校正的功效。当 $T_I > T_D$ 时，PID 控制在低频段起积分作用，可以改善系统的稳态性能；在中高频段则起微分作用，可以改善系统的动态性能。

PD、PI 和 PID 校正分别可以看成是超前、迟后和迟后-超前校正的特殊情况，所以 PID 控制器的设计完全可以利用频率校正方法来进行。

例 6.1　某单位反馈系统的开环传递函数为：

$$G_0(s) = \frac{K}{(s+1)\left(\dfrac{s}{5}+1\right)\left(\dfrac{s}{30}+1\right)}$$

试设计 PID 控制器，使系统的稳态速度误差 $e_{ssv} \leqslant 0.1$，超调量 $\sigma\% \leqslant 20\%$，调节时间 $t_s \leqslant 0.5\text{s}$。

解：由稳态速度误差要求可知，校正后的系统必须是 I 型的，并且开环增益应该是：

$$K = 1/e_{ssv} = 10$$

为了在频域中进行校正，将时域指标化为频域指标：

$$\begin{cases} \sigma\% \leqslant 20\% \\ t_s \leqslant 0.5s \end{cases} \Rightarrow \begin{cases} \gamma^* \geqslant 67° \\ \omega_c^* = 6.8/t_s = 6.8/0.5 = 13.6 \end{cases}$$

为校正方便起见，将 $K=10$ 放在校正装置中考虑，绘制未校正系统开环增益为 1 时的对数幅频特性 $L_0(\omega)$，如图 6.2.1 所示。

表 6.2.1 PID 控制器特性

控制器	传递函数 $G_c(s)$	伯德图
PD 控制器	$G_c(s) = K_P + T_D s$ $= K_P\left(1 + \dfrac{T_D s}{K_P}\right)$	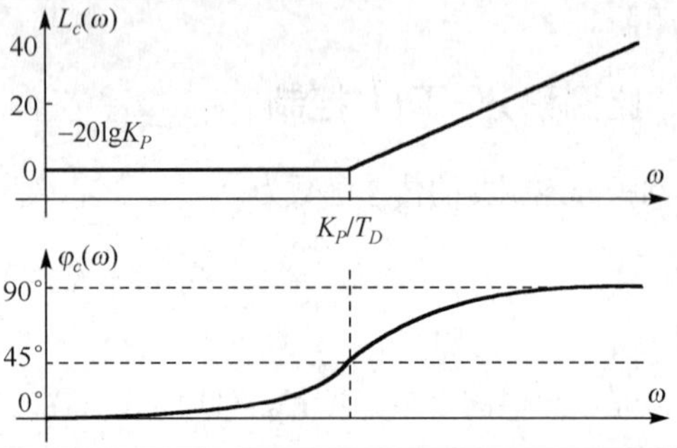
PI 控制器	$G_c(s) = K_P + \dfrac{1}{T_I s}$ $= \dfrac{K_P T_I s + 1}{T_I s}$	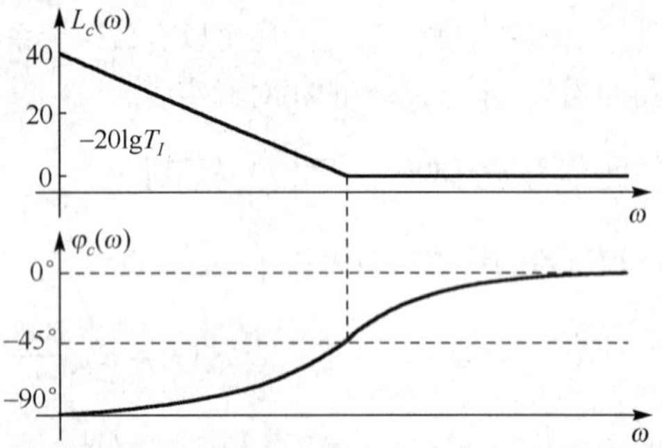
PID 控制器	$G_c(s) = K_P + \dfrac{1}{T_I s} + T_D$ $= \dfrac{T_I T_D s^2 + K_P T_I + 1}{T_I s}$ $= \dfrac{\left(\dfrac{1}{T_1}s + 1\right)\left(\dfrac{1}{T_2}s + 1\right)}{T_I s}$	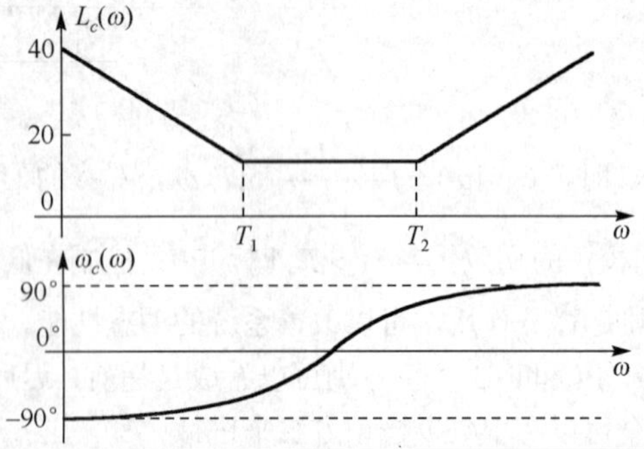

取校正后系统的截止频率 $\omega_c = 15$，在 ω_c 处作垂线与 $L_0(\omega)$ 交于点 A，找到点 A 关于 0dB 线的镜像点 B，过点 B 作 +20dB/dec 的直线。微分（超前）部分应提供的超前角为：

$$\varphi_m = \gamma^* - \gamma(\omega_c) + 6° = 67° + 4.3° + 6° = 77.3° \approx 78°$$

在 +20dB/dec 线上确定点 D（对应频率 ω_D），使 $\arctan(\omega_c/\omega_D) = 78°$，得：

$$\omega_D = \omega_c/\tan 78° = 3.2$$

在点 D 向左引水平线。

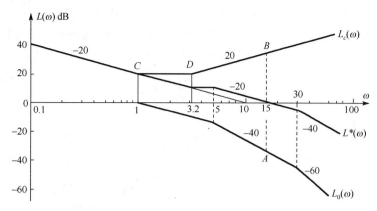

图 6.2.1　PID 串联校正

根据稳态误差要求，绘制低频段渐近线：过点（$\omega = 1$，$20\lg 10$），斜率为 –20dB/dec 。低频段渐近线与经点 D 的水平线相交于点 C （对应频率 $\omega_C = 1$ ）。可以写出 PID 控制器的传递函数为：

$$G_c(s) = \frac{10(s+1)\left(\dfrac{s}{3.2}+1\right)}{s} = \frac{10(0.3125s^2 + 1.3125s + 1)}{s}$$

下面根据设计得到的 PID 控制器来验证闭环系统的性。校正后系统的开环传递函数为：

$$G(s) = G_c(s)G_0(s) = \frac{10\left(\dfrac{s}{3.2}+1\right)}{s\left(\dfrac{s}{5}+1\right)\left(\dfrac{s}{30}+1\right)}$$

校正后系统的截止频率 $\omega_c = 15 > 13.6 = \omega_c^*$ ，校正后系统的相角裕度为：

$$\gamma = 180° + \angle G(j\omega_c)$$
$$= 180° + \arctan\frac{15}{3.2} - 90° - \arctan\frac{15}{5} - \arctan\frac{15}{30} = 69.8° > 67° = \gamma^*$$

将设计好的频域指标转换成时域指标，有：

$$\begin{cases} \gamma = 69.8° \\ \omega_c = 15 \end{cases} \Rightarrow \begin{cases} \sigma\% = 19\% < 20\% \\ t_s = 6.7/\omega_c = 6.7/15 = 0.45 < 0.5 \end{cases}$$

系统指标完全满足。

应当注意，以上所述的各种频率校正方法原则上仅适用于单位反馈的最小相角系统。因为只有这样才能仅根据开环对数幅频特性来确定闭环系统的传递函数。对于非单位反馈系统，可以在原系统输入信号口附加 $H(s)$ 环节，将系统化为单位反馈系统（如图 6.2.2 所示）来设计。

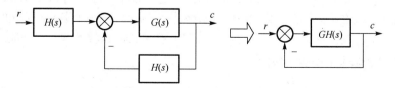

图 6.2.2　将非单位反馈系统转化为单位反馈系统

对非最小相角系统，则应同时将 $L(\omega)$、$\varphi(\omega)$ 画出来，综合考虑进行校正。

应当指出，串联频率校正方法是一种折中方法，因而对系统性能的改善是有条件的，不能保证对任何系统经频率法校正后都能满足指标要求。当用频率法校正达不到要求时，可以采用综合方法（如与前馈校正、反馈校正相结合）或采用现代控制理论设计方法。

6.3　反　馈　校　正

反馈校正的特点是采用局部反馈包围系统前向通道中的一部分环节以实现校正，其结构框图如图 6.3.1 所示，其开环传递函数为：

$$G(s) = G_1(s)\frac{G_2(s)}{1+G_2(s)G_c(s)}$$

图中被局部反馈包围部分的传递函数是：

$$G_{2c}(s) = \frac{G_2(s)}{1+G_2(s)G_c(s)}$$

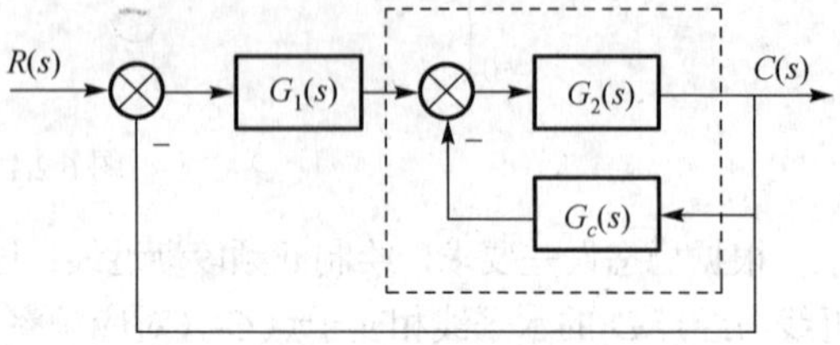

图 6.3.1　反馈校正结构框图

如果在对系统动态性能起主要影响的频率范围内下列关系式成立：

$$\left|G_2(s)G_c(s)\right| = 1$$

则开环传递函数可表示为：

$$G(s) \approx \frac{G_1(s)}{G_c(s)}$$

上式表明，反馈校正后系统的特性几乎与被反馈校正装置包围的环节无关；而当 $\left|G_2(s)G_c(s)\right| = 1$ 时，开环传递函数变成了：

$$G(s) = G_1(s)G_2(s)$$

这表明此时已校正系统与未校正系统的特性一致。因此，适当选取反馈校正装置 $G_c(s)$ 的参数，可以使已校正系统的特性发生期望的变化。

反馈校正的原理就是：用反馈校正装置包围待校正系统中对动态性能改善有重大妨碍作用的某些环节，形成一个局部反馈回路（内回路），在局部反馈回路的开环幅值远大于 1 的条件下，局部反馈回路的特性主要取决于反馈校正装置，而与被包围部分无关；适当选择反馈校正装置的形式和参数，可以使已校正系统的性能满足给定指标的要求。

6.4　反馈和前馈复合校正

设计反馈控制系统的校正装置时，经常遇到稳态和暂态性能难以兼顾的情况。例如，为减小稳态误差，可以采用提高系统的开环增益 K 或增加串联积分环节的办法，但由此可能导致系统的相对稳定性甚至稳定性难以保证。而复合控制，如果使用得当，有可能既减小系统稳态误差，又保证系统稳定。

1. 反馈与给定输入前馈复合控制

图 6.4.1 所示为增加按给定输入前馈控制的反馈控制系统框图。在此，除了原有的反馈控制外，给定的参考输入 $R(s)$ 还通过前馈装置 $F_r(s)$ 对系统输出：

$$C(s) = [N(s) - (C(s) + F_r(s)N(s))G_1(s)]G_2(s)$$

如果选择前馈装置 $F_r(s)$ 的传递函数为：

$$F_r(s) = 1/G_2(s)$$

则可使输出响应完全复现给定参考输入，于是系统的暂态和稳态误差都是零。

2．反馈与扰动前馈复合控制

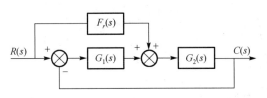

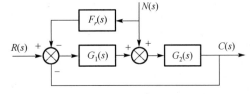

图 6.4.1　反馈与给定输入前馈复合控制结构框图　　图 6.4.2　反馈与扰动前馈复合控制结构框图

图 6.4.2 增加了按扰动前馈控制的反馈控制系统框图。此处除了原有的反馈控制外，还引入了扰动 $N(s)$ 的前馈控制。前馈控制装置的传递函数为 $F_r(s)$，如果认为参考输入 $R(s) = 0$，则有：

$$C(s) = [N(s) - (C(s) + F_r(s)N(s))G_1(s)]G_2(s)$$

如果选择前馈装置的传递函数 $F_r(s)$ 为：

$$F_r(s) = 1/G_1(s)$$

则可使输出响应 $C(s)$ 完全不受扰动 $N(s)$ 的影响，于是系统受扰动后的暂态和稳态误差都是零。

习　　题

1．简述相位超前串联校正改善系统性能的原因。

2．简述相位滞后串联校正改善系统性能的原因。

3．简述滞后超前串联校正改善系统性能的原因。

4．简述比例微分（PD）校正的优缺点。

5．简述比例积分（PI）校正的优缺点。

6．在调试控制系统时，发现一采用 PI 调节器的调速系统持续振荡，试分析可采取哪些措使得系统稳定下来？

7．控制系统采用反馈校正，除了能够得到与串联校正相同的校正效果外，还具有哪些有利于改善系统性能的特殊功能？

8．某复合控制系统如图 P6.1 所示。图中 $G_1(s) = K_1$，$G_2(s) = \dfrac{K_2}{s(1+T_1 s)}$，$G_r(s) = \dfrac{as^2 + bs}{1 + T_2 s}$。

K_1, K_2, T_1, T_2 均为已知正值。当输入量 $r(t) = \dfrac{1}{2}t^2$ 时，要求系统的稳态误差为零，确定参数 a 和 b 的值。

9．某个小车-倒立摆系统及其框图如图 P6.2 所示。

（1）证明小车-倒立摆系统是不稳定的，见图 P6.2(a)和(b)。

（2）证明加角度 PD 反馈校正后，小车-倒立摆系统是一个稳定的非最小相位系统，见图 P6.2(c)。

（3）整个闭环系统见图 P6.2(d)为状态反馈系统，写出系统的状态方程模型。

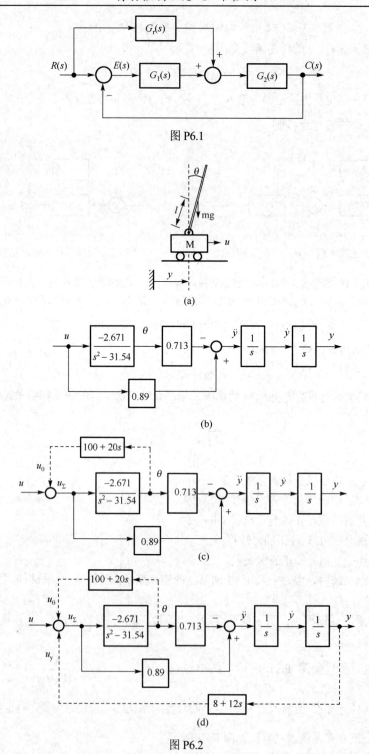

图 P6.1

图 P6.2

第7章 控制系统综合应用实例

7.1 概　　述

本章将通过一个电动机速度控制应用实例来介绍控制系统的整个设计流程，其基本步骤包括建模、辨识、设计和实现。对于大多数直流电动机来说，其数学模型一般为：

$$G(s) = \frac{K_0}{(1+\tau_1 s)(1+\tau_2 s)} = \frac{K_0}{1+a_1 s + a_2 s^2}$$

这里讨论的应用实例将使用基于设备阶跃响应的两种辨识方法，这两种方法在 3.4 节做过详细论述。它们将应用于如图 7.1.1 所示的系统，这一系统包括一台分马力他励直流电动机和一个可连接于电动机滚轴一端的滚筒，以此来改变系统的转动惯量。

就一定范围来说，这一系统可以作为工业应用的典型，即大马力直流电动机或异步电动机。这里将使用 3.4 节介绍的第二种方法来辨识无滚筒系统的传递函数参数，使用 3.4 节介绍的第一种方法来辨识附加滚筒系统的传递函数参数。

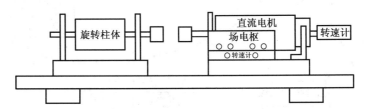

图 7.1.1　可附加滚筒的他励直流电动机

辨识出系统传递函数后，接着进行设计流程的最后两步，设计一个合适的控制器并在实际系统上实现它。直流电动机的速度控制是非常容易的，这里考虑使用积分（I）控制和比例-积分（PI）控制，两种控制方法都具有非常理想的结果。事实上，如果有了理想的受控设备数学模型，并且较精确地辨识出了该模型的参数，则控制器的设计就相当容易了。

7.2 实 验 设 备

在辨识电动机各参数之前，首先需要测量其阶跃响应。图 7.2.1 所示方框图给出了测量方法。阶跃信号由实验设备支持的软件包在计算机上运行产生，输出的阶跃信号通过 D/A 转换后作为功率放大器的输入，D/A 转换插板安装在计算机主板的输出插槽中。功率放大器的输出与电动机的电枢绕组相连。当阶跃输入信号作用于电动机时，电枢电压及转速计电压的变换将会被数字示波器捕获。

其实际实验设备如图 7.2.2 所示。"粗"线表示多芯导线，两头的细线表示单条导线。为了便于连接，励磁线圈、电枢绕组和转速计的接头都被安装在电动机固定架的前面板上。

这里需要一个低功率直流电源为电动机的励磁线圈提供激励电压，一个相对较高功率的功率放大器为电枢绕组提供动力。使用一个直流转速计来测量电动机转速，该转速计只是一个连接在他励电动机滚轴一端上的小型直流电动机。当他励电动机转动时，该小型直流电动机就会像发电机一样运转，产生3V/1000rpm 的电压。

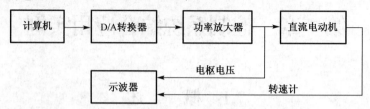

图 7.2.1 电动机阶跃响应测量设备方框图

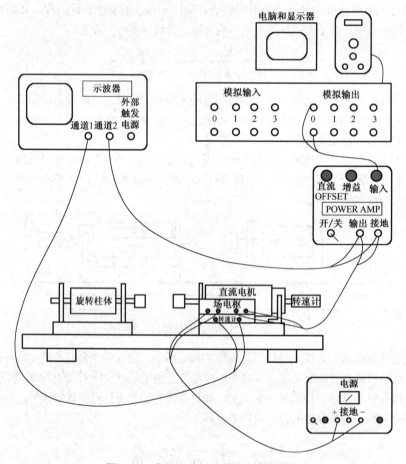

图 7.2.2 实际电动机阶跃响应测量设备

D/A 转换器安装于计算机内部，通过排线与图中所示面板相连。该面板可以通过实验室常用的普通导线连接，使得与电动机之间的连接更加方便。

7.3 模型辨识

7.3.1 无滚筒系统的传递函数

无滚筒他励直流电动机的阶跃响应如图 7.3.1 所示。用于捕获响应的数字示波器具有软盘驱动功能，捕获数据存储到软盘中，转换为 MATLAB 程序可读取的数据文件，进行辨识过程中要求的数值积分运算。下面运用 3.4 节介绍过的第二种运算方法来辨识。

因为电动机传递函数有两个极点且无零点，所以只需求解以下等式：

$$K_0 = \lim_{s \to 0} G(s)$$

$$K_1 = a_1 K_0$$

$$K_2 = a_1 K_1 - a_2 K_0$$

图 7.3.2(a)给出了以下函数：

$$f_0(t) = K_0 - y_u(t)$$

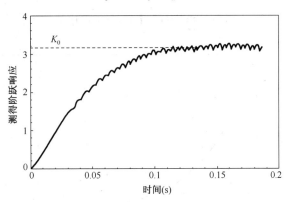

图 7.3.1　无滚筒直流电动机阶跃响应

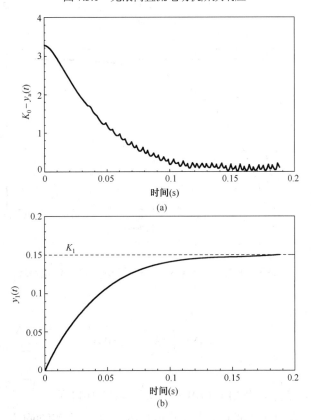

(a)

(b)

图 7.3.2　函数(a) $f_0(t) = K_0 - y_u(t)$ 和(b) $y_1(t) = \int_0^t f_0(\tau)\mathrm{d}\tau$

由 f_0 得到函数:

$$y_1(t) = \int_0^t [K_0 - y_u(\tau)] \mathrm{d}\tau$$

如图 7.3.2(b)所示,稳态值为 K_1。

接下来得到:

$$f_1(t) = K_1 - y_1(t)$$

如图 7.3.3(a)所示。需要对该函数进行数值积分,得到:

$$K_2 = \lim_{t \to \infty} f(t) = \int_0^t [K_1 - y_1(\tau)] \mathrm{d}\tau$$

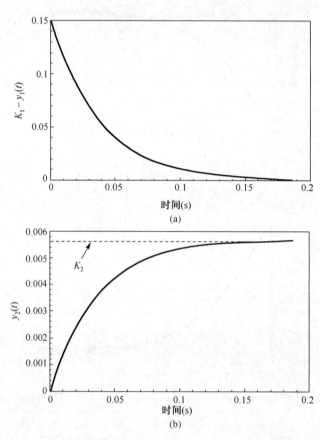

图 7.3.3　函数(a) $f_1(t) = K_1 - y_1(t)$ 和(b) $y_2(t) = \int_0^t f_1(\tau) \mathrm{d}\tau$

图 7.3.3(b)所示为函数:

$$y_2(t) = \int_0^t [K_1 - y_1(\tau)] \mathrm{d}\tau$$

该函数稳态值为 K_2。

至此,根据记录的阶跃响应及 MATLAB 数值积分运算程序得到:

$$K_0 = 3.25656 \qquad K_1 = 0.149778 \qquad K_2 = 0.00566667$$

利用以上数据,容易得到:

$$a_1 = \frac{K_1}{K_0} = 0.0459927$$

及

$$a_2 = \frac{a_1 K_1 - K_2}{K_0} = 0.000372503$$

最后得到:

$$
\begin{aligned}
G(s) &= \frac{K_0}{1 + a_1 s + a_2 s^2} \\
&= \frac{K_0 / a_2}{s^2 + (a_1 / a_2)s + 1/a_2} \\
&= \frac{8678}{s^2 + 122.565 s + 2664.888} \\
&= \frac{8678}{(s + 28.3)(s + 94.3)}
\end{aligned}
$$

这一辨识过程假定输入为单位阶跃信号。事实上,为了使响应达到稳态值 3V,提供给电枢绕组的阶跃输入信号大约为 30V。因此,所得到的增益环节实际上大了 30 倍。所以,最终辨识得到的传递函数应该为:

$$G(s) = \frac{289}{(s + 28.3)(s + 94.3)}$$

7.3.2　带滚筒系统的传递函数

可以使用同样的实验设备来实现连接滚筒后电动机的阶跃响应。图 7.3.4 所示为连接滚筒后电动机的阶跃响应曲线。

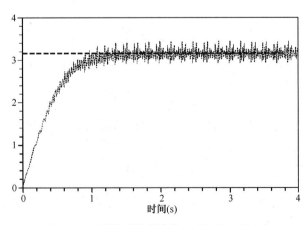

图 7.3.4　测量得到的带滚筒电动机的阶跃响应

定义:

$$x(t) = y_{ss} - y(t)$$

图 7.3.5(a)为 $x(t)$ 的曲线图,图 7.3.5(b)为 $\ln x(t)$ 的曲线图。p_1 即为图 7.3.5(b)所示曲线斜率的负数。因此,

$$p_1 \approx 2.5$$

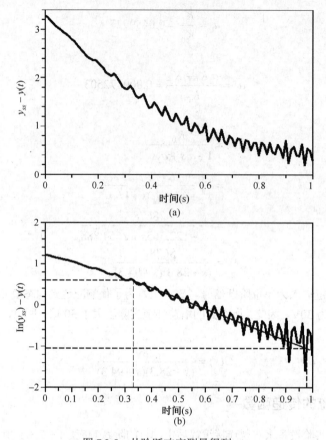

图 7.3.5　从阶跃响应测量得到 p_1

下面需要确定:

$$B = \frac{-K}{p_1(p_2 - p_1)}$$

当阶跃响应达到稳态值附近时,

$$y(t) \approx A + Be^{-p_1 t}$$

从图 7.3.4 可知 $A = 3.15$,同时有了 p_1 的估计值。因此,确定 B 的一种方法为:在稳态值附近测量一组 $y(t)$ 值,并计算:

$$B = \frac{y(t) - A}{e^{-p_1 t}}$$

从 $p_1 = 2.5$ 开始计算。表 7.3.1 所示为对应于一系列 p_1 值的计算结果,相应的一组 $y(t)$ 值如图 7.3.6 所示。

表 7.3.1　B 的基于一系列 p_1 值的估计值

时间（s）	0.5	0.6	0.7	0.8
$B(p_1=2.5)$	−3.14	−2.91	−2.30	−2.22
$B(p_1=3.0)$	−4.03	−3.93	−3.27	−3.31
$B(p_1=3.2)$	−4.46	−4.43	−3.76	−3.88
$B(p_1=3.6)$	−5.44	−5.64	−4.97	−5.34

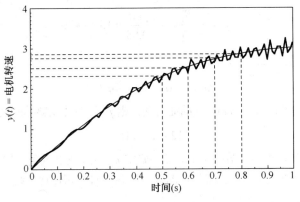

图 7.3.6　估计 B 值

这里在估计 B 值时，相应多做了几组基于不同 p_1 值 B 的估计值，其理由如下。由 3.4 节第一种辨识方法的介绍过程知道，$|B| > |A|$。然而，使用 $p_1 = 2.5$ 计算得到的 B 的绝对值太小，从表 7.1 中就可以看出来。直流电动机不是理想的线性系统，前面得到的 p_1 值也只是一个估计值。综合以上原因，选取稍大些的一组 p_1 值并重复计算 B。从表 7.1 可知，当 $p_1 = 3.2$ 时，B 值最理想。

至此，得到了较理想的 B 的估计值，同时对 p_1 也进行了重新估计。从图 7.3.7 可以看出以下函数与测量得到的阶跃响应在 $t > 0.5s$ 部分几乎重叠。

$$f(t) = 3.15 - 4.0e^{-3.2t}$$

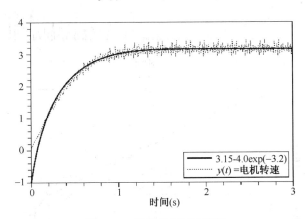

图 7.3.7　阶跃响应初步模型

下一步确定 p_2 值，由于

$$A + B + C = 0$$

且 $A = 3.15$，$B \approx -4.0$，因此，

$$C = -(A+B) = -(3.15 - 4.0) = 0.85$$

知道 C 后，有两种方法来求 p_2 值。第一种方法，由于

$$\frac{|B|}{|C|} = \frac{p_2}{p_1}$$

因此得到：

$$p_2 = p_1 \frac{|B|}{|C|} = 3.2 \frac{4.0}{0.85} = 15.1 \rightarrow 15$$

第二种方法，求 p_2 值，通过构造函数：

$$z(t) = y(t) - (A + Be^{-p_1 t})$$

如图 7.3.8(a)所示，图 7.3.8(b)所示为 $\ln z(t)$ 的曲线图，则 p_2 为该曲线斜率的负数，大约为 12。于是，

$$12 < p_2 < 15$$

通过前面的分析知道，模型参数的辨识只需要确定 p_1、p_2 及 B 的值。接下来只要代入不同的 p_2 值，找出所得模型与实际测量阶跃响应最接近的 p_2 值。这一过程可以通过编写 MATLAB 程序来完成。图 7.3.9 所示为最终确定的函数 $y(t)$，即

$$y(t) = 3.15 - 4.0e^{-3.2t} + 0.85e^{-15t}$$

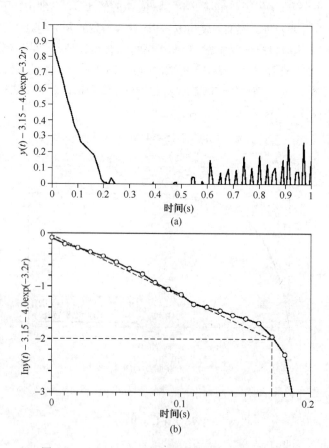

图 7.3.8　(a) $z(t) = Ce^{-p_2 t}$ 曲线图和(b) $\ln z(t)$ 曲线图

知道 A、p_1 和 p_2 后，则可以得到：

$$K = Ap_1 p_2 = 3.15 \times 3.2 \times 15 = 151$$

与无滚筒电动机参数辨识过程中所讨论的一样，电枢绕组的供给电压大约为 30V。带滚筒后电枢电压曲线图如图 7.3.10 所示。因此，传递函数增益环节大了 30 倍。从图 7.3.10 可以看到，电压瞬变后稳定在 32V 左右。在确定最终模型时，将增益环节放大因子定为 30。

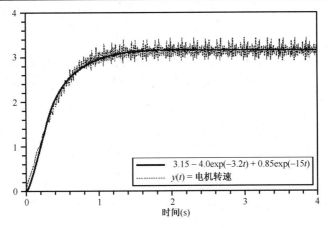

图 7.3.9　$y(t)$ 与最终的 $y(t)$ 辨识模型曲线图

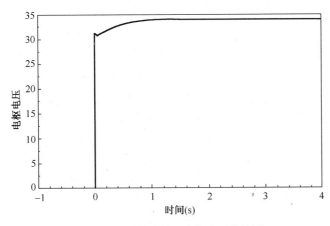

图 7.3.10　连接滚筒后电枢电压曲线图

读者也许会有这样的疑问，为什么放大因子是 30 而不是 32。原因是，传递函数的整个辨识过程并不是非常精确的，并且辨识得到的 p_1、 p_2 和 B 值与其"真"值可能存在 10% 左右的误差。此外，电动机动态特性并非完全线性的。因此，最终辨识得到的带滚筒的电动机模型为：

$$G(s) = \frac{5}{(s+3.2)(s+15)}$$

至此，获得了无滚筒和带滚筒直流电动机的较精确的模型。接下来应用一些常用的补偿控制规律，将得到的仿真响应与实际响应进行比较。

7.4　补偿控制器设计与实现

在实际工程应用中，一般是先根据经验选择合适的补偿规律，通过仿真得到计算结果并将其与期望结果进行比较，最后在实际系统上构建并实现补偿器。特别是高功率或较昂贵的系统，更要遵循以上设计步骤。然而，对于一个固定在钢轨上的分马力电动机，不可能会发生重大事故，于是略去仿真阶段，直接在实际系统上实现设计方案。

这里将采用两种控制规律，积分(I)控制和比例–积分(PI)控制。这两种控制规律都会得到非常好的结果。

7.4.1　积分控制

图 7.4.1 以方框图的形式给出了利用全反馈和串联校正来实现速度控制。图中所示的反馈和补偿实验箱在第 3 章做过介绍。这里为了方便起见，以后都用"FAC"简称该反馈和补偿实验箱。

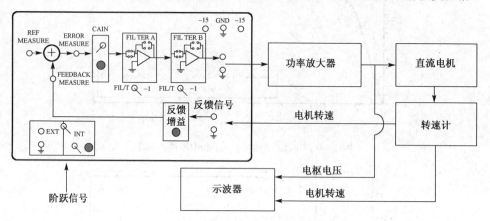

图 7.4.1　直流电动机速度控制实验设备方框图

其实际的实验设备如图 7.4.2 所示。图中设备都做了相应的简化处理，为 FAC 提供±15V 电压来驱动运算放大电路。同时，还需要一个独立电源为他励直流电动机的励磁线圈提供驱动电压。

FAC 的参考输入减去反馈信号得到误差信号，然后误差信号依次通过一个增益级和两个运放级，到达功率放大器输入端。运算放大器电路可以用于加入补偿。在实验箱表面丝印标注的反向运放电路框图上，各有 8 个凸出的插脚，这些插脚与实验箱内部的实际运算放大器相连。

可以在这些插脚上插入电阻电容来构造比较简单的补偿器。构造好的补偿器可以通过将运放级下面的拨动开关拨到"Filt"位置来触发。如果拨动开关拨到"–1"的位置，则该运放级提供增益–1。

参考输入可以由外部提供，比方说，来自与计算机相连的 A/D 转换器，或者由 FAC 内部提供。实验箱左下角标有"EXT/INT"的拨动开关，能够让用户自行选择内部或外部参考输入。"EXT/INT"拨动开关右边的另一个拨动开关可以使用户手动触发阶跃响应。阶跃信号的大小可以通过拨动开关下面的电位调节器（图 7.4.1 中所示黑色旋钮）来控制。

通过使用 FAC，可以免去设计者在实验板上搭建加法器、增益电路和运放电路等工作，从而使设计者能将更多的精力集中于控制的实现方面。也许有人认为在实验板上搭建电路会有所获益，但是学到的主要是对模拟电路的了解，而不是控制方面。

在继续讨论下去之前，有必要说明以下几点。注意到转速计信号不仅输出给实验箱反馈输入端，还连接到示波器上，因此可以记录阶跃响应。实验设备中，电枢绕组、励磁线圈和转速计的接线端都连接到了固定在电动机旁边的面板上，这使设备之间的连接变得非常方便。

"粗"导线由一束单独导线组成。在±15V 电源给 FAC 供电的情况下，用的是包含三条单独导线的"粗"导线。"粗"线两端的细线头就表示单根导线。通过使用"粗"线，使图示更加清晰整洁。

现在使用这套实验设备来研究积分控制。由所学的电路知识，在 FAC 上的两个运放级中的一个上构建积分电路。这里使用运放级"A"来构建电路，即，在 FAC 上丝印标注的反向运算放大器的反馈路径上插入一个电容，前向路径上插入一个电阻。同时将下面的拨动开关拨到"Filt"位置。

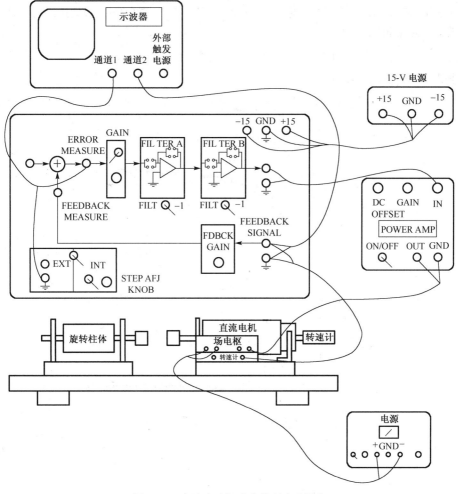

图 7.4.2　直流电动机速度控制实验设备

为了获得积分控制，取电容大小为 1μF，电阻大小为 1MΩ，得到：

$$-G_c(s) = -\frac{1/Cs}{R} = -\frac{1/RC}{s} = -\frac{1}{s}$$

将运放级 "B" 下面的拨动开关拨到 "–1" 位置，则使得 $-\left(-\dfrac{1}{s}\right) = \dfrac{1}{s}$。

这里将采集三组数据来证明前向环增益与误差信号 $e(t)$ 曲线下面部分的面积的乘积为一个常数。首先，将功率放大器设为接近满功率。FAC 上运放级 "B" 的输出端增益为 8V 时，示波器捕获第一组数据。测量得到的阶跃响应和误差响应如图 7.4.3(a) 所示。运放级 "B" 的输出端增益分别为 10V 和 12V 时，捕获第二组和第三组数据。注意，不要改变功率放大器的增益。测量得到的阶跃和误差响应如图 7.4.3(b) 和 (c) 所示。最后一步是对误差响应曲线进行数值积分运算，可以通过编写 MATLAB 程序来计算，这是一个很好的练习过程。

令 K_i 表示运放级 "B" 的输出端增益，A_i 表示误差曲线下面部分的面积，$i = 1, 2, 3$。则可得：

$$K_1 = 8.0\text{V} \qquad A_1 = 0.57892$$
$$K_2 = 10\text{V} \qquad A_2 = 0.4658$$
$$K_3 = 12\text{V} \qquad A_3 = 0.3954$$

　　因为功率放大器的增益一直保持不变，所以 FAC 的前向增益与整个测量电路前向增益成比例关系。

　　我们的目的是要证明：

$$K_1 A_1 = K_2 A_2 = K_3 A_3$$

这正是以上计算所得到的，因为

$$K_1 A_1 = 4.631 \qquad K_2 A_2 = 4.658 \qquad K_3 A_3 = 4.745$$

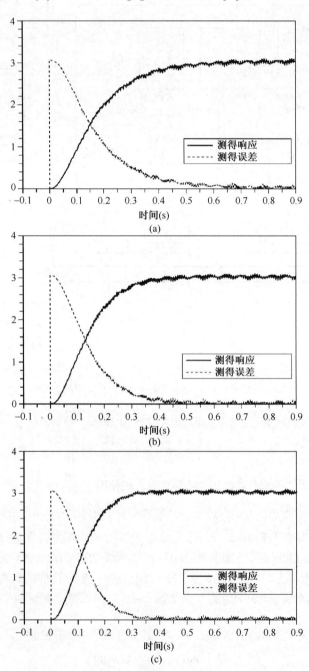

图 7.4.3　对应(a)8V、(b)10V 和(c)12V 阶跃和误差响应

因此，即使误差信号自身衰减到 0，由功率放大器提供给电动机电枢绕组的电压却始终为一个与 A_iK_i 成比例的常数。可以看到，在所有情况下，提供给电动机的电压不变。因为如果减小增益，则相应误差曲线下面部分的面积成比例增加。

7.4.2　比例-积分控制

下面来讨论带滚筒直流电动机的 PI 控制。除了补偿控制器和附加的滚筒外，其他实验设备与 7.4.1 节讨论的积分控制中使用的设备完全一样。根据所学的电路知识，构建比例-积分电路，同样使用运放级 "A" 来构建电路，即，在 FAC 上丝印标注的反向运算放大器的反馈路径上插入一个电容 C_2，在前向路径上分别插入一个电阻 R 和一个电容 C_1。

在运放级 "A" 上实现的补偿器为：

$$-G_c(s) = -\frac{1/C_2 s}{R/C_1 s/R + 1/C_1 s} = -\frac{(C_1/C_2)[s + (1/RC_1)]}{s}$$

为了获得比例-积分控制，这里取电容 $C_1 = C_2 = 10\mu F$，电阻 $R = 100k\Omega$，由运放级 "A" 得到：

$$-G_c(s) = -\frac{s+1}{s}$$

将运放级 "B" 下面的拨动开关拨到 "−1" 位置，所以由两个运放级得到 $G_c(s)$。

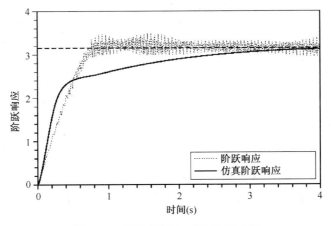

图 7.4.4　实际响应和 PI 控制仿真响应

使用该补偿器的实际阶跃响应及其仿真响应如图 7.4.4 所示。从图中可以看出，实际响应比仿真响应要好。实际响应的不同说明前面辨识得到的模型参数并不是非常准确。事实上，要得到更精确的直流电动机模型，需要考虑到电动机的一些非线性特性，特别是电枢绕组过载时产生的饱和现象。在本例中，非线性特性的存在并不一定就是不好的，毕竟所获得的仿真响应比期望的要好。

第8章 控制系统的计算机辅助分析与设计

8.1 MATLAB 简介

MATLAB（Matrix Laboratory，矩阵实验室）是由美国 The MathWorks 公司于 1984 年推出的一种科学与工程计算语言，它广泛应用于自动控制、数学运算、信号分析、计算机技术、图像信号处理、财务分析、航天工业、汽车工业、生物医学工程、语音处理与雷达工程等各行各业。20 世纪 80 年代初，MATLAB 的创始人 Cleve Moler 博士在美国 New Mexico 大学讲授线性代数课程时，构思并开发了 MATLAB。后来，Moler 博士等一批数学家与软件学家组建了 The MathWorks 软件开发公司，专门扩展并开发 MATLAB。这样 MATLAB 就于 1984 年推出了第一个商业版本，到 2005 年 MATLAB 已经发展到了 7.1 版。

作为目前国际上最流行、应用最广泛的科学与工程计算软件，MATLAB 具有其独树一帜的优势和特点：

（1）简单易用的程序语言。尽管 MATLAB 是一门编程语言，但与其他语言（如 C 语言）相比，它不需要定义变量和数组，使用更加方便，并具有灵活性和智能化的特点。用户只要具有一般的计算机语言基础，很快就可以掌握它。

（2）代码短小高效。MATLAB 程序设计语言集成度高，语言简洁，往往用 C/C++等语言编写的数百条语句，若使用 MATLAB 编写，几条或几十条就能解决问题，而且程序可靠性高，易于维护，可以大大提高解决问题的效率与水平。

（3）功能丰富，可扩展性强。MATLAB 软件包括基本部分和专业扩展部分。基本部分包括矩阵的运算和各种变换、代数与超越方程的求解、数据处理与数值积分等，可以充分满足一般科学计算的需要。专业扩展部分称为工具箱（Toolbox），用于解决某一方面和某一领域的专门问题。MATLAB 的强大功能在很大程度上都来源于它所包含的众多工具箱。大量实用的辅助工具箱适合具有不同专业研究方向及工程应用需求的用户使用。

（4）出色的图形处理能力。MATLAB 提供了丰富的图形表达函数，可以将实验数据或计算结果用图形的方式表达出来，并可以将一些难以表达的隐函数直接用曲线绘制出来；不仅可以方便灵活地绘制一般的一维、二维图像，还可以绘制工程特性较强的特殊图形。另外，MATLAB 还允许用户使用可视化的方式编写图形用户界面（Graphical User Interface，GUI），其难易程度与 Visual Basic 相仿，从而使用户可以容易地应用 MATLAB 编写通用程序。

（5）强大的系统仿真功能。应用 MATLAB 最重要的软件包之一——Simulink 提供的面向框图的建模与仿真功能，可以很容易地构建系统的仿真模型，准确地进行仿真分析。Simulink 模块库的模块集允许用户在一个 GUI 框架下对含有控制环节、机械环节和电子/电机环节的系统进行建模与仿真，这是目前其他计算机语言无法做到的。

现在的 MATLAB 已经不仅仅是一个"矩阵实验室"了，它已经成为一种具有广泛应用前景的全新的计算机高级编程语言。特别是图形交互式仿真环境——Simulink 的出现，为 MATLAB 的应用开拓了更广阔的空间。图 8.1.1 即为 MATLAB 及其产品系列示意图。

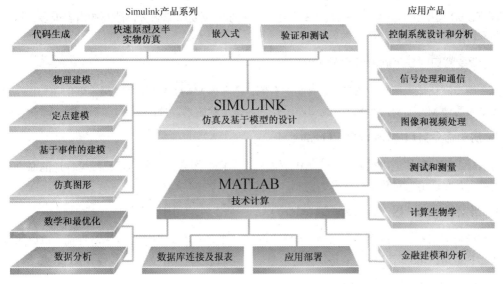

图 8.1.1　MATLAB 及其产品系列示意图

MATLAB 在我国的应用已经有十多年的历史，而自动控制则是其最重要的应用领域之一，自动控制的建模、分析、设计及应用都离不开 MATLAB 的支持。本章基于 MATLAB 7.1 版，详细介绍了 MATLAB 在控制系统的数学建模、运动响应分析、运动性能分析和系统校正中的应用。

8.1.1　操作界面介绍

MATLAB 7.1 版含有大量的交互工作界面，包括通用操作界面、工具包专用界面、帮助界面及演示界面等，所有的这些交互工作界面按一定的次序和关系被链接在一个高度集成的工作界面 "MATLAB Desktop" 中。图 8.1.2 为默认的 MATLAB 桌面。桌面上层铺放着三个最常用的窗口：命令窗口（Command Window）、当前目录浏览器（Current Directory）和历史命令窗口（Command History）。默认情况下，还有一个只能看见窗口名称的工作空间浏览器（Workspace），它被铺放在桌面下层。另外，MATLAB 6.5 及以上版本还在桌面的左下角增加了 "Start"（开始）按钮。

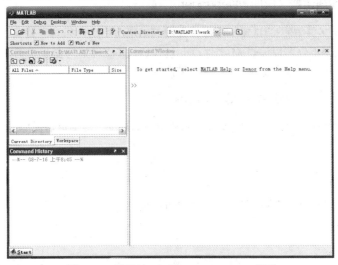

图 8.1.2　默认情况下的 MATLAB 7.1 桌面

MATLAB 通用操作界面是 MATLAB 交互工作界面的重要组成部分，涉及的内容很多，这里仅介绍最基本和最常用的 8 个交互工作界面。

1. 命令窗口（Command Window）

命令窗口默认地出现在 MATLAB 界面的右侧，是进行 MATLAB 操作的最主要的窗口。在命令窗口中可输入各种 MATLAB 命令、函数和表达式，并显示除图形以外的所有运算结果。

2. 历史命令窗口（Command History）

历史命令窗口默认地出现在 MATLAB 界面的左下侧，用来记录并显示已经运行过的命令、函数和表达式，并允许用户对其进行选择、复制、重运行和产生 M 文件。

3. 当前目录浏览器（Current Directory）

当前目录浏览器默认地出现在 MATLAB 界面左上侧的前台，用来设置当前目录，可以随时显示当前目录下的.m、.mdl 等文件的信息，并可以复制、编辑和运行 M 文件和装载 MAT 数据文件等。

4. 工作空间浏览器（Workspace）

工作空间浏览器（又称内存浏览器窗口）默认地出现在 MATLAB 界面左上侧的后台，用于显示所有 MATLAB 工作空间中的变量名、数据结构、类型、大小和字节数。在该窗口中，可以对变量进行观察、编辑、提取和保存。

5. 数组编辑器（Array Editor）

默认情况下，数组编辑器不随操作界面的出现而启动，只有在工作空间窗口中选择数值、字符变量，双击该变量时才会出现"Array Editor"数组编辑器窗口，并且该变量会在窗口中显示。用户可以直接在数组编辑器窗口中修改打开的数组，甚至可以改变数据结构和显示方式。

6. 开始按钮（Start）

启动 MATLAB 后，可以在 MATLAB 桌面的左下角看见一个"Start"图标，这是在 MATLAB 6.5 及以上版本中新增加的开始按钮。按钮显示的菜单子项列出了已安装的各类 MATLAB 组件和桌面工具。

7. M 文件编辑/调试器（Editor/Debugger）

默认情况下，M 文件编辑/调试器不随操作界面的出现而启动，只有需要编写 M 文件时才启动窗口。M 文件编辑/调试器不仅可以编辑 M 文件，而且可以对 M 文件进行交互式调试；不仅可以处理带.m 扩展名的文件，而且可以阅读和编辑其他 ASCII码文件。

8. 帮助导航/浏览器（Help Navigator/Browser）

默认情况下，帮助导航/浏览器不随操作界面的出现而启动。该浏览器详尽展示了由超文本写成的在线帮助。

8.1.2 帮助系统

MATLAB 帮助系统包括命令行帮助、联机帮助和演示帮助。

1. 命令行帮助

命令行帮助是一种"纯文本"的帮助方式。MATLAB 的所有命令、函数的 M 文件都有一个注释区。在注释区中，用纯文本形式简要地叙述了该函数的调用格式和输入、输出变量的含义。该帮助内容最原始，但也最真切可靠。每当 MATLAB 不同版本中的函数文件发生变化时，该纯文本帮助也跟着同步变化。

语法：

```
help         %列出所有主要的帮助主题，每个帮助主题与 MATLAB 搜索路径的一个目录名相对应
help topic   %给出指定主题 topic 的帮助，主题可以是函数、目录或局部路径
```

2．联机帮助

联机帮助由 MATLAB 的帮助导航/浏览器完成。该浏览器是 MATLAB 专门设计的一个独立帮助子系统，由帮助导航（Help Navigator）和帮助浏览器（Help Browser）两部分组成，如图 8.1.3 所示。

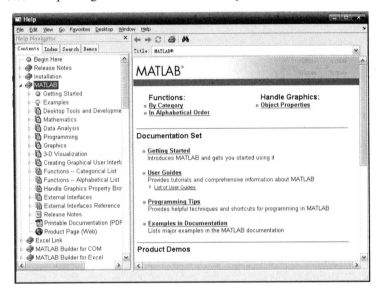

图 8.1.3　帮助导航/浏览器界面

打开帮助导航/浏览器的方法有以下几种：

（1）在 MATLAB 命令窗口中运行"helpbrowser"或"helpdisk"命令。

（2）单击工具栏的 ? 图标，或者选择菜单"Help"→"MATLAB Help"，或单击"Start"按钮选择"help"选项。

3．演示帮助

MATLAB 及其工具箱都有很好的演示程序，即 Demos，其交互界面如图 8.1.4 所示。Demos 演示界面操作非常方便，为用户提供了图文并茂的演示实例。

打开 Demos 有以下几种方法：

（1）在 MATLAB 命令窗口中运行"demo"或"demos"命令。

（2）选择菜单项"Help"→"Demos"，或者单击"Start"按钮选择"Demos"选项。

4．Web 帮助

MathWorks 公司提供了技术支持网站，用户通过该网站可以找到相关的 MATLAB 产品介绍、使用建议、常见问题解答及其他 MATLAB 用户提供的应用程序。

（1）其 Internet 网址为：http://www.mathworks.com 或 http://www.mathworks.cn。

（2）选择菜单"Help"→"Web Resources"中的子选项

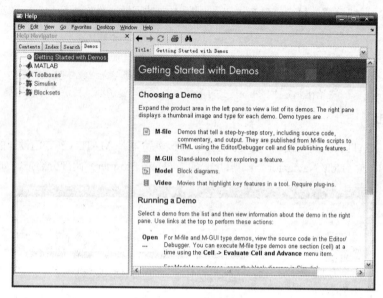

图 8.1.4　演示帮助界面

5. PDF 帮助

MATLAB 还以便携式文档格式（Portable Document Format，PDF）的形式提供了详细的 MATLAB 使用文档。PDF 文件存放在 matlab71/help/pdf-doc 文件夹中，用户还可以从 The MathWorks 公司的官方网站下载。

8.1.3　工具箱

工具箱实际上是用 MATLAB 的基本语句编成的各种子程序集，用于解决某一方面的专门问题或实现某一类新算法。MATLAB 的工具箱可以任意增减，不同的工具箱给不同领域的用户提供了丰富强大的功能，任何人都可以自己生成 MATLAB 工具箱，因此很多研究成果被直接做成 MATLAB 工具箱发布。这里仅对解决控制领域问题的一部分工具箱进行简要介绍。

（1）控制系统工具箱（Control System Toolbox）。主要应用于：连续系统和离散系统的设计，传递函数和状态空间模型的建立，模型转换，方程求解，频域响应、时域响应、根轨迹分析，增益选择，极点分配等。

（2）系统辨识工具箱（System Identification Toolbox）。主要应用于：有噪声的系统参数估计和非参数估计，数据处理，模型结构定义，模型转换，递推参数估计，模型结构处理，模型表达，信息提取，模型结构选择，模型不确定性评估和模型校验等。

（3）模糊逻辑工具箱（Fuzzy Logic Toolbox）。主要应用于：自适应神经模糊学习，聚类以及 Sugeno 推理，支持 Simulink 动态仿真，可生成 C 语言源代码等。

（4）鲁棒控制工具箱（Robust Control Toolbox）。主要应用于：建立包含不确定性参数和不确定性动力学的线性定常系统模型，分析系统的稳定裕度及最坏性能，确定系统的频率响应，设计针对不确定性的控制器。

（5）模型预测控制工具箱（Model Predictive Control Toolbox）。主要应用于：建模、辨识与验证，支持 MISO 模型和 MIMO 模型、阶跃响应和状态空间模型等。

8.2　MATLAB 基本使用方法

本节主要介绍 MATLAB 强大的数学计算功能和图形绘画功能，为控制系统的建模、分析和设计打下基础。

8.2.1　基本要素

MATLAB 的基本要素包括变量、数值、复数、字符串、运算符、标点符等。

1. 变量

MATLAB 不要求用户在输入变量的时候进行声明，也不需要指定变量类型。MATLAB 会自动依据所赋予变量的值或对变量进行的操作来识别变量的类型。在赋值过程中，如果赋值变量已存在，那么 MATLAB 将用新值替换旧值，并替换其类型。

MATLAB 变量的命名规则如下：

① 变量名区分字母大小写，"feedback" 和 "Feedback" 表示两个不同的变量。

② MATLAB 6.5 版本以上，变量名不得超过 63 个字符。

③ 变量名必须以英文字母开头。

④ 变量名由字母、数字和下画线组成，但不能包含空格和标点。

不管使用哪种计算机语言，变量的命名习惯都很重要。好的变量命名可以大大提高程序的可读性。变量名不宜太长，一般用小写字母表示；变量名应使用能帮助记忆或能够提示其在程序中用法的名字，这样还可以避免重复命名；当变量名包含多个词时，可以书写为在每个词之间添加一个下画线，或者每个内嵌的词的第一个字母都大写，如 my_var 或 MyVar。

命名习惯最重要的是要保持一致。

MATLAB 有一些自己的特殊变量，是由系统自动定义的。当 MATLAB 启动时就驻留在内存，但在工作空间却看不到。这些变量被称为预定义变量或默认变量，如表 8.2.1 所示。

表 8.2.1　MATLAB 预定义变量

名称	变量含义	名称	变量含义
ans	计算结果的默认变量名	nargin	函数输入变量个数
beep	是计算机发出的"嘟嘟"声	nargout	函数输出变量个数
bitmax	最大正整数，9.0072×10^{15}	pi	圆周率 π
eps	计算机中最小数，2^{-52}	realmin	最小正实数，2^{-1022}
i 或 j	虚数单位	realmax	最大正实数，$(2-2^{-52})2^{1023}$
Inf 或 inf	无穷大	varagin	可变的函数输入变量个数
NaN 或 nan	不定值	varagout	可变的函数输出变量个数

例 8.1　计算 2π 值。

解：在 MATLAB 命令窗口中输入：

```
>> 2*pi
```

运行结果为：

```
ans =
    6.2832
```

在定义变量时，应避免与预定义变量名重复，以免改变这些变量的值。如果已经改变了某个变量的值，可以通过输入"clear 变量名"来恢复该变量的初始设定值。

2．数值

在 MATLAB 中，数值表示既可以使用十进制计数法，也可以使用科学计数法。所有数值均按 IEEE 浮点标准规定的长型格式存储，数值的有效范围为 $10^{-308} \sim 10^{308}$。

3．复数

MATLAB 中复数的基本单位表示为 i 或 j。可以利用以下语句生成复数：

① $z = a + b\mathrm{i}$

② $z = r * \exp(\theta * \mathrm{i})$，其中 r 是复数的模，θ 是幅角的弧度数。

4．字符串

在 MATLAB 中创建字符串的方法是：将待建的字符串放入单引号中。注意，单引号必须在英文状态下输入，而字符串内容可以是中文。

MATLAB 中，字符串的字体颜色为紫色。

例 8.2　显示字符串"欢迎使用 MATLAB"。

解：在 MATLAB 命令窗口中输入：

```
>> '欢迎使用 MATLAB'
```

运行结果为：

```
ans =
欢迎使用 MATLAB
```

5．运算符

MATLAB 中的运算符包括算术运算符、关系运算符和逻辑运算符，如表 8.2.2 所示。

表 8.2.2　MATLAB 运算符

操作符	功能	操作符	功能
算数运算符			
+	算术加	/	算术右除
-	算术减	.*	点乘
*	算术乘	.^	点乘方
^	算术乘方	.\	点左除
\	算术左除	./	点右除
关系运算符			
==	等于	>=	大于等于
~=	不等于	<	小于
>	大于	<=	小于等于
逻辑运算符			
&	与	~	非
|	或		

6．标点符

在 MATLAB 中一些标点符号也被赋予了特殊的意义或用于进行一定的计算等，见表 8.2.3。

表 8.2.3　MATLAB 标点符

标点符	功能	标点符	功能
:	冒号	.	小数点
;	分号，区分行及取消运算显示	…	续行符
,	逗号，区分列及函数参数分隔符	%	百分号，注释
()	括号，指定运算优先级	!	感叹号，调用操作系统运算
[]	方括号，矩阵定义	=	等号，赋值
{}	花括号，构成元胞数组	' '	单引号，字符串标识

这里对冒号做进一步介绍。冒号在 MATLAB 中的作用极为丰富，不仅可以定义行向量，还可以截取指定矩阵中的部分元素。

产生等间距行向量的格式为：

```
from:step:to        %产生以 from 开始，to 结尾，步长为 step 的行向量。
```

说明：

① from、step、to 均为数字表示。

② step 可省略，缺省时步长默认为 1。

例 8.3　用冒号产生增量为 1 和 2 的行向量。

解：在 MATLAB 命令窗口中输入：

```
>> a=2:8              %默认增量为 1
```

运行结果为：

```
a =
    2    3    4    5    6    7    8
```

在 MATLAB 命令窗口中输入：

```
>> a=2:2:8              %产生增量为 2 的行向量
```

运行结果为：

```
a =
    2    4    6    8
```

8.2.2　应用基础

用户可以利用 MATLAB 在命令窗口中随心所欲地进行各种数学演算，就如同使用计算器那么简单方便。

例 8.4　求算术运算 $[9 \times (10-1)+19] \div 2^2$ 的结果。

解：在 MATLAB 命令窗口中输入：

```
>> (9*(10-1)+19)/2^2
```

运行结果为：

```
ans =
    25
```

说明：

① 命令行行首符号 ">>" 是命令输入提示符，MATLAB 自动产生，用户并不用自行输入。

② MATLAB 的运算符号为西文字符，不能在中文状态下输入。

③ 在全部输入一个命令行内容后，必须按下回车，该命令才会被执行。

④ 如果不想显示计算结果，可以在命令行结尾处添加分号"；"。对于以分号结尾的语句，尽管该命令已执行，但 MATLAB 并不显示其运算结果。

⑤ 可以添加百分号"%"来对语句进行注释。百分号后所有输入语句都为注释，直至键入回车键。系统并不执行注释语言，注释语言在 MATLAB 中以绿色文字显示。

1. 矩阵

矩阵是 MATLAB 的基本运算单元，矩阵运算是 MATLAB 的核心。在 MATLAB 中，矩阵的生成方法有很多，既可以以矩阵格式输入得到，也可以由 MATLAB 提供的函数生成。

在 MATLAB 中输入矩阵时应该注意：

① 所有运算符号和标点符号必须在英文状态下输入。

② 矩阵每行元素之间用空格或逗号"，"分隔，矩阵行之间用分号"；"隔离。整个矩阵放在方括号"[ ]"中。

③ 不必对矩阵维数做说明，系统将自动配置。

例 8.5 输入矩阵 $A = \begin{bmatrix} 1 & 0 & 0 \\ 0 & 1 & 0 \\ 0 & 0 & 1 \end{bmatrix}$。

解：在 MATLAB 命令窗口中输入：

```
>> A=[1,0,0;0,1,0;0,0,1]          %也可以输入 A=[1 0 0;0 1 0;0 0 1]得到相同结果
```

运行结果为：

```
A =
    1    0    0
    0    1    0
    0    0    1
```

例 8.5 的命令被执行后，矩阵 A 会被保存在 MATLAB 的工作空间内。如果用户不用 "clear" 命令清除或对它重新赋值，那么该矩阵值会一直保存在工作空间，直到该次的 MATLAB 命令窗口关闭。

进一步地，$A(i, j)$ 表示矩阵 A 中第 i 行第 j 列的元素。在 MATLAB 中，使用 $A(i,:)$ 提取矩阵第 i 行的全部元素；使用 $A(:, j)$ 提取矩阵第 j 列的全部元素；使用 $A(i_1 : i_2,:)$ 提取 i_1 至 i_2 行的全部元素；使用 $A(i, j)$ 提取矩阵 A 中第 i 行第 j 列的元素。

例 8.6 提取例 8.5 中矩阵 A 的第 1、2 行元素。

解 在 MATLAB 命令行中输入：

```
>> A(1:2,:)
```

运行结果为：

```
ans =
    1    0    0
    0    1    0
```

MATLAB 中还可以利用方括号将矩阵进行"合成"。如在 MATLAB 命令窗口中输入：

```
>> B=[A,A+1;A+2,A+3]
```

运行结果为：

```
B =
    1    0    0    2    1    1
    0    1    0    1    2    1
    0    0    1    1    1    2
    3    2    2    4    3    3
    2    3    2    3    4    3
    2    2    3    3    3    4
```

2．特殊矩阵的生成

MATLAB 中内置了很多特殊矩阵的生成函数，利用这些函数可以自动生成一些特殊的矩阵。

（1）空矩阵

用方括号"[ ]"表示。

矩阵大小为零，但变量名却保存在工作空间中。

（2）单位阵

使用函数 eye( )实现，其格式如下：

```
eye(n)          %生成 n 维的方阵。
eye(n,m)        %生成 n×m 维矩阵。
```

例 8.7　生成 4×4 维的单位阵。

解：在 MATLAB 命令窗口中输入：

```
>> a=eye(4)
```

运行结果为：

```
a =
    1    0    0    0
    0    1    0    0
    0    0    1    0
    0    0    0    1
```

（3）零矩阵

使用函数 zeros( )实现，格式与函数 eye( )相同。

例 8.8　生成 3×4 维的零矩阵。

解：在 MATLAB 命令窗口中输入：

```
>> a=zeros(3,4)
```

运行结果为：

```
a =
    0    0    0    0
    0    0    0    0
    0    0    0    0
```

（4）对角矩阵

使用函数 diag( )实现，其调用格式如下：

```
diag(V)         %生成元素在主对角线上的对角阵。
diag(V,K)       %生成对角阵。
```

说明：

① V 为向量，即对角阵元素值。

② K 为数值，表示向量 V 偏离主对角线的列数。K<0 时，V 在主对角线下方；K>0 时，V 在主对角线上方；K=0 时，V 在主对角线上。

例 8.9　生成对角矩阵。

解：在 MATLAB 命令窗口中输入：

```
>> V=[1 3 5 7];
>> diag(V)
```

运行结果为：

```
ans =
    1    0    0    0
    0    3    0    0
    0    0    5    0
    0    0    0    7
```

在 MATLAB 命令窗口中输入：

```
>> diag(V,-1)
```

运行结果为：

```
ans =
    0    0    0    0    0
    1    0    0    0    0
    0    3    0    0    0
    0    0    5    0    0
    0    0    0    7    0
```

在 MATLAB 命令窗口中输入：

```
>> diag(V,2)
```

运行结果为：

```
ans =
    0    0    1    0    0    0
    0    0    0    3    0    0
    0    0    0    0    5    0
    0    0    0    0    0    7
    0    0    0    0    0    0
    0    0    0    0    0    0
```

（5）全部元素为 1 的矩阵

使用函数 ones( ) 实现，其调用格式和函数 eye( ) 相同。

例 8.10　产生一个 3×4 维的全一矩阵。

解：在 MATLAB 命令窗口中输入：

```
>> ones(3,4)
```

运行结果为：

```
ans =
     1    1    1    1
     1    1    1    1
     1    1    1    1
```

8.2.3　数值运算

MATLAB 在科学计算及工程中的应用极其广泛，其主要原因是许多数值运算问题都可以通过 MATLAB 简单地得到解决。

1．向量运算

向量是组成矩阵的基本元素之一。向量的输入和矩阵的输入一样，行向量元素之间用空格或逗号"，"隔离，列向量元素之间用分号"；"隔离。在 8.2 节中还介绍了利用标点符冒号"："生成等差元素向量。

向量的基本运算包括向量与常数间、向量与向量间的运算。

（1）向量与常数之间的四则运算

向量与常数之间的四则运算是指向量的每个元素与常数进行的加、减、乘、除等运算。运算符分别是"＋"、"－"、"＊"及"／"。

（2）向量与向量之间的运算

向量与向量之间的加、减运算是指向量的每个元素与另一个向量的对应元素之间的加、减运算。运算符为"＋"和"－"。

向量的点积用函数 dot( )实现，向量的叉积用函数 cross( )实现。

```
dot(a,b)      %计算向量 a 和 b 的点积
cross(a,b)    %计算向量 a 和 b 的叉积
```

例 8.11　计算向量 $A = \begin{bmatrix} 1 & 2 & 3 \end{bmatrix}$ 和 $B = \begin{bmatrix} 7 & 12 & 30 \end{bmatrix}$ 的点积和叉积。

解：在 MATLAB 命令窗口中输入：

```
>> A=[1 2 3];B=[7 12 30];
>> dot(A,B)
```

运算结果为：

```
ans =
   121
```

在 MATLAB 命令窗口中输入：

```
>> cross(A,B)
```

运行结果为：

```
ans =
    24   -9   -2
```

2．数组运算

数组是一组实数或复数排成的长方阵列。单位数组通常就是行向量或列向量，多维数组可以认为是矩阵在维数上的扩张。

从数据结构看，二维数组和矩阵没什么区别，但是在 MATLAB 中，数组和矩阵的运算有较大的

区别。MATLAB 中，矩阵运算是按照线性代数运算法则定义的，而数组的运算是 MATLAB 所定义的规则，目的是为了使数据管理方便、操作简单、命令形式自然及计算执行有效。

（1）数组与实数之间的四则运算

运算符为：加 "+"、减 "−"、乘 "*"、除 "/"。单维数组与实数的运算和向量与实数的运算完全相同。

（2）数组之间的四则运算

运算符为：加 "+"、减 "−"、点乘 ".*"、点左除 ".\"、点右除 "./"。数组间的四则运算是按元素与元素的方式进行，数组间的加减法和矩阵中的加减运算相同。数组的左除和右除含义是不同的。

例 8.12　数组相除运算。

解：在 MATLAB 窗口中输入：

```
>> A=[1 2;3 4;5 6];
>> B=[1 3;2 4;5 7];
>> C=A./B                %点右除
```

运行结果为：

```
C =
    1.0000    0.6667
    1.5000    1.0000
    1.0000    0.8571
```

在 MATLAB 命令窗口中输入：

```
>> C=A.\B                %点左除
```

运行结果为：

```
C =
    1.0000    1.5000
    0.6667    1.0000
    1.0000    1.1667
```

执行数组间的运算时，参与运算的数组必须维数相同，运算所得的数组也与原数组维数相同。

（3）数组的乘方运算

数组乘方运算的符号为 ".^"，按元素对元素的幂运算进行，这与矩阵的幂运算完全不同。

例 8.13　数组的乘方运算。

解：在 MATLAB 命令窗口中输入：

```
>> A=[1 2;3 4;5 6];
>> C=A.^2
```

运行结果为：

```
C =
     1     4
     9    16
    25    36
```

数组的 "乘"、"除" 和 "乘方" 运算时，运算符中的小点绝不能遗漏。遗漏点后虽然仍然可以运算，但此时已经不按数组运算规则进行运算了。

3．矩阵运算

矩阵运算是 MATLAB 最基本的运算，MATLAB 矩阵运算功能十分强大。这里分基本数值运算和函数运算两部分来介绍。

（1）基本数值运算

数组运算与矩阵运算不同，如果在数组运算中遗漏了运算符中的小点，那么 MATLAB 就不会根据数组运算规则进行计算，而是根据矩阵运算规则计算。因此，去掉小点即为矩阵的数值运算符：加"+"、减"–"、乘"*"、除"\"或"/"、乘方"^"。

另外，矩阵的转置运算用符号右单引号"'"完成，与向量的转置运算相同。在 MATLAB 中，矩阵的基本数值计算规则遵照线性代数的规则，这里不做专门介绍。

（2）矩阵的函数运算

在 MATLAB 中，较为复杂的矩阵运算都由特有的函数实现。表 8.2.4 为 MATLAB 中常用的矩阵运算函数。

表 8.2.4　实现矩阵特有运算的函数

函数名	功能	函数名	功能
sqrtm	开方运算	gsvd	广义奇异值
expm	指数运算	inv	矩阵求逆
logm	对数运算	norm	求范数
det	求行列式	poly	求特征多项式
eig	求特征值和特征向量	rank	求秩
pinv	伪逆矩阵	trace	求迹

例 8.14　矩阵的函数运算。

解：① 转置运算。在 MATLAB 命令窗口中输入：

```
>> A=[1 2 0;2 5 -1;4 10 -1];
>> B=A'
```

运行结果为：

```
B =
    1    2    4
    2    5    10
    0   -1   -1
```

② 求逆运算。在 MATLAB 命令窗口中输入：

```
>> B=inv(A)
```

运行结果为：

```
B =
    5    2   -2
   -2   -1    1
    0   -2    1
```

③ 行列式运算。在 MATLAB 命令窗口中输入：

```
>> B=det(A)
```

运行结果为：

```
B =
    1
```

④ 求秩运算。在 MATLAB 命令窗口中输入：

```
>> B=rank(A)
```

运行结果为：

```
B =
     3
```

4．多项式运算

在控制系统的设计与分析中，往往需要求出控制系统的特征根或传递函数的零极点，这些都与多项式及其运算有关。

在 MATLAB 中，多项式用系数的行向量表示，而不考虑多项式的自变量。如对一般的多项式：

$$P(x) = a_0 x^n + a_1 x^{n-1} + \cdots + a_{n-1} x + a_n \tag{8-1}$$

在 MATLAB 中表示为：

$$P = \begin{bmatrix} a_0 & a_1 & \cdots & a_n \end{bmatrix} \tag{8-2}$$

MATLAB 提供多项式运算的函数如下：

```
p=conv(p1,p2)          %多项式卷积，p 是多项式 p1、p2 的乘积多项式。
[q,r]=deconv(p1,p2)    %多项式解卷，q 是 p1 被 p2 除的商多项式，r 是余多项式。
p=poly(a)              %求方阵 A 的特征多项式，或由根 A 构造多项式 p。
dp=polyder(p)          %由根求多项式，多项式求导数，求多项式 p 的导数多项式 dp。
p=polyfit(x,y,n)       %多项式曲线拟合，求 x,y 向量给定数据的 n 阶拟合多项式 p。
pA=polyval(p,s)        %多项式求值，按数组运算规则计算多项式值。
pM=polyvalm(p,s)       %多项式求值，按矩阵运算规则计算多项式值。
[r,p,k]=residue(num,den)   %分式多项式的部分分式展开。num 是分子多项式系数向量，
                       %den 是分母多项式系数向量，r 是留数，p 是极点，k 是直项。
r=roots(p)             %多项式求根，r 是多项式 p 的根向量。
```

例 8.15 用多项式根构造多项式。

解：在 MATLAB 命令窗口中输入：

```
>> P=[1 2.5 0 2 0.5 2];
>> r=roots(P)              %求多项式 P 的根
```

运行结果为：

```
r =
  -2.7709
   0.5611 + 0.7840i
   0.5611 - 0.7840i
  -0.4257 + 0.7716i
  -0.4257 - 0.7716i
>> p1=poly(r)
```

运行结果为：

```
p1 =
    1.0000    2.5000   -0.0000    2.0000    0.5000    2.0000
```

例 8.16 已知控制系统的输出象函数为 $G(s) = \dfrac{10s}{s^2 - 3s + 2}$，将其展开为部分分式。

解：在 MATLAB 命令窗口中输入：

```
>> num=[10 0];den=[1 -3 2];
>> [r,p,k]=residue(num,den)
```

运行结果为：

```
r =
    20
   -10
p =
    2
    1
k =
    []
```

由运行结果可以得到部分分式展开式为：$G(s) = \dfrac{20}{s-2} - \dfrac{10}{s-1}$

8.2.4　符号运算

MATLAB 的数学计算分为数值计算和符号计算。数值计算不允许使用未定义的变量，而符号计算可以对未赋值的符号对象进行运算和处理。

MATLAB 提供符号数学工具箱（Symbolic Math Toolbox），将符号运算结合到 MATLAB 的数值运算环境。符号运算可以实现微积分运算、表达式的简化、求解代数方程和微分方程以及积分变换等。

1．创建和使用

在 MATLAB 中，进行符号运算时首先要创建符号对象，然后利用这些基本的符号对象构成新的表达式，进而完成所需的符号运算。

符号对象的创建用函数 sym( )完成，其调用格式如下：

```
S=sym(A)            %将数值 A 转换为符号对象 S。A 可以是数字或数值矩阵或数值表达式。
S=sym('x')          %将字符串 x 转换为符号对象 S。
syms a1 a2 …        %aN=sym('aN')的简洁形式。变量名之间只能用空格隔开。
```

例 8.17　将字符表达式转换为符号变量。

解：在 MATLAB 命令窗口中输入：

```
>> S=sym('2*sin(x)*cos(x)')
```

运行结果为：

```
S =
2*sin(x)*cos(x)
```

在 MATLAB 命令窗口中输入：

```
>> y=simple(S)                    %使用函数 simple( )化简符号表达式
```

运行结果为：

```
y =
sin(2*x)
```

> **关键词：符号对象**
>
> 　　在 MATLAB 中，符号对象是一种数据结构，包括符号常数、符号变量和符号表达式，用来存储代表符号的字符串。在符号运算中，凡是由符号表达式生成的对象也是符号对象。实质上，符号数学就是对字符串的运算。

2. 基本运算和函数运算

（1）在 MATLAB 的符号运算中，运算符加"+"、减"−"、乘"*"、除"/"或"\"实现矩阵运算；点乘".*"、点除"./"或".\"实现数组运算。

（2）对于指数函数和对数函数的使用方法，符号运算和数值计算是相同的。

（3）在符号运算中，MATLAB 提供常用的矩阵代数函数 diag( )、inv( )、det( )、rank( )、poly( )及 eig( )，用法与数值计算相同。

例 8.18　求矩阵 $A = \begin{bmatrix} a_{11} & a_{12} \\ a_{21} & a_{22} \end{bmatrix}$ 的行列式、逆和特征值。

解： ① 求行列式。在 MATLAB 命令窗口中输入：

```
>> syms a11 a12 a21 a22;          %定义符号变量 a11, a12, a21, a22
>> A=[a11 a12;a21 a22]
A =
[ a11, a12]
[ a21, a22]
>> DetA=det(A)                    %求矩阵 A 的行列式
```

运行结果为：

```
DetA =
a11*a22-a12*a21
```

② 求逆。在 MATLAB 命令窗口中输入：

```
>> InvA=inv(A)
```

运行结果为：

```
InvA =
[  a22/(a11*a22-a12*a21), -a12/(a11*a22-a12*a21)]
[ -a21/(a11*a22-a12*a21),  a11/(a11*a22-a12*a21)]
```

③ 求特征值。在 MATLAB 命令窗口中输入：

```
>> EigA=eig(A)
```

运行结果为：

```
EigA =
 1/2*a11+1/2*a22+1/2*(a11^2-2*a11*a22+a22^2+4*a12*a21)^(1/2)
 1/2*a11+1/2*a22-1/2*(a11^2-2*a11*a22+a22^2+4*a12*a21)^(1/2)
```

　　MATLAB 的符号对象并无逻辑运算功能。

3. 符号表达式的操作

MATLAB 中对符号表达式的操作包括表达式的因式分解、展开和化简等，其操作函数的格式如下：

collect(e,v)	%合并同类项，将表达式 e 中 v 的同幂项系数合并。
expand(e)	%表达式展开，将表达式 e 进行多项式展开。
factor(e)	%因式分解，对表达式 e 进行因式分解。
horner(e)	%嵌套分解，将表达式 e 分解成嵌套形式。
[n,d]=numden(e)	%表达式通分，将表达式 e 通分，并返回分子和分母。
simple(e)	%表达式化简，将表达式 e 化简成最简短形式。
subs(e,old,new)	%符号变量替换，将表达式 e 的符号变量由 old 替换成 new。

例 8.19　已知数学表达式为 $y = ax^2 + bx + c$，试将其系数替换为：$a = \sin x$，$b = \ln t$，$c = xe^{2t}$。

解：在 MATLAB 命令窗口中输入：

```
>> syms a b c x t;          %定义符号变量
>> y=a*(x^2)+b*x+c;
>> y2=subs(y,[a b c],[sin(x) log(t) x*exp(2*t)])
```

运行结果为：

```
y2 =
sin(x)*x^2+log(t)*x+x*exp(2*t)
```

例 8.20　对表达式 $y = x^4 - 5x^3 + 5x^2 + 5x - 6$ 进行因式分解。

```
>> y=sym('x^4-5*x^3+5*x^2+5*x-6');
>> y1=factor(y)
```

运行结果为：

```
y1 =
(x-1)*(x-2)*(x-3)*(x+1)
```

例 8.21　已知数学表达式为 $y(x) = \dfrac{x+3}{x(x+1)} + \dfrac{x-1}{x^2(x+2)}$，应用 MATLAB 将其通分。

解：在 MATLAB 命令窗口中输入：

```
>> syms x;
>> y=((x+3)/(x*(x+1)))+((x-1)/(x^2*(x+2)));
>> [num,den]=numden(y)
```

运行结果为：

```
num =
x^3+6*x^2+6*x-1

den =
x^2*(x+1)*(x+2)
```

即通分后，表达式为：$y(x) = \dfrac{x^3 + 6x^2 + 6x - 1}{x^2(x+1)(x+2)}$

4. 积分变换

符号的积分变换包括傅里叶（Fourier）变换、拉普拉斯变换（Laplace）和 Z 变换。拉普拉斯变换和 Z 变换在控制理论的研究中起着非常重要的作用，所以这里仅介绍这两种变换。

（1）拉普拉斯变换及其反变换

```
F=laplace(f)        %求时域函数 f 的拉普拉斯变换 F。
f=ilaplace(F)       %求复域函数 F 的拉普拉斯反变换 f。
```

例 8.22 求函数 $f(t) = te^{-at} \sin \omega t$ 的拉普拉斯变换 $F(s)$。

解：在 MATLAB 命令窗口中输入：

```
>> syms t a w;
>> f=t*(exp(-a*t))*sin(w*t);
>> F=laplace(f)
```

运行结果为：

```
F =
2*w/((s+a)^2+w^2)^2*(s+a)
```

例 8.23 求象函数 $F(s) = \dfrac{2}{s} + \dfrac{3}{s^2+9} + \dfrac{1}{s+2}$ 的拉普拉斯反变换。

解：在 MATLAB 命令窗口中输入：

```
>> syms s;
>> F=2/s+3/(s^2+9)+1/(s+2);
>> f=ilaplace(F)
```

运行结果为：

```
f =
2+sin(3*t)+exp(-2*t)
```

（2）Z 变换及其反变换

```
F=ztrans(f)        %求时域序列 f 的 Z 变换 F。
f=iztrans(F)       %求 Z 域函数 F 的 Z 反变换 f。
```

例 8.24 求单位阶跃函数 $f(t) = 1(t)$ 的 Z 变换。

解：$f(t) = 1(t)$ 的时域序列为 $f(n) = 1$。

在 MATLAB 命令窗口中输入：

```
>> n=sym(1);
>> F=ztrans(n)
```

运行结果为：

```
F =
z/(z-1)
```

例 8.25 求 Z 变换函数 $F(z) = \dfrac{10z}{(z-1)(z-2)}$ 的 Z 反变换。

解：在 MATLAB 命令窗口中输入：

```
>> syms z;
>> F=10*z/((z-1)*(z-2));
>> f=iztrans(F)
```

运行结果为：

```
f =
10*2^n-10
```

8.2.5 图形表达功能

MATALB 提供了丰富的图形表达功能，将各种科学运算结果进行可视化。计算的可视化可以将杂乱的数据通过图形来表示，从中观察出其内在关系。

1. 二维曲线的绘制

二维绘图是 MATLAB 的基础绘图，使用函数 plot( )完成。其调用格式如下：

```
plot(x,y,'s')                    %基本绘图格式。
plot(x1,y1,'s1',…,xN,yN,'sN')    %绘制多条曲线。每条曲线以(x,y,s)结构绘制，调用格
                                 %式与plot(x,y,'s')相同。
```

说明：

① 如果 x，y 是相同维数的向量，则绘制以 x 为横坐标、y 为纵坐标的曲线。

如果 x 是向量，y 是矩阵，且 y 的行（或列）的维数与 x 的维数相同，则绘制以 x 为横坐标的多条不同颜色的曲线，曲线数等于 x 的维数。

如果 x 是矩阵，y 是向量，则以 y 为横坐标，其余与上述情况相同。

如果 x，y 是相同维数的矩阵，则绘制以 x 对应列元素为横坐标、y 对应列为纵坐标的曲线，曲线数等于矩阵的列数。

② 函数 plot(x,y,'s')中，y 可缺省。

③ s 为选项字符串，用来设置曲线颜色、线型等。当 s 缺省时曲线为"实线"，单条曲线颜色为"蓝色"，多条曲线按"蓝、绿、红、青、品红、黄、黑"自动着色，更多含义见表 8.2.5。

表 8.2.5　字符串 s 代表的意义

曲线颜色		曲线线型		数据点型			
s 值	含义	-	实线	s 值	含义	s 值	含义
b	蓝	:	虚线	.	实心黑点	d	菱形符
g	绿	—.	点画线	+	十字符	h	六角星符
r	红	--	双画线	*	八线符	o	空心圈
c	青	none	无线	∧	向上三角符	p	五角星符
m	品红			<	向左三角符	s	方块符
y	黄			>	向右三角符		
k	黑			∨	向下三角符		
w	白			×	叉子符		

例 8.26 已知函数 $y_1(x) = e^{-0.1x}\sin x$，$y_2(x) = e^{-0.1x}\sin(x+1)$，且 $x \in [0, 4\pi]$，绘制两条曲线。

解：在 MATLAB 命令窗口中输入：

```
>> x=0:0.5:4*pi;              %设置绘制点步长为0.5。
>> y1=exp(-0.1*x).*sin(x);
>> y2=exp(-0.1*x).*sin(x+1);
>> plot(x,y1,'--',x,y2,'*')   %设置曲线y1为虚线表示，y2为八字符显示。
```

运行结果如图 8.2.1 所示。

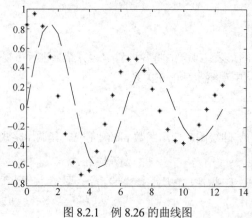

图 8.2.1　例 8.26 的曲线图

2.绘图操作

(1) 多次重叠绘图

如果分别使用函数 plot( )绘制多条曲线,在绘制第二条曲线时若不加命令,那么第一条曲线就会自动消失。为了在一张图中绘制多条曲线,就必须使用"hold"命令。

hold on	%使当前曲线与坐标轴具备不被刷新的功能,即可重叠绘图。
hold off	%使当前曲线与坐标轴取消具备不被刷新的功能。

例 8.27　使用 hold 命令,重新绘制例 8.26 的曲线。

解:在 MATLAB 命令窗口中输入:

```
>> x=0:0.5:4*pi;                   %设置绘制点步长为 0.5。
>> y1=exp(-0.1*x).*sin(x);
>> y2=exp(-0.1*x).*sin(x+1);
>> plot(x,y1,'--');                %绘制曲线 y1。
>> hold on
>> plot(x,y2,'*');                 %在同一图中重叠绘制曲线 y2。
>> hold off
```

运行结果如图 8.2.2 所示。

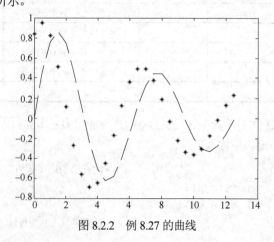

图 8.2.2　例 8.27 的曲线

可以看到,虽然两例曲线都是在同一图中绘制的,但例 8.26 绘制的曲线 y1 是蓝色,曲线 y2 是绿色;而例 8.27 绘制的两条曲线都是蓝色。

（2）多窗口绘图

需要在多个窗口中绘图时，可使用 "figure" 命令。

　　　figure(N)　　　%创建绘图窗口，N 为其序号。

例 8.28　在两个不同窗口中绘制例 8.26 的曲线。

解：在 MATLAB 命令窗口中输入：

```
>> x=0:0.5:4*pi;              %设置绘制点步长为 0.5。
>>y1=exp(-0.1*x).*sin(x);
>>y2=exp(-0.1*x).*sin(x+1);
>> plot(x,y1,'--')
>> figure(2)
>> plot(x,y2,'*')
```

运行结果如图 8.2.3 所示。

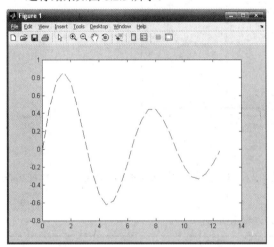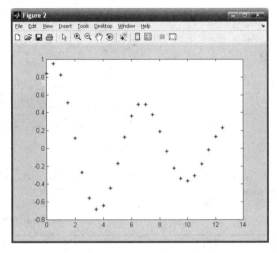

图 8.2.3　例 8.28 的曲线图

　进行多窗口绘图时，应先用 figure(N)命令创建窗口，再绘图。

（3）图形窗口的分割

用户可以在同一个图形窗口中同时显示多幅独立的子图。在 MATLAB 中可以使用函数 subplot( ) 来实现。

　　　subplot(m,n,k)　　%使 m×n 幅子图中的第 k 幅成为当前图。

说明：

① m 为行数，n 为列数，k 为子图编号。编号顺序是自左向右，再自上而下依次排号。

② 使用函数 subplot( )后，若想再使用单幅图，应用命令 "clf" 清除。

③ K 值不能大于 m 和 n 之和。

例 8.29　在同一个图形窗口中绘制例 8.26 的曲线。

解：在 MATLAB 命令窗口中输入：

```
>> x=0:0.5:4*pi;              %设置绘制点步长为 0.5。
>> y1=exp(-0.1*x).*sin(x);
```

```
>> y2=exp(-0.1*x).*sin(x+1);
>> subplot(2,1,1),plot(x,y1,'--')
>> subplot(2,1,2),plot(x,y2,'*')
```

运行结果如图 8.2.4 所示。

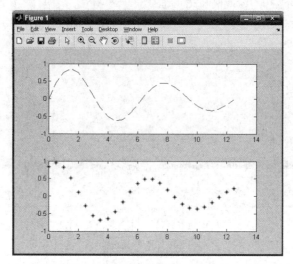

图 8.2.4　例 8.29 中的曲线图

（4）图形注释

MATLAB 提供了丰富的图形注释函数，通过表 8.2.6 中的函数，可以为图形添加标题、标注、网格和图例等。

表 8.2.6　图形注释函数

函数名	功能	函数名	功能
title	为图形添加标题	legend	为图形添加图例
xlabel	为 x 轴添加标注	grid	为图形坐标添加网格
ylabel	为 y 轴添加标注	text	在指定位置添加文本
zlabel	为 z 轴添加标注	gtext	用鼠标在图形上放置文本
annontation	创建特殊注释	colorbar	为图形添加颜色条

说明：

① 函数 annontation( )创建的特殊注释包括：线型、箭头、文本箭头、文本框、矩形及椭圆。

② 命令 grid 的用法为：

```
grid on      %添加坐标网格。
grid off     %去掉网格。
```

例 8.30　为函数 $y_1 = x\sin x$ ，$y_2 = x\cos x$ ，$x \in [0, 4\pi]$ 的图形添加标题、坐标轴标注。

解：在 MATLAB 命令窗口中输入：

```
>> x=0:0.1:4*pi;
>> y1=x.*sin(x);
>> y2=x.*cos(x);
>> plot(x,y1,'-',x,y2,'--')
>> title('曲线 y1=xsinx，曲线 y2=xcosx')      %添加标题。
>> xlabel('x'),ylabel('y')                    %添加坐标轴标注。
```

```
>>legend('第一条','第二条')                              %添加图例。
>> grid on                                             %添加网格线。
```

运行结果如图8.2.5所示。

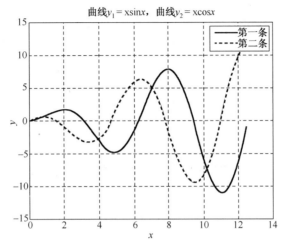

曲线$v_1 = x\sin x$，曲线$v_2 = x\cos x$

图8.2.5　例8.30的曲线图

在MATLAB中也可以使用属性编辑器（Property Editor）来为图形添加标题、坐标轴标注及坐标网格。

选择菜单"Tools｜Edit Plot"后，双击图形窗口内的区域，或选择菜单"View｜Property Editor"，如图8.2.6所示。

图8.2.6　图形窗口属性编辑器

3. 特殊坐标绘图

MATLAB特殊坐标绘图包括对数坐标绘图、极坐标绘图和双纵坐标绘图。

（1）对数坐标绘图

```
semilogx(x,y)         %以 x 轴为对数坐标绘制曲线。
semilogy(x,y)         %以 y 轴为对数坐标绘制曲线。
loglog(x,y)           %以 x、y 轴为对数坐标绘制曲线。
```

例8.31　已知函数$y = \lg x$，试在对数坐标下绘制其曲线图。

解：在MATLAB命令窗口中输入：

```
>> x=1:0.1:20;
>> y=log10(x);
>> loglog(x,y)
```

运行结果如图 8.2.7 所示。

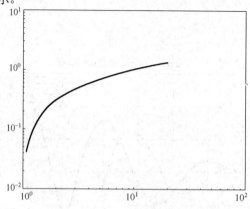

图 8.2.7　例 8.31 的对数坐标曲线图

（2）极坐标绘图

```
polar(theta,rho,'s')            %绘制极坐标图。
```

说明：

① theta 为角度向量；rho 为幅值向量。

② 字符串's'含义与用法请参照 plot( )函数。

例 8.32　应用 MATLAB 绘制三叶玫瑰线 $r = 2\sin 3\theta$ 。

解： 在 MATLAB 命令窗口中输入：

```
>> theta=0:0.1:2*pi;
>> polar(theta,2*sin(3*theta),'--')
```

运行结果如图 8.2.8 所示。

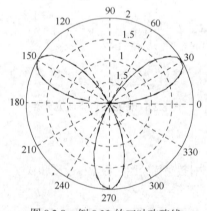

图 8.2.8　例 8.32 的三叶玫瑰线

（3）双纵坐标绘图

```
plotyy(x1,y1,x2,y2)            %在同一个图形窗口以左右不同纵轴绘制两条曲线。
```

说明：左纵轴用于(x1,y1)数据对，右纵轴用于(x2,y2)数据对。

例 8.33　已知函数 $y_1(x) = 200\mathrm{e}^{-0.05x}\sin(x)$ ， $y_2(x) = 0.8\mathrm{e}^{-0.5x}\sin(10x)$ ，且 $x \in [0,20]$ ，使用函数 plotyy( )绘制两条曲线。

解： 在 MATLAB 命令窗口中输入：

```
>> x=0:0.01:20;
>> y1=200*exp(-0.05*x).*sin(x);
>> y2=0.8*exp(-0.5*x).*sin(10*x);
>> plotyy(x,y1,x,y2)
```

运行结果如图 8.2.9 所示。

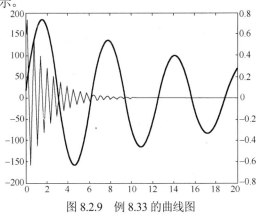

图 8.2.9　例 8.33 的曲线图

4．三维图形的绘制

在 MATLAB 中，三维图形的绘制可分为三维曲线的绘制和三维曲面的绘制。三维曲线的绘制使用函数 plot3( )来实现。

```
plot3(x,y,z,'s')        %绘制三维曲线，x，y，z 分别为三维坐标向量。
```

例 8.34　绘制三维柱面螺旋线。

解：在 MATLAB 命令窗口中输入：

```
>> t=0:pi/50:10*pi;
>> plot3(sin(t),cos(t),t)
>> grid on
```

运行结果如图 8.2.10 所示。

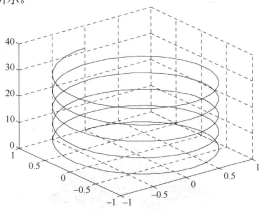

图 8.2.10　例 8.34 的三维柱面螺旋线

使用函数 mesh( )来实现三维曲面网线绘图。

```
mesh(x,y,z)           %绘制三维曲面网线。
```

说明：

① x，y 可以是向量或矩阵。

② 当 x，y 是矩阵时，应先使用函数 meshgrid( )生成绘制三维曲线的坐标矩阵数据。

例 8.35　绘制三维曲面网线。

解：在 MATLAB 命令窗口中输入：

```
>> [x,y]=meshgrid(-8:0.1:8);        %生成 x 坐标与 y 坐标的矩阵数据。
>> r=sqrt(x.^2+y.^2)+eps;
>> z=sin(r)./r;
>> mesh(x,y,z)
```

运行结果如图 8.2.11 所示。

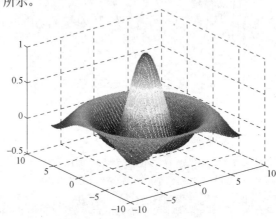

图 8.2.11　例 8.35 的三维曲面网线图

使用函数 surf( )来绘制三维表面图形。

```
surf(x,y,z)        %绘制三维曲面。x，y，z 分别为三维空间的坐标位置矩阵。
```

例 8.36　绘制三维曲面图

解：在 MATLAB 命令窗口中输入：

```
>> [x,y]=meshgrid(-8:0.1:8);
>>r=sqrt(x.^2+y.^2)+eps;
>> z=sin(r)./r;
>> surf(x,y,z)
```

运行结果如图 8.2.12 所示。

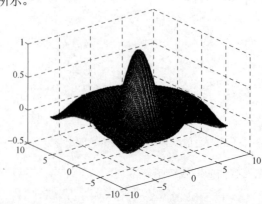

图 8.2.12　例 8.36 的三维曲面图

8.2.6　程序设计基础

到目前为止，例题中所采用的 MATLAB 运行方式都是在其命令窗口中直接输入交互命令行的运行方式。除此之外，M 文件运行方式也是 MATLAB 较常用的一种运行方式。MATLAB 是一种高效的编程语言，它有自身的程序设计要求、格式、语法、设计命令和调试方法等。本小节将简单介绍 MATLAB 的程序设计语言。

1. M 文件

MATLAB 程序设计实质上就是进行 M 文件编程。M 文件具有以下特点：

（1）形式上，MATLAB 程序文件是一个 ASCII码文件，扩展名一律为.m，M 文件的名称由此而来。用一般的文字处理软件（如记事本、写字板等）都可以对 M 文件进行编辑和修改。

（2）M 文件大大扩展了 MATLAB 的能力。MATLAB 一系列工具箱就是用 M 文件构成的。

（3）M 文件的语法与 C 语言十分相似，因此熟悉 C 语言的用户可以很轻松地掌握 MATLAB 的编程技巧。

M 文件又分为 M 脚本文件和 M 函数文件，其文件扩展名均为.m。下面就这两种文件形式进行说明。

M 脚本文件是一种简单的 M 文件，没有输入和输出参数，仅包含一系列 MATLAB 命令的集合，类似于 DOS 下的批处理文件。脚本文件不仅能对工作空间中已存在的变量或文件中新建的变量进行操作，也能将所建的变量及其运行结果保存在工作空间中，以备使用。

M 文件的运行方式也很简单，可以在 MATLAB 命令窗口中输入该脚本文件的文件名，MATLAB 即会自动执行该文件的各条语句。也可以在 M 文件编辑/调试窗口菜单中选择“Debug｜Run”，即可运行该脚本文件。

例 8.37　通过 M 脚本文件绘制玫瑰花瓣图形。

解：① 编写 M 脚本文件，存储文件名为 C8_2_1.m，如图 8.2.13 所示。

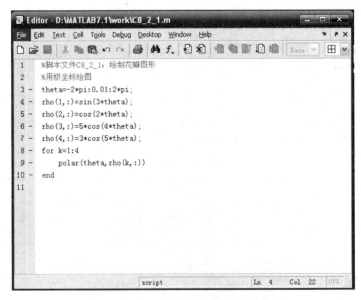

图 8.2.13　C8_2_1 文件的 M 文件编辑/调试窗口

② 运行 M 脚本文件，结果如图 8.2.14 所示。

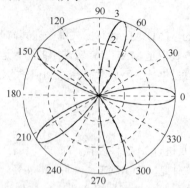

图 8.2.14　例 8.36 的玫瑰花瓣图

M 函数文件区别于 M 脚本文件就是在 M 文件的第一行包含函数声明行。每一个 M 文件都定义了一个函数。实际上，MATLAB 提供的函数命令大部分都是由 M 函数文件定义的。

M 函数文件的基本结构如下：

- 函数声明行 　　　　　%function [输出变量列表]=函数名(输入变量列表)
- H1 行 　　　　　　　%用%开头，注释说明，可省略
- 在线帮助文本 　　　　%用%开头，注释说明，可省略
- 函数体 　　　　　　　%一条或若干条 MATLAB 命令

① 函数声明行是 M 函数文件必须有的，且函数名和文件名必须一致。若两者不一致，MATLAB 以文件名为准。

② H1 行用来概要说明该函数的功能，提供给 help 在线帮助使用或 lookfor 查询关键词。

2．变量和数据结构

M 文件中的变量分为全局变量（global variable）和局部变量（local variable）。全局变量的作用域是整个 MATLAB 工作空间，通过 "global" 命令来定义。其格式为：

```
Global x y z          %定义全局变量x，y和z
```

 由于全局变量在任何定义过的函数中都可以修改，因此不提倡使用全局变量。使用时建议把全局变量的定义放在函数体的开始，并用大写字母命名。

局部变量的作用域是函数文件所在的区域，其他函数文件无法调用。局部变量仅在其所在的函数文件运行时作用，该函数文件一旦运行结束，局部变量也就自动消失了。

MATLAB 的数据类型一共有九种，如表 8.2.7 所示。

表 8.2.7　数据类型及描述

数据类型	基本描述
数值型（Numeric Types）	包括：整型、实型、复数、不定值、无穷大以及数据显示格式
逻辑型（Logical Types）	包括：逻辑真（true）和逻辑假（false）
字符和字符串（Characters and Strings）	包括：字符、字符串、字符串元胞数组；字符串的比较、搜寻、替换及转换
日期和时间（Dates and Times）	包括：日期字符串、日期向量、日期类型转换及输出显示格式
结构体（Structuers）	可存储不同类型的数据
元胞数组（Cell Arrays）	矩阵的直接扩展
函数句柄（Function Handles）	用于间接访问函数的句柄
MATLAB 类（MATLAB Classes）	创建用户自己的 MATLAB 数据类型
Java 类（Java Classes）	使用 Java 程序设计语言生成 Java 类

3. 流程控制语句

MATLAB 提供了简明的流程控制语句供用户进行程序设计，主要有循环结构、条件结构、开关结构以及试探结构，这里仅作简要介绍。

（1）for 循环语句

格式为：

```
for 循环控制变量=（循环次数设定）
        循环体
end
```

说明：

① 设定循环次数可以是数值，也可以是数组。定义格式为：

$$初始值：步长：终值$$

② 和 C 语言类似，for 语句可嵌套。

例 8.38 使用 for 语句计算 1+3+5+...+100 的值。

解：在 M 文本编辑器中输入：

```
%C8_2_2
sum=0;
for n=1:2:100
sum=sum+n
end
```

运行结果为：

```
sum =
        2500
```

（2）while 循环语句

格式为：

```
while 循环判断语句
        循环体
end
```

说明：

① 循环判断语句为某种形式的逻辑判断表达式。

② While 语句不能设定循环次数。

例 8.39 使用 while 语句重新计算例 8.37。

解：在 M 文件编辑器中输入：

```
%C8_2_3
sum=0;
n=1;
while n<=100
        sum=sum+n
        n=n+2
    end
```

运行结果为：

```
sum =
```

```
          2500
     n =
          101
```

（3）if-else-and 语句

格式为：

```
     if    逻辑判断语句
          执行语句 1
     else
          执行语句 2
     end
```

if 语句还有 if-end 及其嵌套形式，使用方法和 C 语言相似，这里不再赘述。

（4）switch-case 语句

格式为：

```
     switch    选择判断量
          case 选择判断值 1
                选择判断语句
          case 选择判断值 2
                选择判断语句
          ⋮
     otherwise
          判断执行语句
     end
```

8.3　基于 MATLAB 控制系统的数学模型分析

反馈系统的数学模型在系统分析和设计中起着很重要的作用，基于系统的数学模型，可以用比较系统的方法对其进行分析。同时，一些系统的方法也是基于数学模型的，这就使得控制系统的模型问题显得十分重要。

8.3.1　数学模型的建立

自动控制系统有很多种分类方法，如线性系统和非线性系统、连续系统和离散系统、定常系统和时变系统等。自动控制理论中用到的数学模型也有很多种形式，时域中常用的数学模型有微分方程、差分方程和状态空间模型；复域中常用的数学模型有传递函数、结构图和信号流图；频域中常用的数学模型有频率特性等。本节主要介绍 MATLAB 在线性定常系统数学模型中的应用。

MATLAB 的控制系统工具箱（Control System Toolbox）提供了建立和转换线性定常系统数学模型的方法。

1．传递函数（Transfer Function，TF）模型

在 MATLAB 中，使用函数 tf( )建立或转换控制系统的传递函数模型，其功能和主要格式如下。

功能：生成线性定常连续/离散系统的传递函数模型，或者将状态空间模型或零极点增益模型转换为传递函数模型。

格式：

```
     sys=tf(num,den)        %生成传递函数模型 sys
```

```
sys=tf(num,den,Ts)          %生成离散时间系统的脉冲传递函数模型 sys
sys=tf('s')                 %指定传递函数模型以拉氏变换算子 s 为自变量
sys=tf('z',Ts)              %指定脉冲传递函数模型以 Z 变换算子 z 为自变量，以 Ts 为采样周期
tfsys=tf(sys)               %将任意线性定常系统 sys 转换为传递函数模型 tfsys
```

说明：

① 对于 SISO 系统，num 和 den 分别为传递函数的分子向量和分母向量；对于 MIMO 系统，num 和 den 为行向量的元胞数组，其行数与输出向量的维数相同，列数与输入向量的维数相同。

② T_s 为采样周期，若系统的采样周期未定义，则设置 $T_s = -1$ 或 $T_s = [\ ]$。

③ 缺省情况下，生成连续时间系统的传递函数模型，以拉氏变换算子 s 为自变量。

例 8.3.1　已知控制系统的传递函数为 $G(s) = \dfrac{s+1}{s^3 + 2s + 3}$，用 MATLAB 建立其数学模型。

解：（1）生成连续时间传递函数模型

① 在 MATLAB 命令窗口中输入：

```
>>num=[1 1];
>>den=[1 0 2 3];
>> sys=tf(num,den)
```

运行结果为：

```
Transfer function:
     s + 1
-------------
s^3 + 2 s + 3
```

② 直接生成传递函数模型：

```
>> sys=tf([1 1],[1 0 2 3])
```

运行结果为：

```
Transfer function:
     s + 1
-------------
s^3 + 2 s + 3
```

③ 指定使用拉氏算子 s 生成传递函数：

```
>> s=tf('s');
>> G=(s+1)/(s^3+2*s+3)
```

运行结果为：

```
Transfer function:
   s + 1
-------------
s^3 + 2 s + 3
```

（2）生成离散时间系统传递函数

① 指定采样周期为 0.1s：

```
>> num=[1 1];
>> den=[1 0 2 3];
```

```
>> sys=tf(num,den,0.1)
```

运行结果为：

```
Transfer function:
    z + 1
-------------
z^3 + 2 z + 3
Sampling time: 0.1
```

② 未指定采样周期：

```
>> sys=tf(num,den,-1)
```

运行结果为：

```
Transfer function:
    z + 1
-------------
z^3 + 2 z + 3
 Sampling time: unspecified
```

③ 指定使用 Z 变换算子生成脉冲传递函数模型，采样周期为 0.1s：

```
>> s=tf('z',0.1);
>> G=(s+1)/(s^3+2*s+3)
```

运行结果为：

```
Transfer function:
    z + 1
-------------
z^3 + 2 z + 3
 Sampling time: 0.1
```

例 8.3.2　设 MIMO 系统的传递函数矩阵为 $G(s) = \begin{bmatrix} \dfrac{s+1}{s^3+2s+3} \\ \dfrac{1}{s} \end{bmatrix}$，应用 MATLAB 建立其连续时间

数学模型。

解：建立 MIMO 系统的模型主要有以下两种方法。

① 分别建立传递函数矩阵中的每一个传递函数模型：

```
>> G=[tf([1 1],[1 0 2 3]);tf([1],[1 0])]
```

运行结果为：

```
Transfer function from input to output...
         s + 1
 #1: -------------
     s^3 + 2 s + 3
     1
 #2: -
     s
```

② 由传递函数的系数组成元胞数组：

```
>> num={[1 1];1};
>> den={[1 0 2 3];[1 0]};
>> G=tf(num,den)
```

运行结果为：

```
Transfer function from input to output...
        s + 1
 #1:  -------------
      s^3 + 2 s + 3
      1
 #2:  -
      s
```

 描述传递函数 G(s)=1/s 时，den=[1,0]，而不是 den=[1]。

2．状态空间（State-Space，SS）模型

在 MATLAB 中，使用函数 ss( )建立或转换控制系统的状态空间模型。其主要功能和格式如下。

功能：生成线性定常/离散系统的状态空间模型，或者将传递函数模型或零极点增益模型转换为状态空间模型。

格式：

```
sys=ss(a,b,c,d)       %生成线性定常连续系统的状态空间模型 sys
sys=ss(a,b,c,d,Ts)    %生成离散系统的状态空间模型
sys_ss=ss(sys)        %将任意线性定常系统 sys 转换为状态空间模型
```

说明：

① a、b、c、d 分别对应系统矩阵、输入矩阵、输出矩阵和前馈矩阵。

② T_s 为采样周期。若采样周期未定义，则指定 $T_s=-1$ 或 $T_s=[\ ]$。

③ 若前馈矩阵 D = 0，则在建立状态空间模型时，必须根据输入变量和输出变量的维数确定零矩阵 D 的维数。

例 8.3.3　线性定常系统的状态空间表达式为：

$$\dot{x} = \begin{bmatrix} 0 & 1 & 0 \\ 0 & 0 & 1 \\ -3 & -2 & 0 \end{bmatrix} x + \begin{bmatrix} 0 \\ 0 \\ 1 \end{bmatrix} u$$

$$y = \begin{bmatrix} 1 & 0 & 0 \end{bmatrix} x$$

应用 MATLAB 建立其状态空间模型，最后将离散时间系统状态空间模型转换为传递函数模型。

解：① 建立连续时间系统状态空间模型：

```
>> a=[0 1 0;0 0 1;-3 -2 0];b=[0;0;1];c=[1 1 0];d=0;
>> sys=ss(a,b,c,d)
```

运行结果为：

```
a =
      x1  x2  x3
```

```
      x1   0   1   0
      x2   0   0   1
      x3  -3  -2   0
   b =
           u1
      x1   0
      x2   0
      x3   1
   c =
           x1  x2  x3
      y1   1   1   0
   d =
           u1
      y1   0
   Continuous-time model.
```

② 建立离散时间系统状态空间模型，并指定采样周期为 0.1s：

```
   >> sys=ss(a,b,c,d,0.1)
```

运行结果为：

```
   a =
           x1  x2  x3
      x1   0   1   0
      x2   0   0   1
      x3  -3  -2   0
   b =
           u1
      x1   0
      x2   0
      x3   1
   c =
           x1  x2  x3
      y1   1   1   0
   d =
           u1
      y1   0
   Sampling time: 0.1
   Discrete-time model.
```

③ 将离散时间系统状态空间模型转换为传递函数模型：

```
   >> sys2=tf(sys)
```

运行结果为：

```
   Transfer function:
              z + 1
   -----------------------------
   z^3 - 1.11e-015 z^2 + 2 z + 3
    Sampling time: 0.1
```

例 8.3.4　线性定常系统的传递函数矩阵为 $G(s) = \begin{bmatrix} \dfrac{s+1}{s^3+3s^2+3s+2} \\ \dfrac{s^2+3}{s^2+s+1} \end{bmatrix}$，应用 MATLAB 建立其状态空间模型。

解：在 MATLAB 命令窗口中输入：

```
>> G=[tf([1 1],[1 3 3 2]);tf([1 0 3],[1 1 1])];
>> ss(G)
```

运行结果为：

```
a =
        x1    x2    x3    x4    x5
   x1   -3   -1.5   -1    0     0
   x2    2    0     0     0     0
   x3    0    1     0     0     0
   x4    0    0     0    -1    -1
   x5    0    0     0     1     0
b =
        u1
   x1   1
   x2   0
   x3   0
   x4   2
   x5   0
c =
        x1    x2    x3    x4    x5
   y1   0    0.5   0.5    0     0
   y2   0    0     0    -0.5    1
d =
        u1
   y1   0
   y2   1
Continuous-time model.
```

3. 零极点增益（Zero-Pole-Gain，ZPK）模型

在 MATLAB 中，使用函数 zpk( )建立或转换线性定常系统的零极点增益模型。其主要功能和格式如下。

功能：建立线性定常连续/离散系统的零极点增益模型，或者将传递函数模型或状态空间模型转换成零极点增益模型。

格式：

```
sys=zpk(z,p,k)        %建立连续系统的零极点增益模型 sys
sys=zpk(z,p,k,Ts)     %建立离散系统的零极点增益模型 sys
sys=zpk('s')          %指定零极点增益模型以拉氏变换算子 s 为自变量
sys=zpk('z')          %指定零极点增益模型以 z 变换算子为自变量
zsys=zpk(sys)         %将任意线性定常系统模型 sys 转换为零极点增益模型
```

说明：

① z，p，k 分别对应系统的零点向量、极点向量和增益；

② 若系统不包含零点（或极点），则取 z = [ ]（或 p = [ ]）；

③ T_s 为采样周期。若采样周期未定义，则指定 $T_s = -1$ 或 $T_s = [\ ]$。

例 8.3.5 线性定常连续系统的传递函数为 $G(s) = \dfrac{10(s+1)}{s(s+2)(s+5)}$，应用 MATLAB 建立其零极点增益模型。

解：① 建立连续时间系统模型：

```
>> z=[-1];p=[0 -2 -5];k=10;
>> zpk(z,p,k)
```

运行结果为：

```
Zero/pole/gain:
  10 (s+1)
-------------
s (s+2) (s+5)
```

② 建立离散时间系统模型，并指定采样周期为 0.1s：

```
>> zpk(z,p,k,0.1)
```

运行结果为：

```
Zero/pole/gain:
  10 (z+1)
-------------
z (z+2) (z+5)
```

③ 建立离散时间系统模型，不指定采样周期，且自变量按 z^{-1} 排列。

```
>> zpk(z,p,k,-1,'variable','z^-1')
```

运行结果为：

```
Zero/pole/gain:
 10 z^-2 (1+z^-1) ·
--------------------
(1+2z^-1) (1+5z^-1)
```

例 8.3.6 线性定常连续系统的传递函数为 $G(s) = \dfrac{s+1}{s^3 + 2s + 3}$，应用 MATLAB 建立其零极点增益模型。

解：在 MATLAB 命令窗口中输入：

```
>> sys1=tf([1 1],[1 0 2 3]);
>> sys2=zpk(sys1)
```

运行结果为：

```
Zero/pole/gain:
      (s+1)
--------------------
(s+1) (s^2 - s + 3)
```

4. 频率响应数据（Frequency Response Date，FRD）模型

在 MATLAB 中，使用函数 frd( )建立控制系统的频率响应数据模型。其主要功能和格式如下。

功能：建立频率响应数据模型或者将其他线性定常系统模型转换为频率响应数据模型。

格式：

```
sys=frd(response,frequency)              %建立频率响应数据模型 sys。
sys=frd(response,frequency,Ts)           %建立离散系统频率响应数据模型 sys。
sysfrd=frd(sys,frequency,'Units',units)  %将其他数学模型 sys 转换为频率响应数据模
                                         %型，并指定 frequency 的单位（'Units'）
                                         %为 units。
```

说明：

① response 为存储频率响应数据模型的多维元胞；frequency 为频率向量，缺省时单位为 rad/s。

② 频率响应数据模型可以由其他三种模型转换得到，但是不能将频率响应数据模型转换为其他类型的数学模型。

③ T_s 为采样周期。若采样周期未定义，则指定 $T_s = -1$ 或 $T_s = [\ ]$。

例 8.3.7 设系统的传递函数为 $G(s) = \dfrac{s+1}{s^3 + 2s + 3}$，计算当频率在 $10^{-1} \sim 10^2$ 之间取值的频率响应数据模型。

解： 若将频率的单位设定为赫兹（Hz），在 MATLAB 命令窗口中输入：

```
>> sys=tf([1 1],[1 0 2 3]);
>> fre=0.1:100;                  %设定频率在 0.1～100 之间
>> sysfrd=frd(sys,fre,'Units','HZ')
```

运行结果为：

```
From input 1 to:
  Frequency(Hz)           output 1
  -------------           --------
        0.1        0.362746 + 8.748598e-002i
        1.1       -0.021817 + 3.368143e-003i
        2.1       -0.005810 + 4.480484e-004i
        3.1       -0.002650 + 1.371227e-004i
        ···（省略中间部分结果）
       95.1       -0.000003 + 4.687323e-009i
       96.1       -0.000003 + 4.542513e-009i
       97.1       -0.000003 + 4.403607e-009i
       98.1       -0.000003 + 4.270307e-009i
       99.1       -0.000003 + 4.142333e-009i
Continuous-time frequency response data model.
```

5. 模型参数的获取

在 MATLAB 中可以使用下列函数来获取几种数学模型的参数，而不用进行模型之间的转换。这些函数的主要功能和格式如下：

tfdata( )	[num,den]=tfdata(sys)	%得到传递函数模型参数
	[num,den,Ts]=tfdata(sys)	

ssdata( )	[a,b,c,d]=ssdata(sys)	%得到状态空间模型参数
	[a,b,c,d,T_s]=ssdata(sys)	
zpkdata( )	[z,p,k]=zpkdata(sys)	%得到零极点增益模型参数
	[z,p,k,T_s,T_d]=zpkdata(sys)	
frddata( )	[res,fer]=frddata(sys)	%得到频率响应数据模型参数
	[res,fer,T_s]=frddata(sys)	

例 8.3.8　设系统的传递函数为 $G(s)=\dfrac{s+1}{s^3+2s+3}$，试求其零点向量、极点向量和增益等参数。

解：在 MATLAB 命令窗口中输入：

```
>> num=[1 1];den=[1 0 2 3];
>> [z,p,k]=zpkdata(tf([num],[den]))
```

运行结果为：

```
z =
    [-1]
p =
    [3x1 double]
k =
    1
```

8.3.2　数学模型的转换

在实际应用过程中，常常需要对现有的数学模型进行转换。线性系统模型的不同描述方法之间存在内在的等效关系，因此可以相互转换。MATLAB 提供了模型转换函数。使用模型转换函数可以实现连续时间模型和离散时间模型之间的转换以及离散时间模型的重新采样。

1. 连续时间模型和离散时间模型的相互转换

在 MATLAB 中，使用函数 c2d( )将连续时间模型转换为离散时间模型。其格式如下。

```
sysd=c2d(sys,Ts)              %以采样周期 Ts 将线性定常连续系统 sys 离散化
sysd=c2d(sys,Ts,method)       %以字符串 "method" 指定的离散化方法将线性定常连续系统离散化
```

说明：

① method 字符串包括：(a) 'zoh'，零阶保持器；(b) 'foh'，一阶保持器；(c) 'tustin'，图斯汀变换；(d) 'matched'，零极点匹配法未指定离散方法时，采用零阶保持器离散方法。

② 零极点匹配法仅支持 SISO 系统，其他方法既可支持 SISO 系统，也可支持 MIMO 系统。

例 8.3.9　连续时间系统传递函数为 $G(s)=\dfrac{s+1}{s^3+2s+3}e^{-0.35s}$，将其按采样周期 0.1s 以一阶保持器方法离散化。

解：在 MATLAB 命令窗口中输入：

```
>> sys=tf([1 1],[1 0 2 3],'inputdelay',0.35);
>> G=c2d(sys,0.1,'foh')
```

运行结果为：

```
Transfer function:
         0.0002109 z^4 + 0.004773 z^3 + 0.0005981 z^2 - 0.004378 z - 0.0002057
z^(-3) * -------------------------------------------------------------------
                     z^4 - 2.979 z^3 + 2.982 z^2 - z
```

在 MATLAB 中，使用 d2c( )函数将离散时间模型转换为连续时间模型。其格式如下：

```
sysc=d2c(sysd)           %将线性定常离散模型 sysd 转换为连续时间模型 sys。
sysc=d2c(sysd,method)    %用字符串 "method" 指定的方法将线性定常离散模型 sysd 转换为
                         %连续时间模型 sysc。
```

说明："method" 字符串含义和函数 c2d( )中的相同。

例 8.3.10　线性定常离散系统的脉冲传递函数为 $G(s)=\dfrac{z-1}{z^2+z+0.3}$ ，采样周期 T_s=0.1s。采用零阶保持器法将其转换为连续时间模型。

　　解：在 MATLAB 命令窗口中输入：

```
>> sysd=tf([1,-1],[1 1 0.3],0.1);
>> sysc=d2c(sysd)
```

运行结果为：

```
Transfer function:
121.7 s - 3.215e-012
--------------------
s^2 + 12.04 s + 776.7
```

2．传递函数模型和状态空间模型的相互转换

在 MATLAB 中使用函数 tf2ss( )将传递函数模型转换为状态空间模型。其格式如下：

```
[a,b,c,d]=tf2ss(num,den)    %将分子向量为 num 和分母向量为 den 的传递函数模型转换为
                            %状态空间模型(a,b,c,d)
```

例 8.3.11　线性定常连续系统传递函数为 $G(s)=\dfrac{\begin{bmatrix}1\\s\\s^2\end{bmatrix}}{s^3+2s+3}$ ，应用 MATLAB 将其转换为状态空间模型。

　　解：在 MATLAB 命令窗口中输入：

```
>> num=[0 0 3;0 1 0;1 0 0];
>> den=[1 0 2 3];
>> [a,b,c,d]=tf2ss(num,den)
```

运行结果为：

```
a =
    0   -2   -3
    1    0    0
    0    1    0
b =
    1
    0
    0
c =
    0    0    3
    0    1    0
```

```
      1    0    0
d =
      0
      0
      0
```

 分子矩阵中必须保持每行元素的元素个数相等，不相等的必须添加 0。

在 MATLAB 中使用函数 ss2tf( ) 将状态空间模型转换为传递函数模型。其格式如下：

```
[num,den]=ss2tf(a,b,c,d,iu)   %将状态空间模型(a,b,c,d)转换为分子向量为 num、分母向
                              %量为 den 的传递函数模型，并得到第 iu 个输入向量至全部
                              %输出之间的传递函数参数。
```

例 8.3.12　线性定常系统的状态空间模型为：

$$\dot{x} = \begin{bmatrix} 0 & 1 & 0 \\ 0 & 0 & 1 \\ -3 & -2 & 0 \end{bmatrix} x + \begin{bmatrix} 0 \\ 0 \\ 1 \end{bmatrix} u$$

$$y = \begin{bmatrix} 1 & 0 & 0 \end{bmatrix} x$$

应用 MATLAB 将其转换为传递函数模型。

解：在 MATLAB 命令窗口中输入：

```
>> a=[0 1 0;0 0 1;-3 -2 0];b=[0;0;1];c=[1 1 0];d=0;
>> [num,den]=ss2tf(a,b,c,d,1)
```

运行结果为：

```
num =
       0    0.0000    1.0000    1.0000
den =
   1.0000   -0.0000    2.0000    3.0000
```

3. 传递函数模型和零极点增益模型的相互转换

在 MATLAB 中使用函数 tf2zp( ) 将传递函数模型转换为零极点增益模型。其格式如下：

```
[z,p,k]=tf2zp(num,den)   %将分子向量为 num 和分母向量为 den 的传递函数模型转换为零点
                         %向量为 z、极点向量为 p、增益为 k 的零极点增益模型。
```

例 8.3.13　线性定常离散时间系统的脉冲传递函数为 $G(z) = \dfrac{2z+1}{z^3 + z^2 - z - 1}$，应用 MATLAB 将其转换为零极点增益模型。

解：在 MATLAB 命令窗口中输入：

```
>> num=[2 1];den=[1 1 -1 -1];
>> [z,p,k]=tf2zp(num,den)
```

运行结果为：

```
z =
   -0.5000
p =
```

```
      1.0000
     -1.0000 + 0.0000i
     -1.0000 - 0.0000i
  k =
        2
```

在 MATLAB 中使用函数 zp2tf( )将零极点增益模型转换为传递函数模型。其格式如下：

> [num,den]=zp2tf(z,p,k)　　%将零点向量为 z、极点向量为 p、增益为 k 的零极点增益模型转换
> 　　　　　　　　　　　　　　%为分子向量为 num、分母向量为 den 的传递函数模型。

例 8.3.14　线性定常系统的零极点增益模型为 $G(s)=\dfrac{s(s+5)(s+6)}{(s+3+4i)(s+3-4i)(s+1)(s+2)}$，应用
MATLAB 将其转换为传递函数模型。

　　解：在 MATLAB 命令窗口中输入：

```
>> z=[-6;-5;0];p=[-3+4i;-3-4i;-2;-1];k=1;
>> [num,den]=zp2tf(z,p,k)
```

运行结果为：

```
  num =
       0     1    11    30     0
  den =
       1     9    45    87    50
```

　注意，z 和 p 为列向量。

4．状态空间模型和零极点增益模型的相互转换

在 MATLAB 中使用函数 ss2zp( )将状态空间模型转换为零极点增益模型。其格式如下：

> [z,p,k]=ss2zp(a,b,c,d,iu)　　%将状态空间模型(a,b,c,d)转换为零点向量为 z、极点向量
> 　　　　　　　　　　　　　　　%为 p、增益为 k 的零极点增益模型，并得到第 iu 个输入向量
> 　　　　　　　　　　　　　　　%至全部输出之间的零极点增益模型的参数。

例 8.3.15　线性定常系统的状态空间模型为：

$$\dot{x}=\begin{bmatrix} 0 & 1 & 0 & 0 \\ 0 & 0 & 1 & 0 \\ 0 & 0 & 0 & 1 \\ 0 & 0 & 5 & 0 \end{bmatrix}x+\begin{bmatrix} 0 \\ 1 \\ 0 \\ -2 \end{bmatrix}u$$

$$y=\begin{bmatrix} 1 & 0 & 0 & 0 \end{bmatrix}x$$

应用 MATLAB 将其转换为零极点增益模型。

　　解：在 MATLAB 命令窗口中输入：

```
a=[0 1 0 0;0 0 1 0;0 0 0 1;0 0 5 0];b=[0;1;0;-2];
c=[1 0 0 0];d=0;
[z,p,k]=ss2zp(a,b,c,d,1)
```

运行结果为：

```
  z =
```

```
   -2.6458
    2.6458
p =
         0
         0
    2.2361
   -2.2361
k =
    1
```

在 MATLAB 中使用函数 zp2ss( )将零极点增益模型转换为状态空间模型。其格式如下：

```
[a,b,c,d]=zp2ss(z,p,k)    %将零点向量为 z、极点向量为 p、增益为 k 的零极点增益模型转换
                          %为状态空间模型(a,b,c,d)。
```

例 8.3.16　线性定常系统的零极点增益模型为 $G(s)=\dfrac{s(s+5)(s+6)}{(s+3+4i)(s+3-4i)(s+1)(s+2)}$ ，应用 MATLAB 将其转换为状态空间模型。

解： 在 MATLAB 命令窗口中输入：

```
>> z=[-6;-5;0];p=[-3+4i;-3-4i;-2;-1];k=1;
>> [a,b,c,d]=zp2ss(z,p,k)
```

运行结果为：

```
a =
   -3.0000   -1.4142         0         0
    1.4142         0         0         0
    1.0000         0   -6.0000   -5.0000
         0         0    5.0000         0
b =
    1
    0
    0
    0
c =
    1    0    5    1
d =
    0
```

5. 离散时间系统的重新采样

在 MATLAB 中使用函数 d2d( )对离散时间系统进行重新采样，得到新采样周期下的离散时间系统模型。其格式如下：

```
sys2=d2d(sys1,Tₛ)    %将离散时间模型 sys1 按照新的采样周期 Tₛ 重新采样得到离散时间模型 sys2。
```

例 8.3.17　线性定常离散系统的脉冲传递函数为 $G(z)=\dfrac{z-1}{z^2+z+0.3}$ ，应用 MATLAB 将其采样周期由 $T_s=0.1s$ 转变成 $T_s=0.5s$。

解： 在 MATLAB 命令窗口中输入：

```
>> sys1=tf([1 -1],[1 1 0.3],0.1);
>> sys2=d2d(sys1,0.5)
```

运行结果为：

```
Transfer function:
   0.19 z - 0.19
---------------------
z^2 - 0.05 z + 0.00243
 Sampling time: 0.5
```

8.3.3　数学模型的连接

一般情况下，一个控制系统往往是两个或者更多的简单系统采用串联、并联或反馈等形式连接而成的。MATLAB 的控制系统工具箱提供了大量的控制系统或环节的数学模型连接函数，可以进行系统的串联、并联和反馈等连接。

> **关键词：优先原则**
>
> 不同形式的数学模型连接时，MATLAB 根据优先原则以确定连接后得到的数学模型形式。
>
> 对于常用的几种数学模型，MATLAB 确定的优先层级由高到低依次为：频率响应数据模型 > 状态空间模型 > 零极点增益模型 > 传递函数模型。就是说，如果连接的数学模型中至少有一个是频率响应数据模型，无论其他系统（或环节）是何种数学模型，那么最后得到的数学模型一定是频率响应数据模型。其他可依次类推。

1. 串联连接

串联连接：两个系统（或环节）sys1、sys2 进行连接时，如果 sys1 的输出量作为 sys2 的输入量，则该系统（或环节）称为串联连接，如图 8.3.1 所示。

串联连接分为 SISO 系统和 MIMO 系统两种形式。这里只简单介绍 SISO 系统的串联连接。MATLAB 中使用函数 series( )实现模型的串联连接，其格式如下：

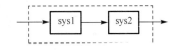

图 8.3.1　串联连接的基本方式

```
sys=series(sys1,sys2)    %将系统 sys1 和 sys2 进行串联连接。
```

说明：

① 此串联方式相当于 sys=sys1×sys2；

② sys1 和 sys2 为不同形式的数学模型时，按优先原则确定。

例 8.3.18　设两个采样周期均为 $T_s = 0.1s$ 的离散系统脉冲传递函数分别为：$G_1(z) = \dfrac{z^2 + 3z + 2}{z^4 + 3z^3 + 5z^2 + 7z + 3}$，$G_2(z) = \dfrac{10}{(z+2)(z+3)}$，求将它们串联连接后得到的脉冲传递函数。

解： 根据优先原则，传递函数模型和零极点增益模型两种形式的系统连接时，最后将得到零极点增益模型形式。

```
>> G1=tf([1 3 2],[1 3 5 7 3],0.1);
>> G2=zpk([],[-2,-3],10,0.1);
>> G=series(G1,G2)
```

运行结果为：

```
Zero/pole/gain:
              10 (z+2) (z+1)
```

```
---------------------------------------------------------------
(z+2) (z+1.869) (z+3) (z+0.6245) (z^2  + 0.5063z + 2.57)
 Sampling time: 0.1
```

2. 并联连接

两个系统（或环节）sys1、sys2 进行连接时，如果它们具有相同的输入量，且输出量是 sys1 输出量和 sys2 输出量的代数和，则该系统（或环节）称为并联连接，如图 8.3.2 所示。

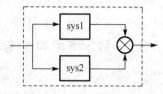

并联连接也分为 SISO 系统和 MIMO 系统，这里只简单介绍 SISO 系统。在 MATLAB 中使用函数 parallel( )实现模型的并联连接，其格式如下：

图 8.3.2　并联连接的基本方式

> sys=parallel(sys1,sys2)　%将系统 sys1 和 sys2 进行并联连接。

说明：

① 此并联连接方式相当于 sys=sys1+sys2；

② sys1 和 sys2 为不同形式的数学模型时，按优先原则确定。

例 8.3.19　设两个采样周期均为 $T_s=0.1s$ 的离散系统脉冲传递函数分别为 $G_1(z) = \dfrac{z^2 + 3z + 2}{z^4 + 3z^3 + 5z^2 + 7z + 3}$，$G_2(z) = \dfrac{10}{(z+2)(z+3)}$，求将它们并联连接后得到的脉冲传递函数。

解：根据优先原则，最后得到的是零极点增益模型形式。

```
>> G1=tf([1 3 2],[1 3 5 7 3],0.1);
>> G2=zpk([],[-2,-3],10,0.1);
>> G=parallel(G1,G2)
```

运行结果为：

```
Zero/pole/gain:
  11 (z+1.869) (z+0.6673) (z^2  + 0.9178z + 3.061)
---------------------------------------------------------------
(z+1.869) (z+2) (z+3) (z+0.6245) (z^2  + 0.5063z + 2.57)
 Sampling time: 0.1
```

3. 反馈连接

两个系统（或环节）按照图 8.3.3 所示的方式连接称为反馈连接。它也分为 SISO 系统和 MIMO 系统，这里只介绍 SISO 系统。

在 MATLAB 中使用函数 feedback( )实现模型的反馈连接，其格式如下：

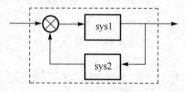

图 8.3.3　反馈连接的基本形式

> sys=feedback(sys1,sys2,sign)　　%按字符串"sign"指定的反馈方式将系统 sys1 和 sys2
> 　　　　　　　　　　　　　　　　%进行反馈连接。

说明：

① 字符串"sign"用来指定反馈的极性，sign=+1 为正反馈，sign=-1 为负反馈；

② 字符串"sign"可缺省，缺省时为负反馈连接；

③ 系统 sys 的输入和输出向量维数分别与系统 sys1 相同；

④ 系统 sys1 和 sys2 为不同形式的数学模型时，遵循优先原则。

例 8.3.20　设两个线性定常系统的传递函数分别为 $G_1(s) = \dfrac{1}{s^2 + 2s + 1}$, $G_2(s) = \dfrac{1}{s + 1}$,求将它们反馈连接后的传递函数。

解：在 MATLAB 命令窗口中输入：

```
>> G1=tf(1,[1 2 1]);
>> G2=tf(1,[1 1]);
>> G=feedback(G1,G2)
```

运行结果为：

```
Transfer function:
      s + 1
---------------------
s^3 + 3 s^2 + 3 s + 2
```

8.4　基于 MATLAB 控制系统的运动响应分析

8.4.1　零输入响应分析

系统的输出响应由零输入响应和零状态响应组成。零输入响应是指系统的输入信号为零，系统的输出由初始状态产生的响应。

在 MATLAB 中，使用函数 initial( ) 和 dinitial( ) 分别计算线性定常连续时间系统状态空间模型和离散时间状态空间模型的零输入响应。其主要功能和格式如下：

（1）函数 initial( )：求线性连续时间系统状态空间模型的零输入响应。

```
initial(sys1,…,sysN,x0)       %同一个图形窗口内绘制多个系统 sys1,…,sysN 在初始条件
                              %x0 作用下的零输入响应。
initial(sys1,…,sysN,x0,T)     %指定响应时间 T。
Initial(sys1,'PlotStyle1',…,sysN,' PlotStyleN',x0)   %在同一个图形窗口绘制多
                                                     %个连续系统的零输入响应曲线，并指定曲线的属性 PlotStyle。
[y,t,x]=initial(sys,x0)       %不绘制曲线，得到输出向量、时间和状态变量响应的数据值。
```

说明：

① 线性定常连续系统 sys 必须是状态空间模型。

② x0 为初始条件。

③ T 为终止时间点，由 t=0 开始，至 T 秒结束。可省略，缺省时由系统自动确定。

④ y 为输出向量；t 为时间向量，可省略；x 为状态向量，可省略。

例 8.4.1　已知单位负反馈控制系统的开环传递函数为 $G(s) = \dfrac{100}{s(s+10)}$ ，应用 MATLAB 求其初始条件为 $[1 \quad 2]$ 时的零输入响应。

解：在 MATLAB 命令窗口中输入：

```
>> G1=tf([100],[1 10 0]);
>> G=feedback(G1,1,-1);        %使用函数 feedback( ) 进行反馈连接
>> GG=ss(G);                   %将传递函数模型转换为状态空间模型
>> initial(GG,[1 2])
```

运行结果如图 8.4.1 所示。

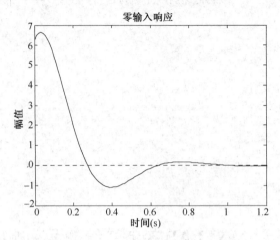

图 8.4.1　例 8.4.1 的零输入响应曲线

 使用 initial( )函数时，系统 sys 必须是状态空间模型，否则 MATLAB 会给出以下错误提示：

??? Error using ⟹ rfinputs

Only available for state-space models.

（2）函数 dinitial( )：求线性离散时间状态空间模型的零输入响应。

```
dinitial(a,b,c,d,x0,N)        %绘制系统(a,b,c,d)在初始条件 x0 作用下的响应曲线。
[y,x,N]=dinitial(a,b,c,d,x0)  %不绘制曲线，返回输出向量、状态向量和相应点数的数据值。
```

说明：

① 系统的数学模型只能以离散时间状态空间模型的形式给出。

② a、b、c、d 分别对应系统矩阵、输入矩阵、输出矩阵和前馈矩阵。

③ y 为输出向量；t 为时间向量，可省略；x 为状态向量，可省略。

例 8.4.2 已知线性离散时间系统的状态空间模型和初始条件分别为：

$$\begin{bmatrix} x_1(k+1) \\ x_2(k+1) \end{bmatrix} = \begin{bmatrix} 0.9429 & -0.07593 \\ 0.07593 & 0.997 \end{bmatrix} \begin{bmatrix} x_1(k) \\ x_2(k) \end{bmatrix}$$

$$y(k) = \begin{bmatrix} 1.969 & 6.449 \end{bmatrix} \begin{bmatrix} x_1(k) \\ x_2(k) \end{bmatrix}$$

$$x(0) = \begin{bmatrix} 1 \\ 0 \end{bmatrix}$$

采样周期 T_s=0.1s，试绘制其零输入响应曲线。

解：在 MATLAB 命令窗口中输入：

```
>> a=[0.9429 -0.07593;0.07593 0.997];b=[0;0];
>> c=[1.969 6.449];d=0;
>> dinitial(a,b,c,d,[1 0])
```

运行结果如图 8.4.2 所示。

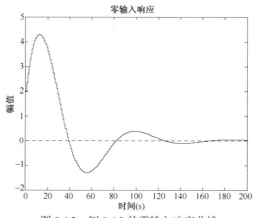

图 8.4.2　例 8.4.2 的零输入响应曲线

8.4.2　脉冲输入响应分析

在 MATLAB 中，可使用函数 impulse( )和 dimpulse( )分别计算和显示线性连续系统和离散系统的单位脉冲响应。其主要功能和格式如下：

（1）函数 impulse( )：求连续系统的单位脉冲响应。

```
impulse(sys1,…,sysN)      %在同一个图形窗口中绘制 N 个系统 sys1, …, sysN 的单位脉冲响应曲线。
impulse(sys1,…,sysN,T)    %指定响应时间 T。
impulse(sys1,'PlotStyle1',…sysN,'PlotStyleN')      %指定曲线属性 PlotStyle
[y,t,x]= impulse(sys)     %得到输出向量、状态向量以及相应的时间向量。
```

说明：

① 线性定常系统 sys 可以是传递函数模型、状态空间模型、零极点增益模型等形式。

② T 为终止时间点，由 t=0 开始，至 T 秒结束。可省略，缺省时由系统自动确定。

③ y 为输出向量；t 为时间向量，可省略；x 为状态向量，可省略。

例 8.4.3　已知两个线性定常连续系统的传递函数分别为 $G_1(s) = \dfrac{100}{s^2 + 10s + 100}$，$G_2(s) = \dfrac{3s + 2}{2s^2 + 7s + 2}$，绘制它们的脉冲响应曲线。

解： 在 MATLAB 命令窗口中输入：

```
>> G1=tf(100,[1 10 100]);
>> G2=tf([3 2],[2 7 2]);
>> impulse(G1,'-',G2,'-.',7)          %指定曲线属性和终止时间
```

运行结果如图 8.4.3 所示。

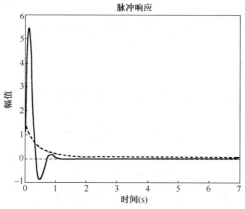

图 8.4.3　例 8.4.3 的脉冲响应曲线

在 MATLAB 命令中指定了两条曲线的显示属性，G_1 按实线显示，G_2 按点画线显示。并指定了终止时间 T=7s。

（2）函数 dimpulse( )：求离散系统的单位脉冲响应。

```
dimpulse(num,den,N)        %绘制SISO系统的单位脉冲响应曲线，且响应点数N由用户定义。
dimpulse(a,b,c,d,iu,N)     %绘制MIMO系统第iu个输入信号作用下的单位脉冲响应曲线，且
                           %响应点数N由用户定义。
[y,x]= dimpulse(num,den)   %得到SISO系统的单位脉冲响应数据值。
[y,x]= dimpulse(a,b,c,d)   %得到MIMO系统的单位脉冲响应数据值。
```

说明：

① a、b、c、d 分别对应系统矩阵、输入矩阵、输出矩阵和前馈矩阵。

② 响应点数 N 可缺省，缺省时由系统自动确定。

③ y 为输出向量；x 为状态向量，可省略。

例 8.4.4　已知线性定常离散系统的脉冲传递函数为 $G(z) = \dfrac{z+1}{z^3 + 2z + 3}$，计算并绘制其脉冲响应曲线。

解：在 MATLAB 命令窗口中输入：

```
>> num=[1 1];den=[1 0 2 3];
>> dimpulse(num,den)
```

运行结果如图 8.4.4 所示。

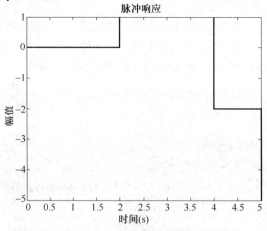

图 8.4.4　例 8.4.4 的脉冲响应曲线

8.4.3　阶跃输入响应分析

在 MATLAB 中，可使用函数 step( )和 dstep( )来实现线性定常连续系统和离散系统的单位阶跃响应。其格式和功能如下。

（1）函数 step( )：求线性定常连续系统的单位阶跃响应。

```
step(sys1,…,sysN)         %在同一个图形窗口中绘制N个系统sys1，…，sysN的单位阶跃响应。
step(sys1,…,sysN,T)       %指定终止时间T。
step(sys1,'PlotStyle1',…,sysN,'PlotStyleN')   %定义曲线属性PlotStyle。
[y,x,t]=step(sys)         %得到输出向量、状态向量以及相应的时间向量。
```

说明：

① 线性定常连续系统 sys1,…，sysN 可以是连续时间传递函数、零极点增益及状态空间等模型形式。

② 系统为状态空间模型时，只求其零状态响应。

③ T 为终止时间点，由 t=0 开始，至 T 秒结束。可省略，缺省时由系统自动确定。

④ y 为输出向量；t 为时间向量，可省略；x 为状态向量，可省略。

例 8.4.5　已知典型二阶系统的传递函数为 $\Phi(s)=\dfrac{\omega_n^2}{s^2+2\xi\omega_n s+\omega_n^2}$。其中自然频率 $\omega_n=6$，绘制当阻尼比 $\xi=0.1$，0.2，0.707，1.0，2.0 时系统的单位阶跃响应。

解： 在 MATLAB 命令窗口中输入：

```
>> wn=6;
>> kosi=[0.1 0.2 0.707 1 2];
>> hold on;                    %保持曲线坐标不被刷新
>> for kos=kosi
num=wn.^2;
den=[1,2*kos*wn,wn.^2];
step(num,den)
end
```

运行结果如图 8.4.5 所示。

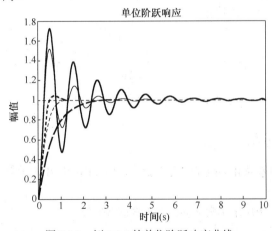

图 8.4.5　例 8.4.5 的单位阶跃响应曲线

（2）函数 dstep( )：求线性定常离散系统的单位阶跃响应。

dstep(num,den,N)	%绘制 SISO 系统的单位阶跃响应曲线，且响应点数 N 由用户指定。
dstep(a,b,c,d,iu,N)	%绘制 MIMO 系统第 iu 个输入信号作用下的单位阶跃响应曲线，且%响应点数 N 由用户指定。
[y,x]= dstep(num,den)	%求 SISO 系统的单位阶跃响应数据值。
[y,x]= dstep(a,b,c,d)	%求 MIMO 系统的单位阶跃响应数据值。

说明：

① a、b、c、d 分别对应系统矩阵、输入矩阵、输出矩阵和前馈矩阵。

② 响应点数 N 可缺省，缺省时由系统自动确定。

③ y 为输出向量；x 为状态向量，可省略。

例 8.4.6 已知线性定常离散系统的状态空间模型为

$$x(k+1) = \begin{bmatrix} -0.5572 & -0.7814 \\ 0.7814 & 0 \end{bmatrix} x(k) + \begin{bmatrix} 1 & -1 \\ 0 & 2 \end{bmatrix} u(k)$$

$$y(k) = [1.969 \quad 6.449] x(k)$$

绘制其单位阶跃响应曲线。

解: 在 MATLAB 命令窗口中输入:

```
>> a=[-0.5571 -0.7814;0.7814 0];b=[1 -1;0 2];
>> c=[1.969 6.449];d=[0];
>> dstep(a,b,c,d)
```

运行结果如图 8.4.6 所示。

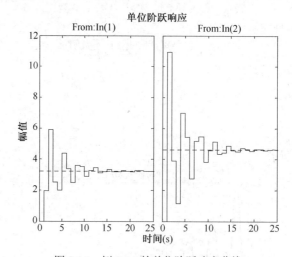

图 8.4.6 例 8.4.6 的单位阶跃响应曲线

8.4.4 任意输入响应分析

在 MATLAB 中,连续系统和离散系统对任意输入信号的响应用函数 lsim( )和 dlsim( )来实现。其主要功能和格式如下:

(1)函数 gensig( ):产生用于函数 lsim( )的实验输入信号。

`[u,t]= gensig(type,tau)`	%产生以 tau(单位:秒)为周期并由 type 确定形式的 %标量信号 u,t 为采样周期组成的矢量
`[u,t]= gensig(type,tau,T_f,T_s)`	%T_f 为信号的持续时间,T_s 为采样周期 t 之间的时间间隔。

说明:

① type 定义的信号形式包括:(a) "sin",正弦波;(b) "square",方波;(c) "pulse",周期性脉冲。

② 返回值为数据,并不绘制图形。

(2)函数 lsim( ):求线性定常系统在任意输入信号作用下的时间响应。

`lsim(sys,u,t,x0)`	%绘制系统在给定输入信号和初始条件 x0 同时作用下的响应曲线。
`lsim(sys,u,t,x0,'method')`	%指定采样点之间的差值方法为'method'。
`lsim(sys1,…,sysN,u,t,x0)`	%绘制 N 个系统在给定输入信号和初始条件 x0 同时作用下的响 %应曲线。

```
lsim(sys1,'PlotStyle1',…,sysN,'PlotStyleN')   %定义曲线属性 PlotStyle
[y,t,x]= lsim(sys,u,t,x0)      %不绘制曲线，得到输出向量、时间和状态变量响应的数据值。
```

说明：

① u 为输入序列，每一列对应一个输入；t 为时间点；u 的行数和 t 相对应；u、t 可以由函数 gensig( ) 产生。

② 字符串'method'可以指定：(a) 'zoh'，零阶保持器；(b) 'foh'，一阶保持器。

③ 字符串'method'缺省时，函数 lsim( ) 根据输入信号 u 的平滑度自动选择采样点之间的差值方法。

④ y 为输出向量；t 为时间向量，可省略；x 为状态向量，可省略。

例 8.4.7　已知线性定常连续系统的传递函数为 $G_1(s)=\dfrac{100}{s^2+10s+100}$，求其在指定方波信号作用下的响应。

解：在 MATLAB 命令窗口中输入：

```
>> [u,t]=gensig('square',4,10,0.1);   %用函数 gensig( )产生周期为 4s，持续时间为
                                       %10s，每 0.1s 采样一次的正弦波。
>> G=tf(100,[1 10 100]);
>> lsim(G,'-.',u,t)
```

运行结果如图 8.4.7 所示。

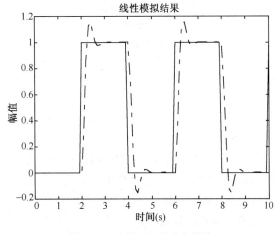

图 8.4.7　例 8.4.7 的响应曲线

在 MATLAB 命令中，指定了曲线以点画线的形式显示，图中的方波即为用函数 gensig( )产生的方波。

（3）函数 dlsim( )：求线性定常离散系统在任意输入下的响应。

```
dlsim(a,b,c,d,u)       %绘制系统(a,b,c,d)在输入序列 u 作用下的响应曲线。
dlsim(num,den,u)       %绘制系统在输入序列 u 作用下的响应曲线。
[y,x]= dlsim(a,b,c,d,u)
[y,x]= dlsim(num,den,u)
```

说明：

① a、b、c、d 分别对应系统矩阵、输入矩阵、输出矩阵和前馈矩阵。

② y 为输出向量；x 为状态向量，可省略。

例 8.4.8 已知线性定常离散系统的脉冲传递函数为 $G(z) = \dfrac{2z^2 + 5z + 1}{z^2 + 2z + 3}$，试绘制其在正弦序列输入下的响应曲线。

解：在 MATLAB 命令窗口中输入：

```
>> [u,t]=gensig('sin',4,20,0.1);
>> num=[2 5 1];den=[1 2 3];
>> dlsim(num,den,u)
```

运行结果如图 8.4.8 所示。

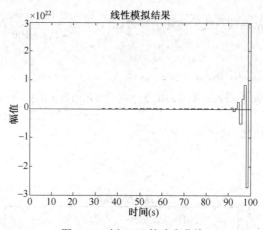

图 8.4.8　例 8.4.8 的响应曲线

8.4.5　根轨迹分析方法

根轨迹是开环系统某一参数（如开环增益）由 0 变化至 $+\infty$ 时，闭环系统特征方程式的根在 s 平面上变化的轨迹。

根轨迹与系统性能之间存在着比较密切的联系。根轨迹图不仅可以直接给出闭环系统时间响应的全部信息，而且还可以指明开环零点和极点应该怎么变化才能满足给定闭环系统的性能指标要求。

MATLAB 控制系统工具箱提供了用于根轨迹分析的相关函数。

（1）函数 rlocus( )：用于计算并绘制根轨迹图。

```
rlocus(sys,k)              %绘制开环系统 sys 的闭环根轨迹，增益 k 由用户指定。
rlocus(sys1,sys2,…,sysN)   %在同一个窗口中绘制多个系统的根轨迹。
[r,k]= rlocus(sys)         %不绘制图形，计算并返回系统 sys 的根轨迹值。
r= rlocus(sys,k)           %不绘制图形，计算并返回系统的根轨迹值，增益 k 由用户指定。
```

① 系统 sys 为开环系统。

② 增益 k 可以省略。缺省情况下，k 由系统自动确定。

③ 函数同时适用于连续时间系统和离散时间系统。

例 8.4.9 已知负反馈控制系统的结构框图如图 8.4.9 所示，其中 $G(s) = \dfrac{10}{s(s-1)}$，$H(s) = 1 + 0.2s$，绘制其闭环系统的根轨迹。

解：在 MATLAB 命令窗口中输入：

```
>> G=tf([10],[1 -1 0]);
>> H=tf([0.2 1],[1]);
>> sys=G*H;
>> rlocus(sys)
```

运行结果如图 8.4.10 所示。

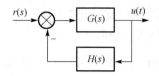

图 8.4.9　例 8.4.9 的负反馈控制系统框图

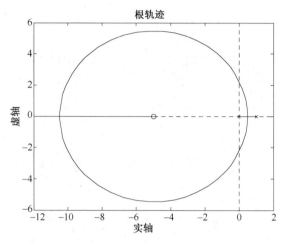

图 8.4.10　例 8.4.9 的根轨迹图

可以使用鼠标对根轨迹图进行简单的操作，比如使用鼠标右键菜单添加网格线；使用鼠标左键单击图上任意一点，得到当前点的信息，如图 8.4.11 所示。

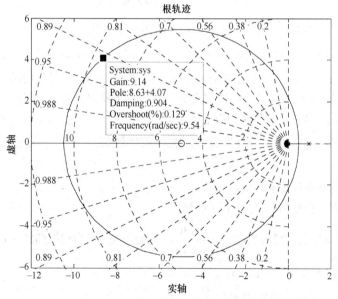

图 8.4.11　添加网格线并显示系统性能参数

（2）函数 sgrid( )：用于为连续时间系统的根轨迹图添加网格线。

> `sgrid(z,wn)` %为根轨迹图添加网格线，等阻尼比范围和等自然频率范围分别由向量 z 和 wn 确定。

说明：

① 网格线包括等阻尼比线和等自然频率线。

② 向量 z 和 wn 可缺省。缺省情况下，等阻尼比 z 步长为 0.1，范围为 0～1。等自然频率 wn 步长为 1，范围为 0～10。

例 8.4.10　在 MATLAB 中，使用函数 sgrid( )为例 8.4.9 中的根轨迹添加网格线。

解：在 MATLAB 命令窗口中输入：

```
>> sgrid
```

运行结果如图 8.4.12 所示。

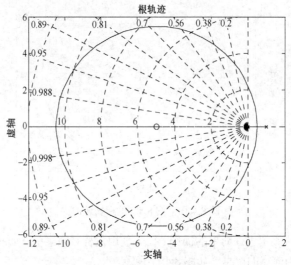

图 8.4.12　添加网格线的根轨迹图

（3）函数 zgrid( )：用于为离散时间系统的根轨迹图添加网格线。

> `zgrid(z,wn)` %为根轨迹图添加网格线，等阻尼比范围和等自然频率范围分别由向量 z 和 wn 确定。

因为使用函数 zgrid( )和 sgrid( )的方法相同，所以不予赘述。另外，无论使用函数 sgrid( )还是 zgrid( )，在它们缺省 z 和 wn 的情况下，和使用鼠标右键添加网格线的结果是完全相同的。

（4）函数 damp( )：计算自然频率和阻尼比。

> `[wn,z]= damp(sys)` %计算系统的自然频率和阻尼比。

说明：
① 系统 sys 为闭环系统传递函数。
② 返回值 wn 表示自然频率值，z 表示阻尼比。

例 8.4.11　计算单位负反馈系统 $G(s)=\dfrac{130}{s(s+10)}$ 的阻尼比 ζ 和自然振荡频率 ω_n。

解：在 MATLAB 命令窗口中输入：

```
>> G=tf([130],[1 10 130]);
>> [wn,z]=damp(G)
```

运行结果为：

```
wn =
   11.4018
   11.4018
z =
```

```
0.4385
0.4385
```

即阻尼比 $\zeta = 0.4$，自然频率 ω_n 为 11.4。

8.4.6　控制系统的频率特性

常用的频率特性曲线有三种：对数频率特性曲线（Bode 图，即伯德图）、幅相频率特性曲线（Nyquist 曲线）和对数幅相曲线（Nichols 曲线）。频域分析方法的基本内容之一就是绘制这三种曲线。这里仅介绍 Bode 图和 Nyquist 曲线。

1．Bode 图

Bode 图由对数幅频特性曲线和对数相频特性曲线组成，是工程中广泛使用的一组曲线。两条曲线的横坐标相同，均按照 $\lg\omega$ 分度（单位：rad/s）。对数幅频特性曲线的纵坐标按照 $L(\omega) = 20\lg|G(\mathrm{j}\omega)|$ 线性分度（单位：dB）；对数相频特性曲线的纵坐标按照 $\angle G(\mathrm{j}\omega)$ 线性分度（单位：度）。

（1）函数 bode( )：计算并绘制线性定常连续系统的对数频率特性曲线。

```
bode(sys1,…,sysN)              %在同一个图形窗口中绘制 N 个系统 sys1，…，sysN 的 Bode 图。
bode(sys1,…,sysN,w)            %指定频率范围 w。
bode(sys1,'PlotStyle1',…,sysN,'PlotStyleN')   %定义曲线属性 PlotStyle。
[mag,phase,w]= bode(sys)       %不绘制曲线，得到幅值向量、相位向量和频率向量。
```

说明：

① 频率范围 w 可缺省，缺省情况下由 MATLAB 根据数学模型自动确定；用户指定 w 用法为 w={wmin,wmax}。

② 系统 sys 既可为 SISO 系统，也可以是 MIMO 系统；其形式可以是传递函数模型、状态空间模型或零极点增益模型等多种形式。

例 8.4.12　已知线性定常连续系统的零极点增益模型为 $G(s) = \dfrac{5(s + 0.1)}{(s + 5)(s + 0.01)}$，试绘制其 Bode 图。

解： 在 MATLAB 命令窗口中输入：

```
>> G=zpk(-0.1,[-5,-0.01],5);
>> bode(G)
```

运行结果如图 8.4.13 所示。

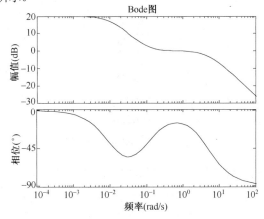

图 8.4.13　例 8.4.12 的 Bode 图

在 Bode 图中可以对其一些属性进行操作。

① 曲线上任意一点参数值的确定。

用鼠标左键单击曲线上任意一点，可得到这一点的对数幅频（或相频）值以及相应的频率值，如图 8.4.14 所示。

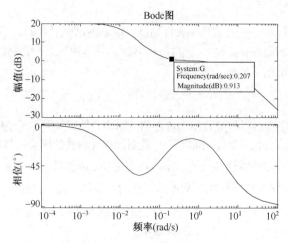

图 8.4.14　显示参数值的 Bode 图

② 曲线显示属性的设置。

用鼠标右键单击图中任意处，会弹出菜单，在菜单"Show"中可以选取显示或隐藏对数幅频特性曲线（Magnitude）和对数相频特性曲线（Phase）。

③ 添加网格线。

与上述相同，添加网格线可以在弹出菜单中选择"Grid"。图 8.4.15 为添加网格线后只显示对数幅频特性曲线的 Bode 图。

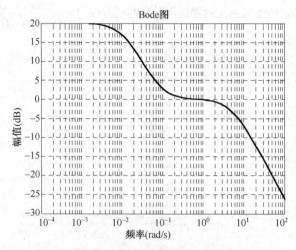

图 8.4.15　对数幅频特性曲线

（2）函数 dbode( )：绘制线性定常离散系统的对数频率特性曲线。

dbode(a,b,c,d,T_s,iu,w)	%绘制系统(a,b,c,d)第 iu 个输入信号至全部输出的 Bode 图，T_s %为采样周期。频率范围由 w 指定。
dbode(num,den,T_s,w)	%绘制传递函数的 Bode 图，频率范围由 w 指定。

```
[mag,phase,w]= dbode(a,b,c,d,Tₛ)  %计算幅值向量、相位向量和频率向量。
[mag,phase,w]= dbode(num,den,Tₛ)  %计算幅值向量、相位向量和频率向量。
```

说明：

频率范围 w 可缺省，缺省情况下由 MATLAB 根据数学模型自动确定；用户指定 w 用法为 w={wmin,wmax}。

例 8.4.13　离散时间系统的脉冲传递函数为 $G(z)=\dfrac{z^2+0.1z+7.5}{z^4+0.12z^3+9z^2}$，采样周期为 0.5s，试绘制其 Bode 图。

解：在 MATLAB 命令窗口中输入：

```
>> dbode([1 0.1 7.5],[1 0.12 9 0 0],0.5)
```

运行结果如图 8.4.16 所示。

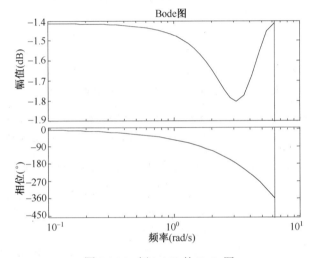

图 8.4.16　例 8.4.13 的 Bode 图

（3）函数 bodeasym( )：绘制 SISO 线性定常连续系统的对数幅频特性渐近线。

```
bodeasym(sys)          %绘制系统 sys 的对数幅频特性渐近线。
bodeasym(sys,PlotStr)  %定义曲线属性 PlotStr。
```

说明：

① 每次只能绘制一个系统的对数幅频特性渐近线。

② 字符串'PlotStr'可定义的曲线属性详见函数 plot( )。

例 8.4.14　系统的传递函数为 $G(s)=\dfrac{27}{s^2+2s}$，绘制其对数幅频特性渐近线。

解：在 MATLAB 命令窗口中输入：

```
>> G=tf(27,[1 2 0]);
>> bodeasym(G)
>> grid
```

运行结果如图 8.4.17 所示。

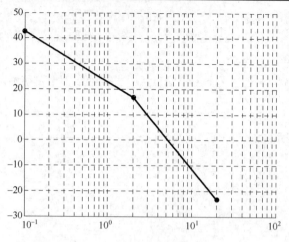

图 8.4.17　例 8.4.14 的对数幅频特性渐近线

2. Nyquist 曲线

以横轴为实轴，以纵轴为虚轴构成复平面。当输入信号的频率 ω 由 $-\infty$ 变化至 $+\infty$ 时，向量 $G(j\omega)$ 的幅值和相位也随之变化，其端点在复平面上移动的轨迹就是幅相曲线。

 由于幅频特性为 ω 的偶函数，相频特性为 ω 的奇函数，则 ω 从 0 变化至 $+\infty$ 和 ω 从 0 变化至 $-\infty$ 的幅相曲线关于实轴对称，因而一般只绘制从 0 变化至 $+\infty$ 的幅相曲线。

（1）函数 nyquist( )：计算并绘制线性定常系统的幅相频率特性曲线。

```
nyquist(sys1,...,sysN)        %在同一个图形窗口中同时绘制 N 个系统 sys1，...，sysN 的
                              %Nyquist 曲线。
nyquist(sys1,...,sysN,w)      %指定频率范围 w。
nyquist(sys1,'PlotStyle1',…,sysN,'PlotStyleN')    %定义曲线属性 PlotStyle。
[re,im,w]= nyquist(sys)       %计算系统 sys 的幅相频率特性数据值。
[re,im]=nyquist(sys,w)        %指定频率范围，计算系统 sys 的幅相频率特性数据值。
```

说明：

① 频率范围 w 可缺省，缺省情况下由 MATLAB 根据数学模型自动确定；用户指定 w 用法为 w={wmin,wmax}。

② 此函数可用于 SISO 系统和 MIMO 系统。

③ re 表示幅相频率特性的实部向量，im 表示虚部向量，w 表示频率向量。

例 8.4.15 单位负反馈系统的开环传递函数为 $G(s) = \dfrac{4(s+0.2)}{s(s+4)(s+0.1)}$，试绘制其 Nyquist 曲线。

解：在 MATLAB 命令窗口中输入：

```
>> z=[-0.2];p=[0 -4 -0.1];k=4;
>> G=zpk(z,p,k);
>> nyquist(G)
```

运行结果如图 8.4.18 所示。

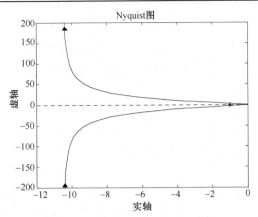

图 8.4.18 例 8.4.15 的 Nyquist 曲线

同样，在 Nyauist 图上可以对其进行一些属性改变操作。

① 添加网格线。

可以使用鼠标右键单击图中任意一处，选择菜单项"Grid"即可。

② 只绘制 ω 从 0 变化至+∞的 Nyquist 曲线

使用鼠标右键单击图中任意一处，选择菜单项"Show"，去掉勾选项"Negative Frequencies"，如图 8.4.19 所示。

③ 判断系统稳定。

使用鼠标右键单击图中任意一处，在菜单中选择"Characteristics"，并选择其中的"Minimum Stability Margins"，得到 Nyquist 曲线与单位圆的交点。将鼠标指针放至该处，就可得到系统的截止频率、相位裕度以及相应的闭环系统是否稳定等信息，如图 8.4.20 所示。

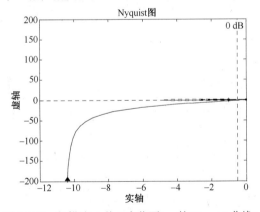

图 8.4.19 仅描述 ω 从 0 变化至+∞的 Nyquist 曲线

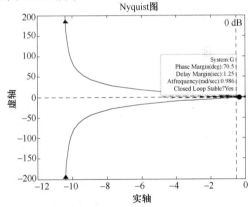

图 8.4.20 在 Nyquist 曲线上判断闭环系统稳定

从图中即可得到相位裕度（Phase Margin）为 70.5°，延迟裕度（Delay Margin）为 1.25rad/s，闭环系统稳定（Closed Loop Stable? Yes）。

8.5 基于 MATLAB 控制系统的运动性能分析

8.5.1 控制系统的稳定性分析

稳定性是控制系统的重要性能，也是系统能够正常运行的首要条件。应用 MATLAB 可以方便、快捷地做出系统稳定性的判断。

1．时域分析

由于系统的闭环极点在 s 平面上的分布决定了控制系统的稳定性，因此，欲判断系统的稳定性，只需要确定系统闭环极点在 s 平面上的分布。利用 MATLAB 命令可以快速求出闭环系统零极点，并绘制其零极点分布图。

在 MATLAB 中，可以使用函数 pzmap( ) 绘制系统的零极点图，从图中可以直观地看到左半 s 平面是否存在极点，从而判断系统是否稳定。其主要功能和格式如下。

功能：计算线性定常系统的零极点，并将它们表示在 s 复平面上。

格式：

```
pzmap(sys1,…,sysN)   %在一张零极点图中同时绘制 N 个线性定常系统 sys1,…,sysN 的零极点图。
[p,z]=pzmap(sys)     %得到线性定常系统的极点和零点数值，并不绘制零极点图。
```

说明：

① sys 描述的系统可以是连续系统，也可以是离散系统；

② 在零极点图中，极点以"×"表示，零点以"○"表示。

例 8.5.1　已知反馈系统的开环传递函数为 $G(s) = \dfrac{s+2}{s^5 + 2s^4 + 9s^3 + 10s^2}$，应用 MATLAB 判断系统的稳定性。

解： 首先建立系统的数学模型，然后绘制其零极点图。

```
>> num=[1 2];
>> den=[1 2 9 10 0 0];
>> sys=tf(num,den);
>> pzmap(sys)
```

运行结果如图 8.5.1 所示。

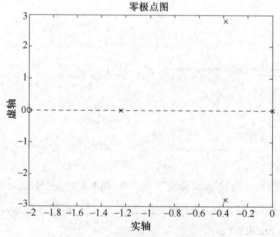

图 8.5.1　例 8.5.1 系统的零极点图

从该系统的零极点图（如图 8.5.1 所示）中可以看出，系统有位于虚轴上的极点，所以系统不稳定。

例 8.5.2　已知线性定常离散系统的脉冲传递函数为 $G(z) = \dfrac{2z^2 + 5z + 1}{z^2 + 2z + 3}$，应用 MATLAB 判断系统的稳定性。

解： 在 MATLAB 命令窗口中输入：

```
>> num=[2 5 1];den=[1 2 3];
>> sys=tf(num,den,-1);
>> pzmap(sys)
```

运行结果如图 8.5.2 所示。

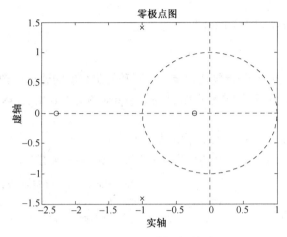

图 8.5.2　例 8.5.2 系统的零极点图

由图 8.5.2 可见，系统有一个极点位于 z 平面单位圆周的外部，因此系统不稳定。

在 MATLAB 中，也可以用函数 pole( )直接求出系统传递函数的极点，或使用函数 roots( )求其特征根。主要格式如下：

```
p=pole(sys)      %求系统 sys 传递函数的极点。
p=roots(s)       %求多项式 s 的特征根。
```

例 8.5.3　已知反馈系统的开环传递函数为 $G(s) = \dfrac{s+2}{s^5+2s^4+9s^3+10s^2}$，应用 MATLAB 通过直接计算其极点值和特征根来判断稳定性。

解： ① 使用函数 pole( )计算传递函数的极点。在 MATLAB 命令窗口中输入：

```
>> num=[1 2];
>> den=[1 2 9 10 0 0];
>> sys=tf(num,den);
>> p=pole(sys)
```

运行结果为：

```
p =
          0
          0
  -0.3795 + 2.8132i
  -0.3795 - 2.8132i
  -1.2410
```

② 使用函数 roots 计算多项式的特征根：

```
>> p=roots([1 2 9 10 0 0])
```

运行结果为：

```
p =
```

```
                        0
                        0
            -0.3795 + 2.8132i
            -0.3795 - 2.8132i
            -1.2410
```

可见，上述几种方法得到的结果相同。

2. 频域分析

在频域分析法中，稳定性分析包括稳定性判断和稳定裕度的计算。频域稳定性的判别依据是 Nyquist 稳定判据。在 8.4 节中已经讲述了如何绘制 Nyquist 图，以及如何在 Nyquist 图中判别系统的稳定性（见图 8.4.16）。

MATLAB 也提供了函数用来计算系统的频域指标。

（1）函数 margin( )：计算 SISO 开环系统所对应的闭环系统频域指标。

```
margin(sys)                        %绘制 Bode 图,并将稳定裕度及相应的频率标示在图上。
[Gm, Pm, Wcg, Wcp]= margin(sys)    %不绘制曲线,得到稳定裕度数据值。
[Gm, Pm, Wcg, Wcp]= margin(mag,phase,w)    %w 为频率范围。
```

说明：

① 该系统适用于线性定常连续系统和离散系统。

② 在绘制的 Bode 图中，稳定裕度所在的位置将用垂直线标示出来。

③ 每次只计算或绘制一个系统的稳定裕度。

④ 返回值中，G_m 表示幅值裕度；P_m 表示相位裕度（单位：度）；W_{cg} 表示截止频率；W_{cp} 表示穿越频率。

例 8.5.4 设单位负反馈的开环传递函数为 $G(s) = \dfrac{3200}{s(s+5)(s+16)}$，计算其稳定裕度。

解：在 MATLAB 命令窗口中输入：

```
>> G=zpk([],[0 -5 -16],3200);
>> margin(G)
```

运行结果如图 8.5.3 所示。

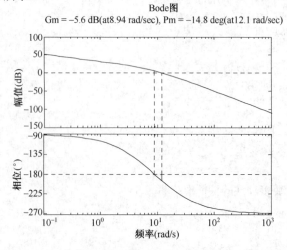

图 8.5.3　例 8.5.4 的 Bode 图

直接返回值，在 MATLAB 命令窗口中输入：

```
>> [Gm,Pm,Wcg,Wcp]=margin(G);
```

运行结果为：

```
Gm =
    0.5250
Pm =
  -14.7820
Wcg =
    8.9443
Wcp =
    12.1343
```

G_m 的单位不是分贝。若需采用分贝表示，则按照 $20\lg(G_m)$ 计算。

（2）函数 allmargin( )：计算系统的稳定裕度及截止频率。

```
S= allmargin(sys)        %提供 SISO 开环系统的信息。
```

说明：

① 返回变量 S 包括：

● GMFrequency：穿越频率（单位：rad/s）

● GainMargin：幅值裕度（单位：度）

● PMFrequency：截止频率（单位：rad/s）

● PhaseMargin：相位裕度（单位：度）

● DelayMargin：延迟裕度（单位：s）及临界频率（单位：rad/s）

● Stable：相应闭环系统稳定（含临界稳定）时值为 1，否则为 0

② 系统 sys 不能为频率响应数据模型。

③ 输出为无穷大时，用 Inf 表示。

例 8.5.5　设一单位反馈伺服系统的开环传递函数为 $G(s)=\dfrac{2000}{s^2+10s}$，计算其稳定裕度及相应的穿越频率和截止频率。

解：在 MATLAB 命令窗口中输入：

```
>> G=tf(2000,[1 10 0]);
>> S=allmargin(G)
```

运行结果为：

```
S =
    GainMargin: Inf
   GMFrequency: Inf
   PhaseMargin: 12.7580
   PMFrequency: 44.1649
   DelayMargin: 0.0050
   DMFrequency: 44.1649
        Stable: 1
```

8.5.2 控制系统的稳态性能分析

稳态过程又称稳态响应，是指系统在典型输入信号作用下，当时间趋向于无穷大时系统输出量的表现方式。它表征系统输出量最终复现输入量的程度，提供系统有关稳态误差的信息。

稳态性能是控制系统控制准确度的一种度量，也称稳态误差。计算稳态误差通常多采用静态误差系数法，其问题的实质就是求极限问题。MATLAB 符号数学工具箱（Symbolic Math Toolbox）中提供了求极限的 limit( )函数。其调用格式如下：

```
limit(F)                    %求极限 lim F
                                   x→0
limit(F,x,a)                %求极限 lim F
                                   x→a
limit(F,x,a, 'right')       %求单边右极限 lim F
                                         x→a₊
limit(F,x,a,'left')         %求单边左极限 lim F
                                         x→a₋
```

说明：
① 符号表达式说明详见 8.2 节。
② 极限不存在，则显示 NaN。

例 8.5.6 单位负反馈控制系统的传递函数为 $G(s) = \dfrac{100}{s(s+10)}$，应用 MATLAB 求其位置误差系数、速度误差系数和加速度误差系数。

解：按照静态误差系数的定义：
① 位置误差系数 $K_p = \lim\limits_{s \to 0} G(s)H(s)$

```
>> F=sym('100/(s*(s+10))');
>> Kp=limit(F,'s',0)
```

运行结果为：

```
Kp =
NaN
```

即 $K_p = \infty$。

② 速度误差系数 $K_v = s\lim\limits_{s \to 0} G(s)H(s)$

```
>> F=sym('s*100/(s*(s+10))');
>> Kv=limit(F,'s',0)
```

运行结果为：

```
Kv =
10
```

即 $K_v = 10$。

③ 加速度误差系数 $K_a = s^2\lim\limits_{s \to 0} G(s)H(s)$

```
>> F=sym('s^2*100/(s*(s+10))');
>> Ka=limit(F,'s',0)
```

运行结果为：

```
Ka =
0
```

即 $K_a = 0$。

8.5.3　控制系统的动态性能分析

动态过程又称过渡过程或瞬态过程，是指系统在典型输入信号作用下，其输出量从初始状态到最终状态的响应过程。系统在动态过程中所提供的系统响应速度和阻尼情况用动态性能指标描述。

动态性能指标指在单位阶跃函数作用下，稳定系统的动态过程随时间变化的指标。主要有：上升时间（Rise Time）、峰值时间（Peak Time）、超调量（Overshoot）、调节时间（Settling Time）。

在 MATLAB 中，我们可以通过单位阶跃响应曲线来获取动态性能指标。在阶跃响应曲线图中的任意处，使用鼠标右键，选择菜单项"Characteristics"，弹出的菜单内容包括：

- 峰值响应（Peak Response）：最大值（Peak amplitude）、超调量（Overshoot）、峰值时间（At time）
- 调节时间（Settling time）
- 上升时间（Rise time）
- 稳态值（Steady State）

选择"Properties…"，弹出阶跃响应属性编辑对话框，可以重新定义调节时间和上升时间。

例 8.5.7　已知系统的传递函数为 $G(s) = \dfrac{1}{s^2 + s + 1}$，试绘制其阶跃响应曲线，并求出其动态性能指标。

解：在 MATLAB 命令窗口中输入：

```
>> G=tf(1,[1 1 1]);
>> step(G)
```

运行结果如图 8.5.4 所示。

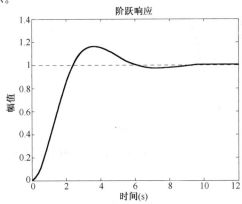

图 8.5.4　例 8.5.7 的阶跃响应曲线

得到峰值响应如图 8.5.5 所示。

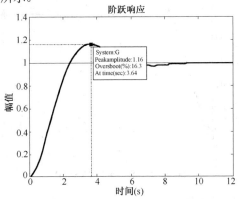

图 8.5.5　例 8.5.7 的峰值响应数据

得到调节时间如图 8.5.6 所示。

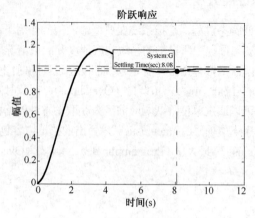

图 8.5.6　例 8.5.7 的调节时间

得到上升时间如图 8.5.7 所示。

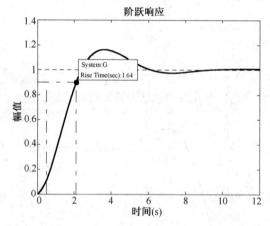

图 8.5.7　例 8.5.7 的上升时间

得到稳态值如图 8.5.8 所示。

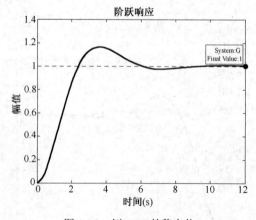

图 8.5.8　例 8.5.7 的稳态值

修改上升时间和调节时间定义如图 8.5.9 所示。

图 8.5.9　属性修改对话框

8.6　基于 Simulink 控制系统的建模与仿真

Simulink 是 MATLAB 中的一种可视化仿真工具，是一种基于 MATLAB 的框图设计环境，是实现动态系统建模、仿真和分析的一个软件包，被广泛应用于线性系统、非线性系统、数字控制及数字信号处理的建模和仿真中。

Simulink 是 MATLAB 最重要的组件之一，它提供一个动态系统建模、仿真和综合分析的集成环境。在该环境中，无需大量书写程序，只需要通过简单直观的鼠标操作，即可构造出复杂的系统。Simulink 具有适应面广、结构和流程清晰及仿真精细、贴近实际、效率高、灵活等优点，基于以上优点 Simulink 已被广泛应用于控制理论和数字信号处理的复杂仿真和设计。同时有大量的第三方软件和硬件可应用于或被要求应用于 Simulink。

Simulink 可以用连续采样时间、离散采样时间或两种混合的采样时间进行建模，它也支持多速率系统，也就是系统中的不同部分具有不同的采样速率。为了创建动态系统模型，Simulink 提供了一个建立模型方块图的图形用户接口（GUI），这个创建过程只需单击和拖动鼠标操作就能完成，它提供了一种更快捷、更直接明了的方式，而且用户可以立即看到系统的仿真结果。

本节基于 MATLAB 7.1 版本，以及 Simulink 6.3 版本详细介绍 Simulink 在控制系统中的建模与仿真方法。

8.6.1　Simulink 模块库

首先需要运行 Simulink，有以下两种方法。在启动 MATLAB 后：

（1）可以在 MATLAB 命令窗口中输入"simulink"命令，回车即可。

（2）鼠标单击工具栏中 Simulink 图标 。

运行 Simulink 后，可以看到如图 8.6.1 所示的 Simulink 界面图，它显示了 Simulink 模块库（包括模块组）和所有已经安装了的 MATLAB 工具箱对应的模块库。

可以看到，Simulink 为用户提供了丰富的模块库，按照用途可以将它们分为以下四类：

（1）系统基本构成模块库：常用模块组（Commonly Used Blocks）、连续模块组（Continuous）、非连续模块组（Discontinuities）和离散模块组（Discrete）。

（2）连接运算模块库：逻辑和位运算模块组（Logic and Bit Operations）、查表模块组（Lookup Tables）、数学运算模块组（Math Operations）、端口与子系统模块组（Port & Subsystems）、信号属性模

块组（Signal Attributes）、信号通路模块组（Signal Routing）、用户自定义函数模块组（User-Defined Functions）和附加函数与离散模块组（Additional Math & Discrete）。

（3）专业模块库：模型校核模块组（Model Verification）和模型扩充模块组（Model-Wide Utilities）。

（4）输入、输出模块库：信源模块组（Sources）和信宿模块组（Sinks）。

1. 常用模块组（Commonly Used Blocks）

常用模块组包含 Simulink 建模与仿真所需的各类最基本和最常用的模块，如图 8.6.2 所示。

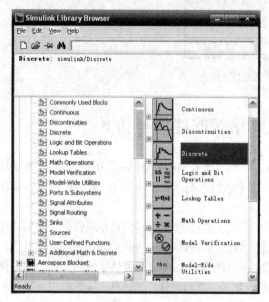

图 8.6.1　Simulink 启动界面

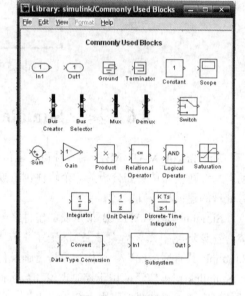

图 8.6.2　常用模块组

这些模块来自其他模块组，主要是方便用户能够快速找到常用模块，其包含的模块功能见表 8.6.1。

表 8.6.1　常用模块组模块介绍及说明

模块名称	模块形状	功能说明
常数模块 （Constant）	Constant	恒值输出；数值可设置
分路器模块 （Demux）	Demux	将一路信号分解成多路信号
混器模块 （Mux）	Mux	将几路信号按向量形式混合成一路信号
增益模块 （Gain）	Gain	将模块的输入信号乘以设定的增益值
输入端口模块 （In1）	In1	标准输入端口；生成子系统或作为外部输入的输入端
输出端口模块 （Out1）	Out1	标准输出端口；生成子系统或作为模型的输出端

续表

模块名称	模块形状	功能说明
示波器模块 （Scope）	Scope	显示实时信号
求和模块 （Sum）	Sum	实现代数求和；与 ADD 模块功能相同
饱和模块 （Saturation）	Saturation	实现饱和特性；可设置线性段宽度
积分模块 （Integrator）	$\frac{1}{s}$ Integrator	输入/输出信号的连续时间积分；可设置输入信号的初始值
子系统模块 （Subsystems）	In1　　Out1 Subsystem	子系统模块
单位延迟模块 （Unit Delay）	$\frac{1}{z}$ Unit Delay	将信号延迟一个时间单位；可设置初始条件

2. 连续模块组（Continuous）

连续模块组（如图 8.6.3 所示）包含进行线性定常连续时间系统建模和仿真的各类模块。

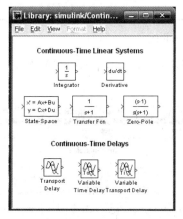

图 8.6.3　连续模块组

其功能介绍如表 8.6.2 所示。

表 8.6.2　连续模块组的模块及功能介绍

名称	形状	功能说明
积分模块 （Integrator）	$\frac{1}{s}$ Integrator	计算积分
微分模块 （Derivative）	du/dt Derivative	计算微分

续表

名称	形状	功能说明
状态空间模块 （State-Space）	$x = Ax+Bu$ $y = Cx+Du$ State-Space	创建状态空间模型
传递函数模块 （Transfer Fcn）	$\dfrac{1}{s+1}$ Transfer Fcn	创建传递函数模型
零极点增益模块 （Zero-Pole）	$\dfrac{(s-1)}{s(s+1)}$ Zero-Pole	创建零极点增益模型
时间延迟模块 （Transport Delay）	Transport Delay	创建延迟环节模型；输入、输出信号在给定时间的延迟
可变时间延迟模块 （Variable Time Delay）	To Variable Time Delay	输入、输出信号的可变时间延迟
变量延迟模块 （Variable Transport Delay）	Ti Variable Transport Delay	与可变时间延迟模块相似

3. 非连续模块组（Discontinuities）

非连续模块组（如图 8.6.4 所示）包含进行非线性时间系统建模和仿真所需的各类非线性环节模型。

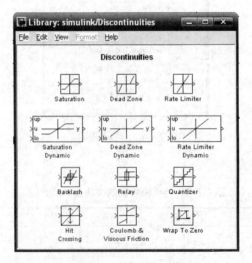

图 8.6.4　非连续模块组

其主要模块的功能及说明见表 8.6.3。

表 8.6.3　非连续模块组的模块及功能介绍

名称	形状	功能说明
饱和模块（Saturation）	Saturation	实现饱和特征
死区模块（Dead Zone）	Dead Zone	实现死区非线性特征
动态死区模块（Dead Zone Dynamic）	up u lo y Dead Zone Dynamic	实现动态死区
磁滞回环模块（Backlash）	Backlash	实现磁滞回环
滞环继电模块（Relay）	Relay	实现有滞环的继电特性
量化模块（Quantizer）	Quantizer	对输入信号进行数字化处理
库仑与粘性摩擦模块（Coulomb & Viscous Friction）	Coulomb & Viscous Friction	实现库仑摩擦加粘性摩擦

4. 离散模块组（Discrete）

离散模块组（如图 8.6.5 所示）包含进行线性定常离散时间系统建模与仿真所需的各类模块。

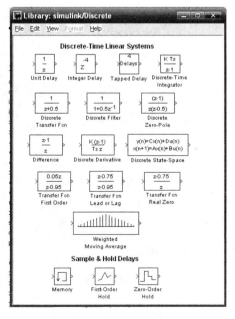

图 8.6.5　离散模块组

其功能介绍如表 8.6.4 所示。

表 8.6.4　离散模块组的模块及功能介绍

名称	形状	功能介绍
单位延迟模块 （Unit Delay）	$\dfrac{1}{z}$ Unit Delay	实现 z 域单位延迟，等同于离散时间算子 z^{-1}
离散时间积分模块 （Discrete-Time Integrator）	$\dfrac{K\,Ts}{z-1}$ Discrete-Time Integrator	实现离散时间变量积分
离散传递函数模块 （Discrete Transfer Fcn）	$\dfrac{1}{z+0.5}$ Discrete Transtfer Fcn	实现脉冲传递函数模型
离散滤波器模块 （Discrete Filter）	$\dfrac{1}{1+0.5z^{-1}}$ Discrete Filter	实现数字滤波器的数学模型
离散零极点增益模块 （Discrete Zero-Pole）	$\dfrac{(z-1)}{z(z-0.5)}$ Discrete Zero-Pole	实现零极点增益形式脉冲传递函数模型
离散状态空间模块 （Discrete State-Space）	$y(n)=Cx(n)+Du(n)$ $x(n+1)=Ax(n)+Bu(n)$ Discrete State-Space	实现离散状态空间模型
一阶保持器模块 （First-Order Hold）	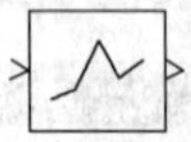 First-Order Hold	实现一阶保持器
零阶保持器模块 （Zero-Order Hold）	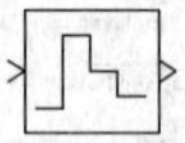 Zero-Order Hold	实现零阶保持器

说明：

① 离散传递函数模块：以 z 降幂形式排列的两个多项式之比。

② 离散滤波器模块：以 z^{-1} 升幂形式排列的两个多项式之比。

在 Simulink 模块库中，除了离散模块组以外，其他一些模块组，比如数学运算模块组、信宿模块组、信源模块组中的几乎所有模块也都能用于离散系统的建模。

5. 数学运算模块组（Math Operations）

数学运算模块组（如图 8.6.6 所示）包含了进行控制系统建模和仿真所需的各类数学运算模块。其模块功能介绍如表 8.6.5 所示。

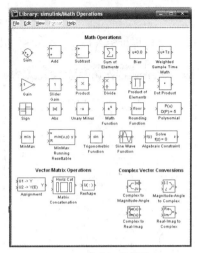

图 8.6.6　数学运算模块组

表 8.6.5　数学运算模块组的模块及功能介绍

名称	形状	功能介绍
求和模块 （Sum）	Sum	实现代数求和，和 ADD 模块功能相同
相减模块 （Subtract）	Subtract	对输入信号进行减运算
增益模块 （Gain）	Gain	将输入信号值乘以该增益值输出
叉乘模块 （Product）	Product	实现乘法运算
点乘模块 （Dot Product）	Dot Product	对两个输入矢量进行点积运算
符号函数模块 （Sign）	Sign	实现符号函数运算
数学函数模块 （Math Function）	Math Function	实现数学函数运算
正弦波模块 （Sine Wave Function）	Sine Wave Function	正弦波输出
实部和虚部转换为复数模块 （Real-Imag to Complex）	Real-Imag to Complex	将实部和虚部的输入转换为复数
幅相转换成复数模块 （Magnitude-Angle to Complex）	Magnitude-Angle to Complex	将幅值和相角输入转换为复数

6. 信源模块组（Sources）

信源模块组（如图 8.6.7 所示）为系统提供输入信号，其包含多种常用的输入信号和数据发生器。

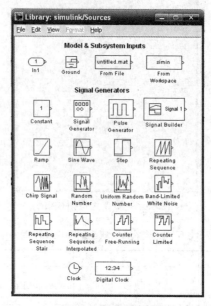

图 8.6.7　信源模块组

信源模块介绍及功能说明详见表 8.6.6。

表 8.6.6　信源模块组的模块及功能介绍

名称	形状	功能介绍
输入端口模块 （In1）	1 In1	标准输入端口
接地模块 （Ground）	Ground	将未连接的输入端接地，输出为零
从文件中输入数据模块 （From File）	untitled.mat From File	从 MATLAB 文件中获取数据
从工作空间输入数据模块 （From Workspace）	simin From Workspace	从 MATLAB 工作空间中获取数据
常数模块 （Constant）	1 Constant	恒值输出
信号发生器模块 （Signal Generator）	Signal Generator	周期信号输出
脉冲信号发生器 （Pulse Generator）	Pulse Generator	脉冲信号输出

名称	形状	功能介绍
斜坡信号模块 （Ramp）	Ramp	斜坡信号输出
正弦波信号模块 （Sine Wave）	Sine Wave	正弦波信号输出
阶跃信号模块 （Step）	Step	阶跃信号输出
随机信号模块 （Random Number）	Random Number	随机数输出
时钟模块 （Clock）	Clock	连续仿真时钟；在每一仿真步输出当前仿真时间
数字时钟模块 （Digital Clock）	12 : 34 Digital Clock	离散仿真时钟；在指定的采样间隔内输出仿真时间

7. 信宿模块组（Sinks）

信宿模块组（如图 8.6.8 所示）为系统提供输出（显示）装置，其包含多种输出观测和显示装置。

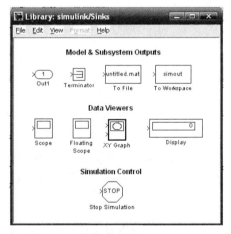

图 8.6.8　信宿模块组

信宿模块组模块的介绍见表 8.6.7。

表 8.6.7　信宿模块组的模块及功能介绍

名称	形状	功能介绍
输出端口模块 （Out1）	1 Out1	标准输出端口
示波器模块 （Scope）	Scope	示波器

续表

名称	形状	功能介绍
X-Y 示波器模块 （XY Graph）	XY Graph	显示 X-Y 图形
显示数据模块 （Display）	Display	数值显示
终止仿真模块 （Stop Simulation）	STOP Stop Simulation	终止仿真

8.6.2　Simulink 的基本操作

利用 Simulink 进行建模和仿真，首先应该熟悉 Simulink 的一些基本操作，包括对 Simulink 模块的操作，对模块间信号线的操作，以及最后模块的仿真操作等。

Simulink 的建模和仿真是在其模型窗口内操作的。用户可以选择菜单"File"→"new"，选择"Model"打开模型窗口。

1．模块操作

对模块的操作首先是选定模块，用户可以使用鼠标左键单击模块以选定单个模块；可以按住"Shift"键或用鼠标右键拖拉区域选定多个模块。

如果不想使用该模块，可以按下"Delete"键删除该模块，也可以按下工具栏图标，或者用组合键"Ctrl+X"来剪切该模块。

默认状态下，模块总是输入端在左，输出端在右。若需要改变方向，可以使用鼠标右键选择菜单"Format"→"Flip Block"将模块旋转 180°，也可以选择菜单"Format"→"Rotate Block"将模块旋转 90°。

最重要的是模块参数的设置。用鼠标双击模块即可打开其参数设置对话框，然后可以通过改变对话框提供的对象进行参数设置。

此外，使用鼠标右键选择菜单"Block Propertied"，可以编辑模块的属性。属性对话框一般都包含三部分：模块功能描述（Description）、优先级（Priorty）和标签（Tag）。

2．信号线操作

和模块操作类似，信号线的移动可以用鼠标左键按住拖曳，也可以按下"Delete"键删除信号线。

在实际模型中，一个信号往往需要分送到不同模块的多个输入端，此时就需要绘制信号的分支线。其操作步骤为：将鼠标指向分支的起点，按下鼠标右键，待鼠标指针变成"+"字后，拖动鼠标至分支点终端，然后释放鼠标右键即可。

如果模块只有一个输入端和一个输出端，那么该模块可以直接被插入到一条信号线中。只要选中待插入模块，按下鼠标左键拖动至信号线上即可。

信号线也可以添加标识，只要使用鼠标左键双击待添加标识的信号线，在弹出的空白文字填写框中输入文本，就是该信号线的标识。输入完毕后，在模型窗口内其他任意位置单击鼠标左键即可退出编辑。

3．仿真操作

Simulink 模型建立完成后，就可以对其进行仿真运行了。用鼠标单击 Simulink 模型窗口工具栏内的"仿真启动或继续"图标 ▶，即可启动仿真；当仿真开始时图标 ▶ 就变成"暂停仿真"图标 ‖。仿真过程结束后，图标 ‖ 又变回 ▶。

在仿真过程中可以单击"终止仿真"图标 ■ 来终止此次仿真。仿真结果可以在信宿模块中输出或显示。

8.6.3 Simulink 建模与仿真

Simulink 提供了友好的图形用户界面，模型用模块组成的框图表示，用户通过单击和拖动鼠标的动作即可完成系统的建模，如同使用笔来画图一样简单。而且 Simulink 支持线性和非线性系统、连续和离散时间系统以及混合系统的建模与仿真。

1. 线性连续时间系统的建模与仿真

不管控制系统是由系统框图描述，还是用微分方程、状态空间描述，都可以很方便地用 Simulink 建立其模型。

例 8.6.1 控制系统结构图如图 8.6.9 所示，试建立 Simulink 模型并显示在单位阶跃信号输入下的仿真结果。

解： 本例直接给出系统的控制框图，所以只要在 Simulink 模型窗口中按图搭建模型即可。

① 建立 Simulink 模型，如图 8.6.10 所示。

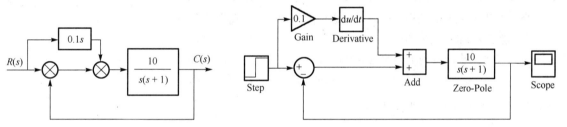

图 8.6.9　例 8.6.1 的控制系统框图　　　　图 8.6.10　例 8.6.1 的 Simulink 模型

② 参数设置。

求和模块的设置（如图 8.6.11 所示）：改变对话框："List of signs"中的"+"符号，可以将一端的"+"设置为"–"。

零极点增益模块的设置（见图 8.6.12）：设置零点（Zeros）、极点（Poles）和增益（Gain）值。书写格式与 8.3.1 节所述相同。

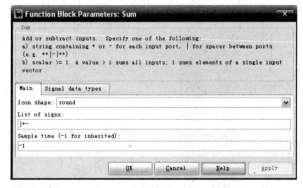

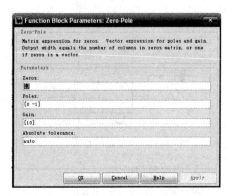

图 8.6.11　求和模块的设置　　　　　　　　图 8.6.12　零极点增益模块的设置

阶跃信号输入模块的默认输入值是单位阶跃信号，所以不必修改。

增益模块的设置：改变"Gain"中的参数值即可改变增益值。

③ 仿真结果：仿真运行完毕后双击打开示波器可看到输出波形。还可用鼠标左键单击示波器显示屏上的"自动刻度"图标 ，使波形充满整个坐标框，如图 8.6.14 所示。

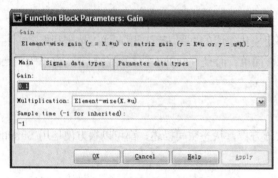

图 8.6.13　增益模块的设置

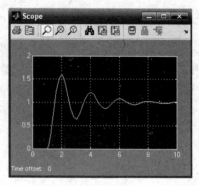

图 8.6.14　例 8.6.1 的仿真结果

例 8.6.2　考虑图 8.6.15 所示的阻尼二阶系统。图中，小车所受外力为 F，小车的位移为 x。设小车质量 $m=5$，弹簧的弹性系数 $k=2$，阻尼系数 $f=1$。并设系统的初始状态为静止在平衡点处，即 $\dot{x}(0)=x(0)=0$，外力函数为幅值恒等于 1 的阶跃量，试仿真其运动。

解：利用 Simulink 的积分模块可以通过微分方程直接建立其模型。

① 建立系统的数学模型。

通过受力分析，得到小车的运动方程为：

$$m\ddot{x}+f\dot{x}+kx=F \tag{8-1}$$

将各值代入运动方程，整理后得到：

$$\ddot{x}=u(t)-0.2\dot{x}-0.4x \tag{8-2}$$

其中，$u(t)=0.2F$。

② 利用积分模块建立其 Simulink 模型。

对微分方程的建模，实质上就是建立微分方程求解模型，因此可利用积分模块采用逐次降阶积分法完成，如图 8.6.16 所示。

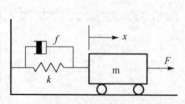

图 8.6.15　阻尼二阶系统

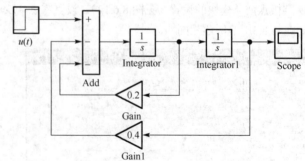

图 8.6.16　例 8.6.2 的 Simulink 模型

③ 模块参数设置。

阶跃输入模块（见图 8.6.17），将原来的名称 Step 改为 u(t)。双击打开对话框，改变"Step time"为 0，"Final value"为 0.2。

求和模块（见图 8.6.18），在"List of signs"一栏中按次序重新添加"+"或"−"。

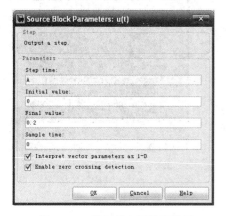

图 8.6.17 阶跃输入模块的设置

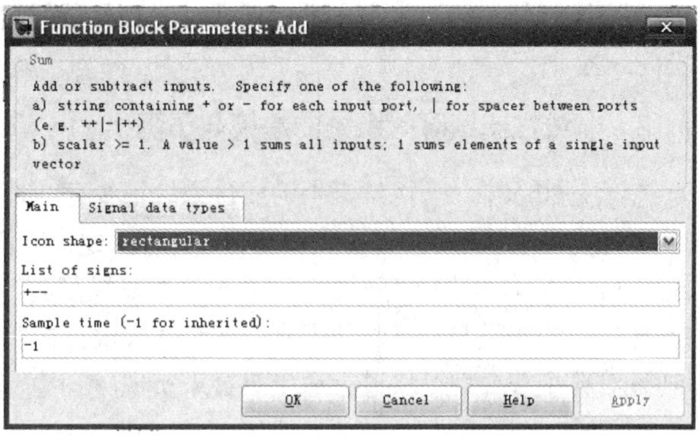

图 8.6.18 求和模块的设置

④ 仿真运行结果。

在模型窗口工作栏的右侧"仿真结束时间"的图标框 50.0 内，将默认的"10.0"修改为"50.0"。运行仿真，其结果如图 8.6.19 所示。

例 8.6.3 已知控制系统的状态空间方程为：

$$\dot{x} = \begin{bmatrix} 0 & 1 & 0 \\ 0 & 0 & 1 \\ -3 & -2 & 0 \end{bmatrix} x + \begin{bmatrix} 0 \\ 0 \\ 1 \end{bmatrix} u$$

$$y = [1 \quad 0 \quad 0]x$$

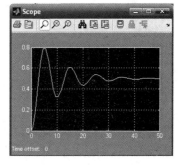

图 8.6.19 例 8.6.2 的仿真结果

试求系统单位阶跃响应。

解：利用 State-Space 模块能快速地构建 Simulink 模型。

① 其 Simulink 模型如图 8.6.20 所示。

② 参数设置。

双击状态空间模块，按矩阵输入 A、B、C、D 的值即可，如图 8.6.21 所示

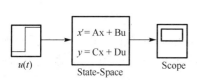

图 8.6.20 例 8.6.3 的 Simulink 模型

图 8.6.21 状态空间模块的设置

最后设置仿真结束时间为 50。

③ 仿真结果。

仿真运行结束后，双击示波器模块，得到最后的响应曲线，如图 8.6.22 所示。

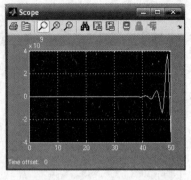

图 8.6.22　例 8.6.3 的响应曲线

2. 非线性连续时间系统的建模与仿真

在工程实际中，严格意义上的线性系统很少存在，大量的系统或器件都是非线性的。非线性系统的 Simulink 建模方法很灵活。应用 Simulink 构建非线性连续时间系统的仿真模型时，根据非线性元件参数的取值，既可以使用典型非线性模块直接实现，也可以通过对典型非线性模块进行适当组合来实现。

例 8.6.4　设具有饱和非线性特性的控制系统如图 8.6.23 所示，通过仿真研究系统的运动。

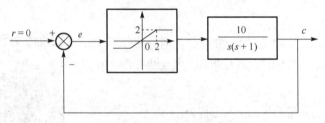

图 8.6.23　例 8.6.4 的控制系统

解： ① 构建 Simulink 模型。

由于系统中饱和非线性特性的线性段斜率为 2，而 Simulink 模块库中的饱和非线性模块的线性段斜率只能取 1，所以在该饱和非线性模块后串接一个增益模块，以实现线性段斜率为 2 的饱和非线性特性。这样由系统的框图构建 Simulink 的仿真模型如图 8.6.24 所示。

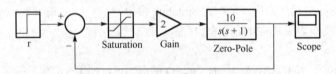

图 8.6.24　例 8.6.4 的 Simulink 模型

② 模型参数设置。

输入信号采用单位阶跃信号，设置 Step time=0，Final time=1；

求和模块 List of signs 填写 "+-"；

饱和非线性模块（见图 8.6.25）中，设置 Upper limit=1，Lower time=-1；

修改零极点增益模块为所需的函数。

③ 仿真运行结果如图 8.6.26 所示。

3. 线性离散时间系统的建模与仿真

离散系统包括离散时间系统和连续-离散系统混合系统。离散时间系统既可以用差分方程描述，也可以用脉冲传递函数描述，而连续-离散系统混合系统则可用微分-差分方程或传递函数-脉冲传递函数描述。

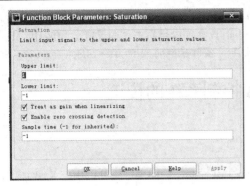

图 8.6.25　饱和非线性模块的设置

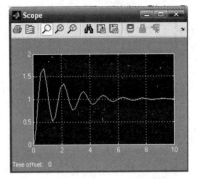

图 8.6.26　例 8.6.4 的运动响应

例 8.6.5　如图 8.2.27 所示的离散系统，采样周期 T_s=1s，$G_h(s)$ 为零阶保持器，而 $G(s)=\dfrac{10}{s(s+5)}$，求系统的单位阶跃响应。

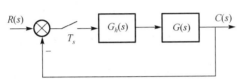

图 8.6.27　例 8.6.5 的离散系统

解： ① Simulink 仿真模型如图 8.6.28 所示。

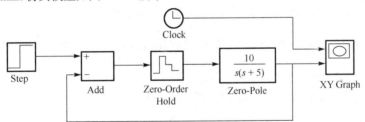

图 8.6.28　例 8.6.5 的 Simulink 仿真模型

② 模型参数设置。

零阶保持器模块，因为默认采样时间 T_s=1s，所以不需要改变。

XY 示波器模块，改变"x-min"为 0，"x-max"为 20；改变"y-min"为 0，"y-max"为 2。如图 8.6.29 所示。

（3）仿真运行结果如图 8.6.30 所示。

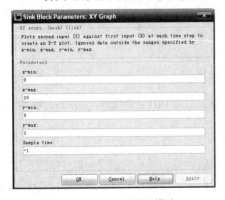

图 8.6.29　XY 示波器模块

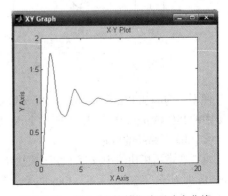

图 8.6.30　例 8.6.5 的单位阶跃响应曲线

采样周期是所有离散模块最重要的参数。在所有离散模块的参数设置对话框中，"Simple time"（采样时间）一栏中既可以填写采样时间 T_s 也可以填写二元向量[T_s, offset]。offset 指时间偏移量，可正可负，但绝对值总小于 T_s，实际采样时间 $t = T_s + \text{offset}$。

8.7　基于 MATLAB 控制系统的校正

8.7.1　PID 控制器

PID 控制策略是最早发展起来的控制策略之一。由于其控制结构简单，实际应用中又便于整定，所以它在工业过程控制中有着十分广泛的应用。在本小节中只是简单地介绍 PID 控制策略在 MATLAB 中的实现方法。

比较简单的方法就是利用 Simulink 中的 Subsystems 模块构建 PID 子系统。PID 控制器的数学描述为：

$$u(t) = K_p \left[e(t) + \frac{1}{T_l} \int_0^t e(\tau)\mathrm{d}\tau + T_d \frac{\mathrm{d}e(t)}{\mathrm{d}t} \right] \tag{8-3}$$

其传递函数可以写成：

$$G(s) = K_p + \frac{T_i}{s} + T_d s \tag{8-4}$$

其中，K_p 为比例系数；T_i 为积分时间常数；T_d 为微分时间常数。

例 8.7.1　已知单位负反馈控制系统的传递函数为 $G(s) = \dfrac{10}{s(s+1)}$。要求在单位阶跃信号作用下绘制其响应曲线，并使用 PID 控制器改善其性能。

解：① 构建其 Simulink 模型，如图 8.7.1 所示。

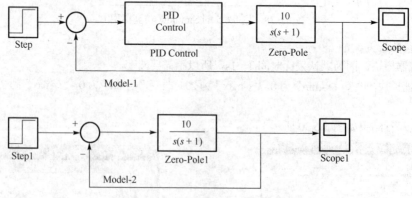

图 8.7.1　例 8.7.1 的 Simulink 模型

模型 1 为添加 PID 控制器后的 Simulink 模型，模型 2 为未添加 PID 控制器的 Simulink 模型。模型 1 中的 PID Control 即为已经构建并封装完成的 PID 子系统。

② PID 子系统的构建。

可以在常用模块组中选择子系统模块（Subsystem），双击后就显示子系统创建窗口（如图 8.7.2 所示）。In 即为子系统的输入端，Out 即为子系统的输出端。这里需要在 In 和 Out 之间添加 PID 控制器所需的模块和信号线。

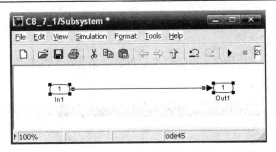

图 8.7.2 子系统创建窗口

a）根据式（8-4）构建 PID 控制器，如图 8.7.3 所示。

增益模块 1（Gain）的 Gain 一栏填写 Kp；

传递函数模块将"Numerator coefficients"设置为 Ti，将"Denominator coefficient"设置为[1 0]；

增益模块 2（Gain2）的 Gain 一栏填写 Td。

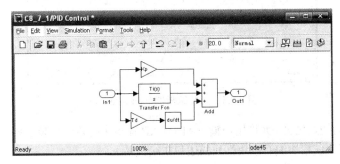

图 8.7.3 PID 控制器子系统

b）封装子系统。

选择菜单"Edit"→"Mask Subsystem"，或选择"Edit"→"Edit Mask"打开封装编辑器，如图 8.7.4 所示。

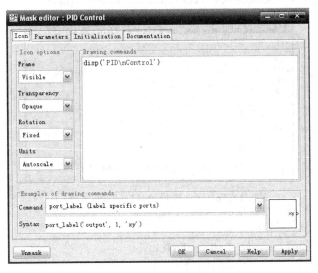

图 8.7.4 子系统封装编辑器

Icon 页为图标页，用于创建包括描述文本、数学模型、图像及图形在内的封装子系统模块图标。

如果采用文本描述，只要在描述命令框（Drawing commands）中输入"disp('PID\nControl')"，即可把子系统命名为"PID Control"。

Parameters 页为参数页，用于创立和修改决定封装子系统行为的参数，为封装子系统模块设置对话框，见图 8.7.5。

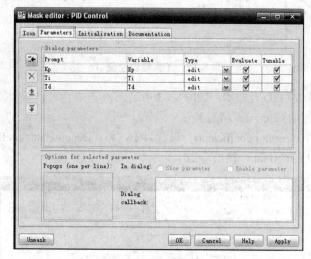

图 8.7.5　封装编辑器 Parameters 页

Initialization 页为初始化页，允许用户输入 MATLAB 命令来初始化封装子系统。Documentation 页为文档页，可以为子系统模块编写模块性质描述和在线帮助。

单击"OK"按钮后，封装完成。

c）输入参数值。

一旦封装完成后，再次用鼠标双击子系统模块，那么弹出的就不是子系统构建窗口了，而是参数设置对话框，如图 8.7.6 所示。

在参数设置对话框中，可以随意设置 Parameters 页内添加的参数值。

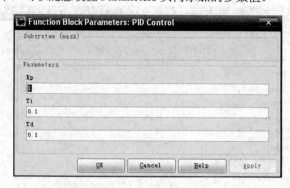

图 8.7.6　子系统模块参数设置对话框

③ 参数设置。

在子系统模块中，设置：$K_p=1$；$T_i=0.1$；$T_d=0.1$。

④ 仿真运行结果。

带有 PID 控制器系统的仿真运行结果如图 8.7.7 所示。未带 PID 控制器系统的仿真运行结果如图 8.7.8 所示。

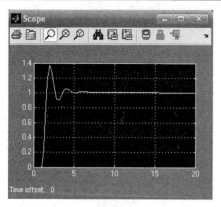

图 8.7.7　采用 PID 控制策略的系统响应曲线

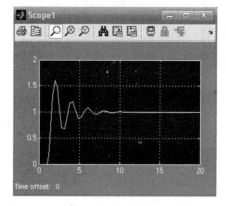

图 8.7.8　未采用 PID 控制的系统响应曲线

8.7.2　超前校正

超前校正（如图 8.7.9 所示）即在前向通道上串联传递函数 $G_c = \dfrac{1+aTs}{1+Ts}$，其中 a、T 可调节，且 $a > 1$。

例 8.7.2　已知一单位反馈伺服系统的开环传递函数为 $G(s) = \dfrac{200}{s(0.1s+1)}$，试设计一个无源校正网络，使系统的相位裕度不小于 $45°$，截止频率不低于 50rad/s。

解：在 M 文本编辑器中编写一个 leadc( )的函数来实现超前校正。该函数只适用于带积分环节的二阶或三阶系统的零极点增益模型。

① 其程序清单如下：

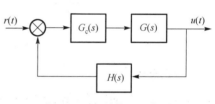

图 8.7.9　超前校正示意图

```
%Design a phase lead compensator
function [a,T,Gc]=leadc(r0,e0,z,p,k)
G=zpk(z,p,k);
[Gm,Pm,Wcg,Wcp]=margin(G);
r=pi*(r0+e0-Pm)/180;        %change to radians
a=2/(1-sin(r))-1;
if numel(p)==2
        w=sqrt(k*(a^0.5));
else
        w=sqrt(k/abs(p(3))*(a^0.5));
end
T=1/w/(a^0.5);
Gc=tf([a*T 1],[T 1]);
G0=feedback(G,1);
G1=feedback(G*Gc,1);
step(G0,'-',G1,'--')
```

② 保存文件名为 leadc.m。

③ 调用 leadc( )函数。在 MATALB 命令窗口中输入：

```
[a,T,Gc]=leadc(45,10,[],[0 -10],2000)
```

运行结果为（见图 8.7.10）：

```
a =
    5.1025
T =
    0.0066
Transfer function:
0.03361 s + 1
---------------
0.006586 s + 1
```

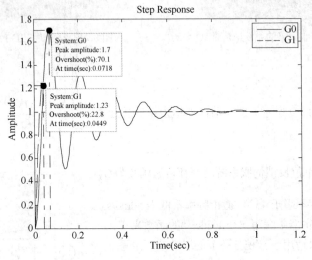

图 8.7.10　例 8.7.2 的单位阶跃响应曲线

④ 校正检验。

超前校正装置的传递函数表达式为 $G_c(s) = \dfrac{0.03361s + 1}{0.006586s + 1}$ ，在 MATLAB 命令窗口中输入：

```
>> G=zpk([],[0 -10],2000);
>> Gc=tf([0.03361 1],[0.006586 1]);
>> G1=feedback(Gc*G,1);           %得到校正后系统的闭环传递函数
>> S=allmargin(G1)
```

运行结果为：

```
S =
    GainMargin: Inf
    GMFrequency: Inf
    PhaseMargin: [-180 97.1370]
    PMFrequency: [0 82.4904]
    DelayMargin: [Inf 0.0206]
    DMFrequency: [0 82.4904]
        Stable: 1
```

校正后系统符合设计要求。从图 8.7.10 中也可以看到，实线表示未校正前闭环系统的单位阶跃响应曲线，虚线表示采用超前校正后闭环系统的单位阶跃响应曲线。

采用 8.5.3 节讲述的方法，可以在单位阶跃响应图中得到系统的动态性能指标：未校正前系统的

超调量为 70.1%，校正后为 22.8%；校正后系统的上升时间提前 0.01s，调节时间提前 0.7s。校正后系统的性能明显优于未校正系统的性能。

8.7.3　滞后校正

滞后校正的系统结构图（如图 8.7.11 所示）与超前校正相同，其校正装置的传递函数表达式形式也和超前校正装置的传递函数相似，不同的是系数 $a<1$。即滞后校正装置的传递函数为 $G_c = \dfrac{1+aTs}{1+Ts}$，其中 a、T 可调节，且 $a<1$。

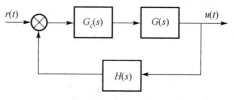

图 8.7.11　滞后校正示意图

例 8.7.3　设单位负反馈系统的开环传递函数为 $G(s) = \dfrac{10}{s(s+1)(s+2)}$，试设计一滞后校正系统，使得校正后的系统相位裕度不小于 $40°$，幅值裕度不低于 10dB。

解：按照滞后校正系统的设计步骤：

① 绘制未校正前系统的 Bode 图。在 MATLAB 命令窗口中输入：

```
>> G=zpk([],[0 -1 -2],10);
>> bode(G)
>> grid
```

运行结果为（见图 8.7.12）：

```
>> S=allmargin(G)
```

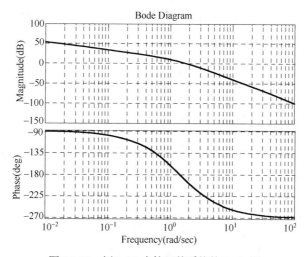

图 8.7.12　例 8.7.2 未校正前系统的 Bode 图

运行结果为：

```
S =
    GainMargin: 0.6000
    GMFrequency: 1.4142
    PhaseMargin: -12.9919
    PMFrequency: 1.8020
    DelayMargin: 3.3609
```

```
         DMFrequency: 1.8020
             Stable: 0
```

可得未校正前系统不稳定（Stable=0），相位裕度为 13°（PhaseMargin=13），幅值裕度为–4.44dB（GainMargin=0.6）。均不符合设计要求。

② 设计要求校正后系统的相位裕度 $\gamma \geq 40°$，所以校正后的系统相角 φ 在未校正系统的相频特性曲线对应的频率 ω_c'，即为校正后系统的截止频率。其中，$\varphi = -(180° - \gamma' - \varepsilon)$，$\gamma'$ 为给定的相位裕度指标，ε 为附加角度。

不妨取附加角度 $\varepsilon = 5°$，则 $\varphi = -(180° - \gamma' - \varepsilon) = -(180° - 40° - 5°) = -135°$。求解 ω_c' 可以在未校正前系统 Bode 图（见图 8.7.12）的相位特性曲线中用鼠标左键单击–135°在曲线上所对应的点，可显示对应的频率值为 0.565rad/s，如图 8.7.13 所示。

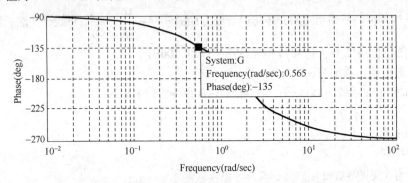

图 8.7.13   例 8.7.2 求得相角–135°在曲线上对应的频率值

也可以求解方程 $180° - 90° - \arctan(\omega_c') - \arctan\left(\dfrac{1}{2}\omega_c'\right) = 40° + 5°$，在 MATLAB 命令窗口中输入：

```
>> solve('atan(w)+atan(w*0.5)=pi/4','w')
```

运行结果为：

```
ans =
.56155281280883027491070492798704
```

求得 $\omega_c' = 0.56$。

③ 因为校正前系统有：

$$L(\omega) = \begin{cases} 20\lg\dfrac{5}{\omega}, & \omega < 1 \\[2mm] 20\lg\dfrac{5}{\omega^2}, & 1 < \omega < 2 \\[2mm] 20\lg\dfrac{5}{\omega^3}, & \omega > 2 \end{cases} \qquad (8\text{-}5)$$

根据式（8-5），令 $L(\omega_c') = 20\lg\dfrac{1}{a}$，得到 $a = 0.112$。

④ 求解方程 $\omega_c'\tan(\varepsilon) = \dfrac{1}{aT}$ 得到 T，在 MATLAB 命令窗口中输入：

```
>> T=solve('0.112*T*0.56*tan(5*pi/180)=1','T')
```

运行结果为：

```
T =
182.23935431698569941343838566905
```

⑤ 校正检验。

滞后校正装置的传递函数为 $G_c(s) = \dfrac{20.41s+1}{182.24s+1}$ ，在 MATLAB 命令窗口中输入：

```
>> Gc=tf([20.41 1],[182.24 1]);
>> G0=feedback(G,1);          %得到未校正前闭环系统的传递函数 G0
>> G1=feedback(Gc*G,1);       %得到校正后闭环系统的传递函数 G1
>> S=allmargin(G1)
>> step(G0,'-',G1,'--')
```

运行结果为：

```
S =
     GainMargin: 4.0072
    GMFrequency: 1.3673
    PhaseMargin: [-180 60.3251]
     PMFrequency: [0 0.7343]
    DelayMargin: [Inf 1.4339]
    DMFrequency: [0 0.7343]
         Stable: 1
```

校正后系统稳定，相位裕度为 60.325°，幅值裕度为 12.04dB。

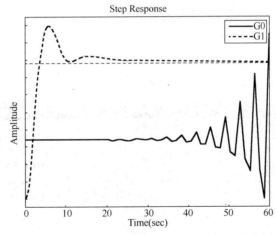

图 8.7.14　例 8.7.2 未校正系统和校正后系统的单位阶跃响应曲线

8.7.4　SISO 设计工具

SISO 设计工具（SISO Design Tool）是 MATLAB 提供的能够分析及调整单输入单输出反馈控制系统的图形用户界面。使用 SISO 设计工具可以设计四种类型的反馈系统，如图 8.7.15 所示。图中，$C(s)$ 为校正装置的数学模型；$G(s)$ 为被控对象的数学模型；$H(s)$ 为传感器（反馈环节）的数学模型；$F(s)$ 为滤波器的数学模型。

SISO 设计工具的应用包括：

① 应用根轨迹法改善闭环系统的动态特性；

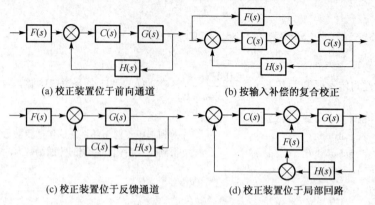

(a) 校正装置位于前向通道　　　　　(b) 按输入补偿的复合校正

(c) 校正装置位于反馈通道　　　　　(d) 校正装置位于局部回路

图 8.7.15　SISO 设计工具研究的反馈系统结构

② 改变开环系统 Bode 图的形状；

③ 添加校正装置的零点和极点；

④ 添加及调整超前/滞后网络和滤波器；

⑤ 检验闭环系统响应；

⑥ 调整相位及幅值裕度；

⑦ 实现连续时间模型和离散时间模型之间的转换。

本节仅介绍 Bode 图的设计方法。

1. 打开 SISO 设计工具窗口

SISO 设计工具的打开方式有很多，主要有以下两种方法。

（1）在 MATLAB 命令窗口中输入：

```
>> sisotool
```

运行后打开 SISO 设计工具，如图 8.7.16 所示。

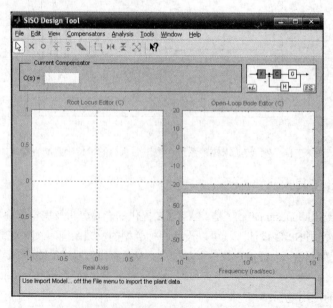

图 8.7.16　未导入数据的 SISO 设计工具窗口

左上角 Current Compensator 区域为校正装置面板，当导入系统数据后可单击编辑当前使用的校正装置。

右上角的结构框图用于选择设计的反馈结构（如图 8.7.15 所示），单击右下角的"FS"键可在四种结构之间切换；单击"+/–"可以切换反馈极性。

中间三块空白处为图形显示区，在任一区域内单击鼠标右键可得当前区域的 SISO 设计选项。

（2）在 MATLAB 命令窗口中输入：

```
>> G=tf([1],[1 1 0]);
>> sisotool(G)
```

运行后，即导入函数 $G(s) = \dfrac{1}{s^2 + s}$ 的数据，如图 8.7.17 所示。

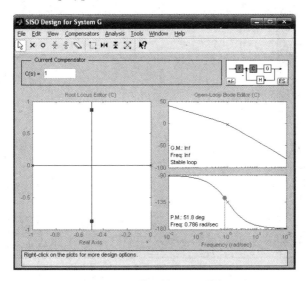

图 8.7.17　导入数据的 SISO 设计工具

图中显示的对象属性一般有：极点（以"×"表示）、零点（以"○"表示）和 Bode 图左下方的参数值。

默认情况下，显示图形为根轨迹图和开环 Bode 图，可以通过打开菜单项"View"勾选显示开环 Nichols 曲线和滤波器的 Bode 图，且最多只能同时显示四种。

2．系统数据的导入

在菜单项中选择"File"→"Import…"打开图 8.7.18 所示的导入系统数据对话框。选中"SISO Models"区域对话框中的 G，再单击左边的导入键"––>"，便将模型 G 的数据导入到对象数据区中。

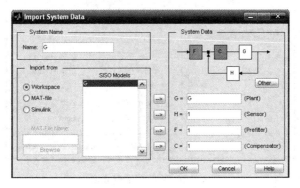

图 8.7.18　导入系统数据对话框

3. 响应曲线的设定

进行校正装置参数设计时，使用 SISO 设计工具可以很方便地得到系统的各种响应（如单位阶跃响应、单位脉冲响应等）曲线，以及指定响应曲线的起点和终点。

比如，选择菜单项"Analysis"→"Response to Step Command"即可得到单位阶跃响应曲线（如图 8.7.19 所示），且默认情况下为参考输入信号 r 至输出信号 y 的闭环单位阶跃响应和 r 到校正装置输出信号 u 的两条曲线。

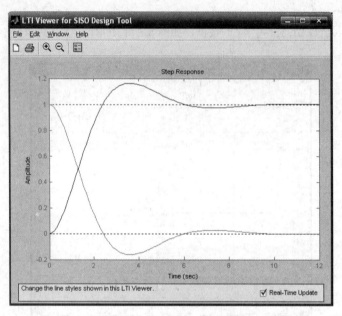

图 8.7.19　单位阶跃响应曲线

可通过选择菜单项"Analysis"→"Other Loop Response"打开如图 8.7.20 所示的响应图形建立窗口来修改响应曲线及其属性。

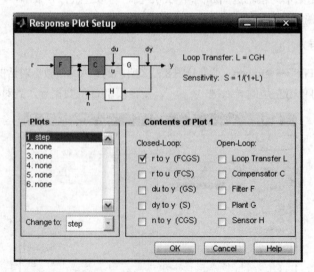

图 8.7.20　响应图形建立窗口

4．Bode 图设计方法

例 8.7.2　已知单位负反馈系统的传递函数为 $G(s)=\dfrac{200}{s(0.1s+1)}$，设计要求校正后系统的相位裕度

不小于 45°，截止频率不低于 50rad/s。

解： ① 首先得到原系统，在 MATLAB 命令窗口中输入：

```
>> G=zpk([],[0 -10],2000);
>> sisotool(G)
```

运行结果如图 8.7.21 所示。

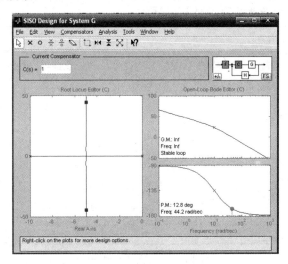

图 8.7.21　例 8.7.2 的 SISO 设计工具窗口

可以得到原系统的相位裕度（P.M.）为 12.8°，幅值裕度（G.M.）为无穷大，截止频率（Freq）为 44.2rad/s，且系统稳定（Stable loop）。

　注意，Bode 图中显示的幅值裕度（G.M.）单位是分贝。

系统的单位阶跃响应曲线如图 8.7.22 所示。

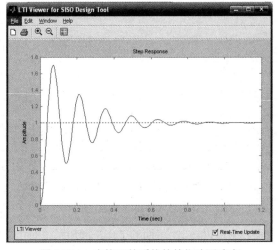

图 8.7.22　未校正前系统的单位阶跃响应

可以得到未校正系统的动态性能指标：上升时间为 0.0215s，超调量为 70.1%，调节时间为 0.782s。

② 带宽调节。

设计要求系统的截止频率不低于 50rad/s，尝试设置被控系统的截止频率等于 67rad/s。

为了便于设计，可暂时隐去根轨迹图，在菜单项"View"中去掉勾选项"Root Locus"，选择图 8.7.23 中菜单"Grid"添加网格线。然后将鼠标移到 Bode 图的对数幅频特性曲线上，按下鼠标左键，当鼠标形状变为手形时，上下移动曲线即可改变截止频率。

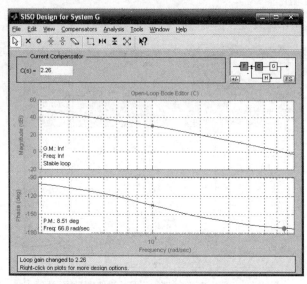

图 8.7.23　带宽调节显示图

调节后的截止频率为 66.8rad/s，相位裕度为 8.51°，其阶跃响应曲线如图 8.7.24 所示。

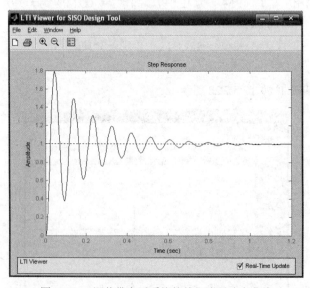

图 8.7.24　调节带宽后系统的单位阶跃响应曲线

③ 添加超前网络。

从图 8.7.24 所示的响应曲线中可以看出，下面的工作是增加系统的相位裕度，减小系统的超调量，提高系统的调节时间。一个可能采取的措施是对校正装置增加超前网络。

　　为了添加超前网络，在图中任意处右键单击并选择菜单项"Add Pole"→"Lead"，此时鼠标形状变成带"×"的黑色箭头。放置鼠标至对数幅频特性曲线上最右边极点的右边，然后单击鼠标左键，即添加了超前网络。其传递函数表达式为"Current Compensator"中的 $C(s) = 2.23 \times \dfrac{1+0.14s}{1+0.09s}$。

　　可以看到，添加了超前网络以后，系统的相位裕度变为 9.57°，截止频率变为 81.3rad/s。

　　为了改善系统性能，可以改变校正装置的极点、零点和增益。这些操作都在根轨迹图中完成。

　　a）改变校正装置的零点：将鼠标放至根轨迹图中的红圈上，此时鼠标变成手形，且下方提示框中的文字变成"Left-click to move this zero of the compensator C(s)"。向左移动鼠标减小校正装置的零点，可以减小系统的截止频率和相位裕度，增大系统的超调量，增加系统的上升时间和调节时间。

　　b）改变校正装置的极点：将鼠标放至根轨迹图中的红叉上，此时鼠标变成手形，且下方提示框中文字变成"Left-click to move this pole of the compensator C(s)"。向左移动鼠标减小校正装置的极点，可以增大系统的截止频率和相位裕度，减小系统的超调量，减少系统的上升时间和调节时间。

　　c）改变校正装置的增益：可以直接在"Current Compensator"对话框中的白框内改变增益值。减小增益值即减小系统的截止频率，增大相位裕度，减小系统的超调量，增大系统的上升时间。

　　改变系统的零点、极点和增益使校正后系统的相位裕度为 48.9°（大于设计要求的 45°），截止频率为 67rad/s（大于设计要求的 50rad/s），如图 8.7.25 所示，此时校正装置的传递函数表达式为 $C(s) = 1.5 \times \dfrac{1+0.017s}{1+0.0023s}$。

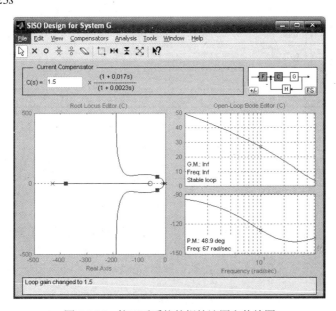

图 8.7.25　校正后系统的根轨迹图和伯德图

　　其单位阶跃响应曲线如图 8.7.26 所示。

　　④ 校正检验。

　　校正后系统的开环传递函数为：

$$G'(s) = G(s) \times C(s) = \frac{200}{s(0.1s+1)} \times \frac{1.5(1+0.017s)}{1+0.0023s}$$

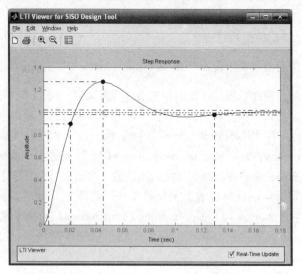

图 8.7.26   校正后系统的单位阶跃响应曲线

其性能指标如表 8.7.1 所示。

表 8.7.1   性能指标

	校正前	校正后
稳定性	稳定	稳定
相位裕度	12.8°	48.9°
截止频率	44.2rad/s	67rad/s
超调量	70.1%	26.9%
上升时间	0.0215s	0.0173s
调节时间	0.782s	0.13s

可以看出，校正后系统仍稳定，其相位裕度和截止频率符合设计要求，而且超调量减小为 26.9%，上升时间减少 0.004s，调节时间减少 0.652s，校正系统设计成功。

习   题

1. 已知控制系统的传递函数为 $G(s) = \dfrac{s+1}{s^3+2s+3}$ ，用 MATLAB 建立其数学模型。

2. 已知两个线性定常连续系统的传递函数分别为 $G_1(s) = \dfrac{100}{s^2+10s+100}$ ， $G_2(s) = \dfrac{3s+2}{2s^2+7s+2}$ ，绘制它们的脉冲响应曲线。

3. 已知典型二阶系统的传递函数为 $\varPhi(s) = \dfrac{\omega_n^2}{s^2+2\zeta\omega_n s+\omega_n^2}$ 。其中自然频率 $\omega_n = 6$，绘制当阻尼比 $\zeta = 0.1$，0.2，0.707，1.0，2.0 时系统的单位阶跃响应。

4. 已知线性定常连续系统的零极点增益模型为 $G(s) = \dfrac{5(s+0.1)}{(s+5)(s+0.01)}$ ，试绘制其 Bode 图。

5. 单位负反馈系统的开环传递函数为 $G(s) = \dfrac{4(s+0.2)}{s(s+4)(s+0.1)}$ ，试绘制其 Nyquist 曲线。

6. 已知反馈系统的开环传递函数为 $G(s) = \dfrac{s+2}{s^5 + 2s^4 + 9s^3 + 10s^2}$，应用 MATLAB 通过直接计算其极点值和特征根来判断稳定性。

7. 已知具有零点的三阶系统 $G_1(s) = \dfrac{10(s+1)}{(s+5)[s-(-1+j)][s-(-1-j)]}$，使用闭环主导极点的概念，在同一坐标下，绘制出它的近似二阶系统 $G_2(s) = \dfrac{2(s+1)}{[s-(-1+j)][s-(-1-j)]}$，并分析对比它们的性能。

8. 某控制系统如图 P8.1 所示，建立 simulink 模型并进行仿真分析。

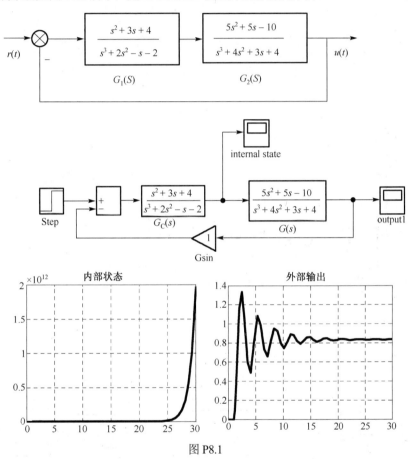

图 P8.1

9. 某控制系统结构图如图 P8.2 所示，建立 simulink 模型并进行仿真分析。

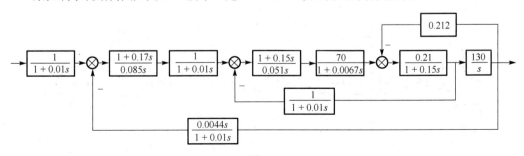

图 P8.2

10. 已知系统如图 P8.3 所示，采样周期 $T=1$，试绘制其阶跃响应曲线，并求出其动态性能指标。

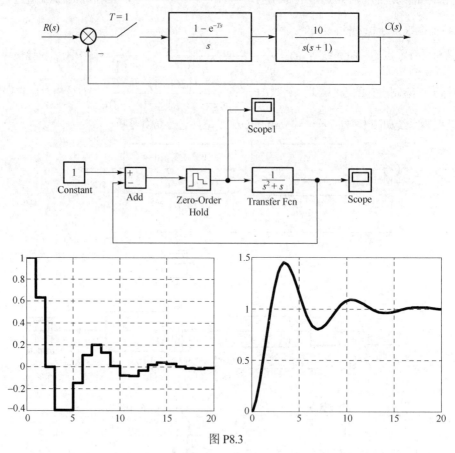

图 P8.3

11. 如图 P8.4 所示为非线性计算机控制系统，$T=0.1$。非线性环节为饱和非线性特征，分析系统的自激振荡特性。

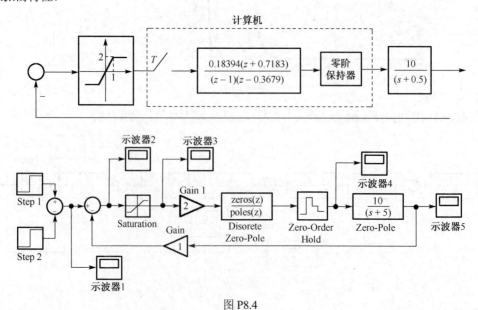

图 P8.4

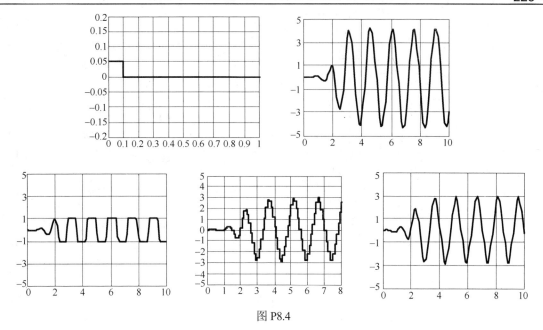

图 P8.4

12. 图 P8.5 所示为含饱和特性的离散时间非线性系统，分析系统的结构与参数对自激振荡特性的影响。

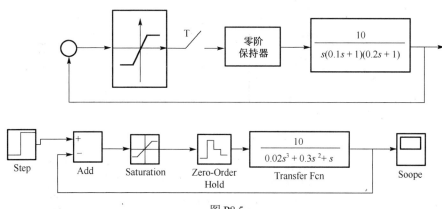

图 P8.5

13. 图 P8.6 所示为转速电流双闭环调速系统，图 P8.7 所示为对应该系统某一参数的 Simulink 模型，请研究系统中各个部分的信号变化情况。

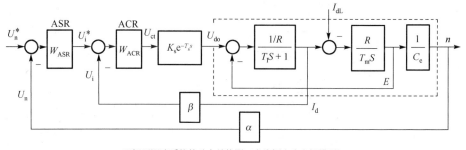

双闭环调速系统的动态结构图（虚线框内为电机模型）

图 P8.6

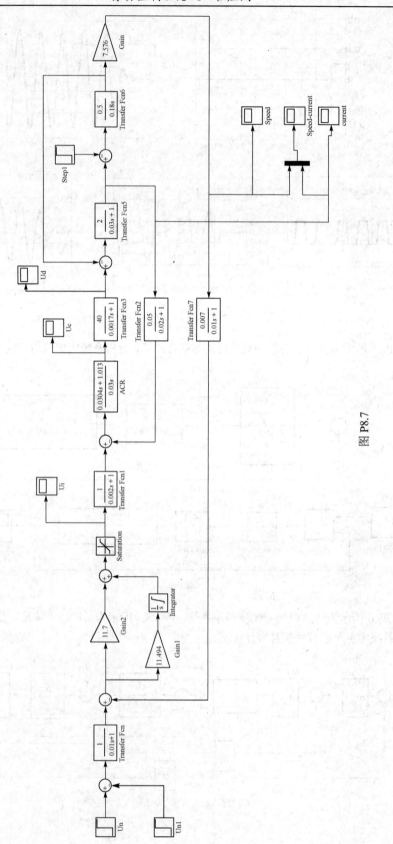

图 P8.7

第9章 三自由度直升机系统半实物仿真与实时控制

前面几章介绍了自动控制的基本概念、数学基础、常见的数学模型，控制系统的运动响应分析、性能分析、系统的校正以及实例。第 8 章介绍了如何使用 Matlab 以及 Simulink 进行分析和建模。

然而，直到现在所讨论的都是纯数字的仿真方法，并未考虑和真实的外部环境之间的关系。在很多实际过程中，很难准确获得系统的数学模型，所以也就无从建立起 Simulink 所描述的精确框图，有时还因为实际模型的复杂性，建立起来的模型也不确定，所以需要将实际系统模型放置在仿真系统中进行仿真研究。这样的仿真经常被称为"硬件在环"（Hardware-In-Loop，HIL）的仿真，又常称为半实物仿真。

在实际应用中，通过纯数值仿真方法设计出的控制器在系统试控制中可能达不到期望的控制效果，甚至控制器完全不能用，这是因为在纯数值仿真中忽略了实际系统的某些特性或参数。要解决这样的问题，引入半实物仿真的概念是十分必要的。

本章将通过实际例子介绍 Quanser 三自由度直升机半实物仿真系统的构造与实验，搭建起理论仿真研究与实时控制之间的桥梁。

9.1 Quanser 三自由度直升机的系统结构和数学模型

小型无人直升机是目前国内外各高校和研究机构的研究热点之一，它在军用和民用两方面都具有很高的研究价值。由 Quanser 公司生产的三自由度直升机是一个含实物的实时实验平台。该平台具有较强的实验性和直观性，被广泛应用于控制理论科研中。诸多的控制算法被应用于该模型，也取得了不错的科研成果。Quanser 公司设计的实时控制软件 Quarc 与 Matlab/ Simulink 无缝连接并且能够自动将 Simulink 模块转为 C 代码，具有很好的实时性。实验者不用手动编写代码，可以将更多的时间花在控制系统的设计和性能的研究上。

如图 9.1.1 所示为三自由度直升机的实物图和力学示意图。从图 9.1.1(a)和图 9.1.1(b)中可以看到它由基座、平衡杆、配重块、前后螺旋桨及电机、电滑环、各自由度上的编码器、主动干扰系统（Active Disturbance System，ADS）等组成。

图 9.1.1(c)所示为三自由度直升机的力学示意图。由图可见直升机三个自由度的旋转轴分别为高度（elevation）轴、俯仰（pitch）轴、旋转（travel）轴。

由此可分别建立三个轴的动力学方程如下。

1. 高度轴

如图 9.1.1(c)所示，高度轴就是穿过支点且垂直于此直升机运动平面的轴。高度角就是直升机的平衡杆在起始位置和它的高度运动位置之间的夹角。在此模型中，前后螺旋桨分别产生升力为 F_f 和 F_b，所产生的升力和为 $F_m = F_f + F_b$，由 F_m 来控制高度轴的运动。当 $F_m > F_g$ 时，直升机上升；反之，则下降。容易得到：俯仰角越大，则表明直升机飞得越高。假设机体水平是 $\varepsilon = 0$，根据力矩平衡方程可以得到：

$$J_\varepsilon \ddot{\varepsilon} = K_f(U_f + U_b)\cos pL_a - m_h gL_a \cos \varepsilon$$

式中，K_f 为电机推力系数，单位为 N/V；U_f 和 U_b 分别为前后电机的控制输入电压，单位为 V。

在俯仰角比较小的情况下，高度角在平衡点附近的运动方程可近似为：

$$\ddot{\varepsilon} = \frac{K_f L_a (U_f + U_b) - m_h g L_a}{J_\varepsilon}$$

(9-1)

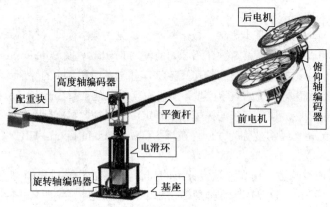

(a) 三自由度直升机结构图（无ADS）

(b) 主动干扰系统（ADS）

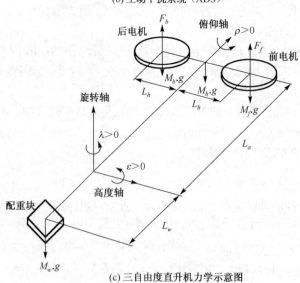

(c) 三自由度直升机力学示意图

图 9.1.1　三自由度直升机实物图和力学示意图

2. 俯仰轴

如图 9.1.1(c)所示的简化模型：俯仰轴是指穿过直升机的两螺旋桨中点并且垂直于直升机运动平面的轴。俯仰角是指直升机的两螺旋桨偏离水平位置的夹角。俯仰轴的运动是由前后螺旋桨所产生的升力差所控制的。若 $F_f > F_b$，直升机会就会产生正向倾斜；反之，产生负向倾斜。容易得到：俯仰角越大，直升机就会倾斜得越厉害，其俯仰轴的运动方程如下：

$$J_p \ddot{P} = K_f(U_f + U_b)L_h$$

$$\ddot{P} = \frac{K_f L_h (U_f + U_b)}{J_p} \tag{9-2}$$

3. 旋转轴

如图 9.1.1(c)所示的模型：旋转轴是穿过直升机的支点并且垂直于直升机的运动平面的轴。旋转角是直升机平衡杆的开始位置和水平运动位置之间的夹角。直升机倾斜必然会产生俯仰角，同时就会在旋转方向产生一个推力，产生旋转加速度，但若俯仰角为零就没有力可以传给旋转轴。容易得到：旋转角越大，直升机的水平方向飞行的距离就越大。旋转轴的运动方程为：

$$J_\lambda \ddot{\lambda} = K_f(U_f + U_b)\sin p \cos \varepsilon L_a$$
$$+ K_f(U_f - U_b)\sin \varepsilon L_h$$

当高度角在平衡点附近时，$\varepsilon \approx 0$，俯仰角较小时，$\sin p \approx p$，此时以俯仰角为输入的旋转通道的微分方程可近似为：

$$\ddot{\lambda} = \frac{K_f(U_f + U_b)L_a}{J_\lambda} p \tag{9-3}$$

由式（9-3）可知，俯仰角越大，旋转速度就会越快，若不是为了达到更快的旋转速度，就认为俯仰角越大越好。由于考虑到人坐在直升机中的舒适度，就要保持直升机能平稳飞行，所以我们在考虑旋转速度的同时要注意俯仰角不能过大。

用 Maple 对式（9-1）、式（9-2）和式（9-3）进行推导，定义状态变量为：

$$x^T = [\varepsilon, p, \lambda, \dot{\varepsilon}, \dot{p}, \dot{\lambda}]$$

输入为：

$$u = [U_f, U_b]'$$

输出为：

$$y^T = [\varepsilon, p, \lambda]$$

将动力学方程线性化后表示成状态方程：

$$\begin{cases} \dot{x} = Ax + Bu \\ y = Cx + Du \end{cases}$$

其中：

$$\begin{bmatrix} \dot{\varepsilon} \\ \dot{p} \\ \dot{\lambda} \\ \ddot{\varepsilon} \\ \ddot{p} \\ \ddot{\lambda} \end{bmatrix} = A \begin{bmatrix} \varepsilon \\ p \\ \lambda \\ \dot{\varepsilon} \\ \dot{p} \\ \dot{\lambda} \end{bmatrix} + B \begin{bmatrix} U_f \\ U_b \end{bmatrix}$$

得到：

$$A = \begin{bmatrix} 0 & 0 & 0 & 1 & 0 & 0 \\ 0 & 0 & 0 & 0 & 1 & 0 \\ 0 & 0 & 0 & 0 & 0 & 1 \\ 0 & 0 & 0 & 0 & 0 & 0 \\ 0 & 0 & 0 & 0 & 0 & 0 \\ 0 & -\dfrac{(L_m m_w - 2L_a m_f)g}{m_w L_w^2 + 2m_f L_h^2 + 2m_f L_a^2} & 0 & 0 & 0 & 0 \end{bmatrix}$$

$$B = \begin{bmatrix} 0 & 0 \\ 0 & 0 \\ 0 & 0 \\ \dfrac{L_a K_f}{2m_f L_a^2 + m_w L_w^2} & \dfrac{L_a K_f}{2m_f L_a^2 + m_w L_w^2} \\ \dfrac{1}{2}\dfrac{K_f}{m_f L_f} & -\dfrac{1}{2}\dfrac{K_f}{m_f L_f} \\ 0 & 0 \end{bmatrix}$$

于是得到状态方程的系数为：

$$A = \begin{bmatrix} 0 & 0 & 0 & 1 & 0 & 0 \\ 0 & 0 & 0 & 0 & 1 & 0 \\ 0 & 0 & 0 & 0 & 0 & 1 \\ 0 & 0 & 0 & 0 & 0 & 0 \\ 0 & 0 & 0 & 0 & 0 & 0 \\ 0 & -1.2304 & 0 & 0 & 0 & 0 \end{bmatrix} \qquad B = \begin{bmatrix} 0 & 0 \\ 0 & 0 \\ 0 & 0 \\ 0.0858 & 0.0858 \\ 0.5810 & -0.5810 \\ 0 & 0 \end{bmatrix}$$

$$C = \begin{bmatrix} 1 & 0 & 0 & 0 & 0 & 0 \\ 0 & 1 & 0 & 0 & 0 & 0 \\ 0 & 0 & 1 & 0 & 0 & 0 \end{bmatrix} \qquad D = \begin{bmatrix} 0 & 0 \\ 0 & 0 \\ 0 & 0 \end{bmatrix}$$

9.2 PID 控制器设计

本章通过 PID 控制器调节高度角和旋转角使其达到设定值，PID 的控制增益通过线性二次规划（Linear-Quadratic Regulation）算法计算得到。前后电机的状态反馈控制电压 V_f, V_b 定义如下：

$$\begin{bmatrix} V_f \\ V_b \end{bmatrix} = K_{PD}(x_d - x) + V_i + \begin{bmatrix} V_{op} \\ V_{op} \end{bmatrix}$$

其中：

$$K_{PD} = \begin{bmatrix} K_{1,1} & K_{1,2} & K_{1,3} & K_{1,4} & K_{1,5} & K_{1,6} \\ K_{2,1} & K_{2,2} & K_{2,3} & K_{2,4} & K_{2,5} & K_{2,6} \end{bmatrix} 是比例微分控制增益;$$

$x_d^{\mathrm{T}} = [\varepsilon_d \; p_d \; r_d \; 0 \; 0 \; 0]$ 是设定状态, x 是状态变量;

$$V_i = \begin{bmatrix} \int k_{1,7}(x_{d,1} - X_1)\mathrm{d}t + \int k_{1,8}(x_{d,3} - X_3)\mathrm{d}t \\ \int k_{2,7}(x_{d,1} - X_1)\mathrm{d}t + \int k_{2,8}(x_{d,3} - X_3)\mathrm{d}t \end{bmatrix} 是积分控制;$$

$$V_{op} = \frac{1}{2}\frac{g(L_\omega m_\omega - L_a m_f - L_a m_b)}{L_a K_f} \tag{9-4}$$

其中, V_{op} 是操作点电压; $\varepsilon_d, p_d, \lambda_d$ 是高度角、俯仰角和旋转角的设定值。在控制中, 俯仰角被设为 0, 即 $p_d = 0$。$k_{1,1} \sim k_{1,3}$ 是前电机比例控制增益, $k_{2,1} \sim k_{2,3}$ 是后电机比例控制增益。同样, $k_{1,4} \sim k_{1,6}$ 是前电机的微分控制增益, $k_{2,4} \sim k_{2,6}$ 是后电机的微分控制增益, $k_{1,7}$ 和 $k_{1,8}$ 是前电机的积分控制增益, $k_{2,7}$ 和 $k_{2,8}$ 是后电机的积分控制增益。

PID 控制增益由线性二次规划算法得到。将系统的状态增广, 加入高度和旋转状态的积分, 得到增广的状态变量:

$$x_i^{\mathrm{T}} = \left[\varepsilon, p, r, \dot{\varepsilon}, \dot{p}, \dot{r}, \int \varepsilon \mathrm{d}t, \int r \mathrm{d}t \right]$$

利用反馈控制律:

$$u = -Kx_i$$

取权重矩阵: $Q = \mathrm{diag}([100 \; 1 \; 10 \; 0 \; 0 \; 2])$, $R = 0.025 * \mathrm{diag}([1 \; 1])$。

由以上参数以及最小代价函数 $J = \int_0^\infty x_i^{\mathrm{T}} Q x_i + u_i^{\mathrm{T}} R u \mathrm{d}t$, 通过 Matlab LQR 命令计算得到:

$$K = \begin{bmatrix} 51.9211 & 16.1899 & -16.1293 & 24.6004 & 5.2787 & -21.2682 & 14.1421 & -1.4142 \\ 51.9211 & -16.1899 & 16.1293 & 24.6004 & -5.2787 & 21.2682 & 14.1421 & 1.4142 \end{bmatrix} \tag{9-5}$$

9.3　数　值　仿　真

数值仿真是将理论付诸实践的前提, 只有在仿真情况下验证理论的可行性、可实践性才有进一步进行实验的可能和必要。仿真使人们对系统结构及原理有更深一步的了解, 为之后的实验做了必要的准备和铺垫。

如图 9.3.1 所示为直升机闭环响应的仿真模型, 它主要由四个模块组成, 从左往右分别为期望角度模块 (Desired Angle from Program)、控制器模块 (3-DOF HELI:LQR+I controller)、三自由度直升机模型 (3-DOF Helicopter Model) 以及示波器模块 (Scopes)。

期望角度模块由程序设置希望得到的角度, 或需要跟踪的轨迹, 一方面给控制器模块用于计算, 另一方面给示波器模块用于对比输出。控制器模块有两个输入, 一个为期望角度, 另一个为反馈回来的状态变量。通过 LQR+I 控制器计算得到控制电压, 输出给三自由度直升机模型, 一方面控制直升机更新角度, 更新后的测量角度用于反馈给控制器进行下一步计算; 另一方面用于输出, 输出给示波器模块, 与角度的期望值进行对比。

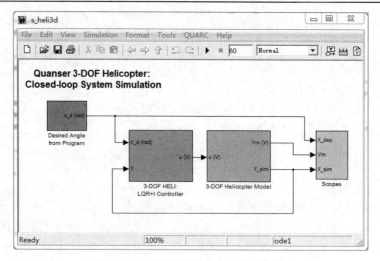

图 9.3.1　直升机闭环响应的仿真模型

　　如图 9.3.2 所示为期望角度模块，此模块产生期望的角度值，以向量形式输出。从图 9.3.2 可以看出高度角信号为两个信号的叠加，一个是幅值为 7.5° 的方波，另一个是定值 10°。所以高度角信号是以 10° 为原点，幅值为 7.5° 的正弦信号。这里是仿真，但在实际实验中还是以接近水平的角度为原点比较合适，因为角度较小时螺旋桨离基座支撑物较近，空气阻力较大。旋转角的幅值为 30°。由图 9.3.3 和图 9.3.4 可以看出，高度角期望值是频率为 0.04Hz 的方波，而旋转角的期望值是频率为 0.03Hz 的方波。角度的变化要在 ±0.7854rad/s 之间。

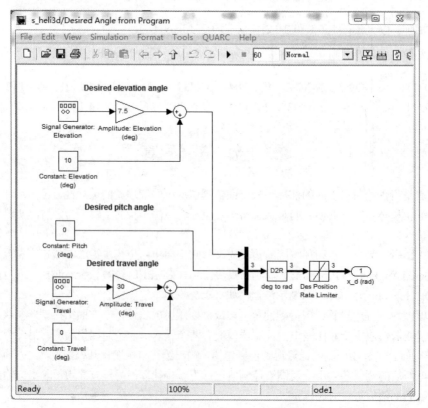

图 9.3.2　期望角度模块（Desired Angle from Program）

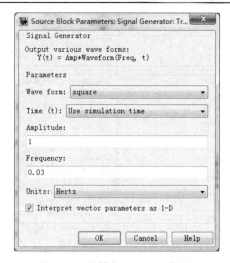

图 9.3.3　高度角（elevation）信号
图 9.3.4　旋转角（travel）信号

如图 9.3.5 所示为图 9.3.1 中控制器模块（3-DOF HELI:LQR+I controller）的展开图，输入为角度的期望值和仿真反馈回来的当前状态变量，输出为前后电机的控制电压。期望的角度值与状态变量负反馈的前三位相加得到三自由度角度的差值，包含在向量内。向量与式（9-5）K 的表达式中的比例微分项相乘得到比例微分电压向量。高度角误差和旋转角误差通过乘以 K 表达式中的积分项得到积分电压，具体如图 9.3.6 所示。

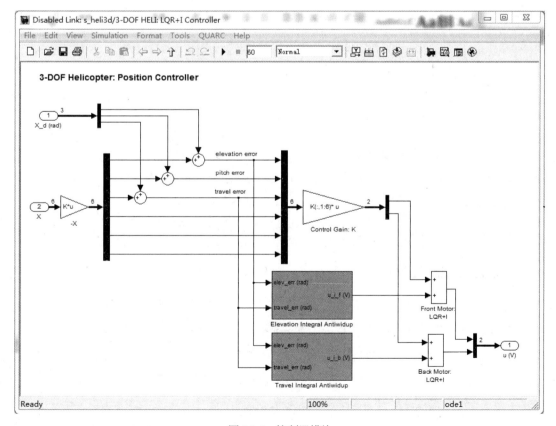

图 9.3.5　控制器模块

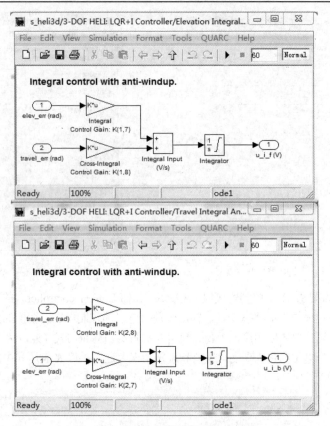

图 9.3.6　　高度角和旋转角的积分电压

如图 9.3.7 所示为图 9.3.1 中三自由度直升机模型（3-DOF Helicopter Model）的展开图。输入为控制器计算得到的前后电机控制电压，该电压为经功率放大器放大后的电压值，因此该控制电压必须在功率放大器的电压限制（VMAX_AMP）内，即±24V 之间。该控制电压除以功率放大器的放大倍数，（K_AMP）之后要在数据采集卡的电压限制（VMAX_DAC）内，即±10V 。这时候得到的控制电压然后再乘回放大倍数就可以放心地使用了。控制电压一方面作为状态空间模型的输入，用于更新系统状态，另一方面输出 Vm，作为示波器模型的输入。这里的状态空间模型是连续的。

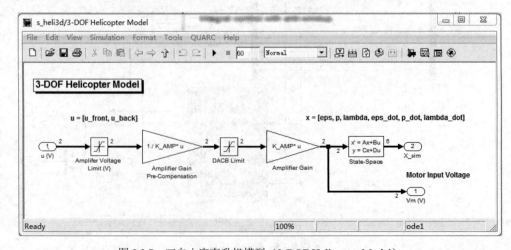

图 9.3.7　　三自由度直升机模型（3-DOF Helicopter Model）

图 9.3.8 所示为图 9.3.1 中示波器模块（Scopes）的展开图，从图 9.3.8 可见最后显示的是 4 个波形图，分别为三个自由度角度的波形图，以期望值和仿真值的对比形式给出，以及控制电压的波形图。图 9.3.9 为最后得到的仿真图形。

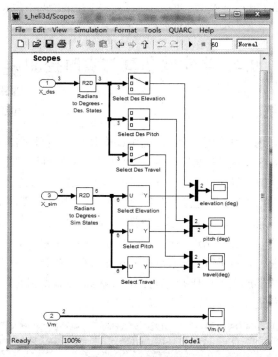

图 9.3.8　示波器模块

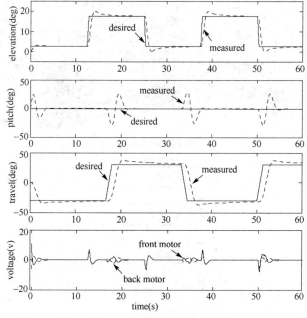

图 9.3.9　三自由度直升机仿真图形

图 9.3.9 所示为直升机高度角跟踪幅值为 7.5°、频率为 0.04Hz 的矩形波、旋转角跟踪幅值为 30°、频率为 0.03Hz 的仿真效果图。由图可见，高度角的跟踪上并没有明显的时延，在上升沿和下降沿上超

调量只有 2°左右。相对地，旋转角有 1.8s 的时延，但超调量不大，大约为 7°。值得注意的是俯仰角，它的期望值为 0，可是却有形似正弦的变化，这跟 travel 的原理有关。由式（9-3）可知，直升机之所以会做旋转运动是因为直升机在做俯仰运动时产生的水平推力推动直升机旋转。所以尽管俯仰角的期望值是 0，但测量值却按照正弦信号变化。最后一个是前后电机的控制电压变化情况。可以看到，前后电机只有在进行旋转运动时才不重合，也就是说前后电机控制电压不一样大时，直升机会做俯仰运动。

9.4　半实物仿真与实时控制

9.4.1　半实物仿真系统

　　半实物仿真是工程领域内一种应用较为广泛的仿真技术，是计算机仿真回路中接入一些实物进行的实验，因而更贴近实际情况。这种仿真实验将对象实体的动态特性通过建立数学模型、编程而在计算机上运行，这是在飞机控制、导弹控制、制导系统或其他控制中必须进行的仿真实验。

　　如图 9.4.1 所示为直升机的半实物仿真实验系统实物图和结构示意图，由图 9.4.1(a)可见，该系统主要由直升机模型、数据采集卡、功率放大器及计算机主机构成。控制手柄可用来操控直升机在三个自由度上的运动，急停开关用于紧急情况下断电。图 9.4.1(b)展示了整个实时控制过程的实现过程以及信息的流动过程。由图可见，计算机得到采样回来的角度信息，计算得到前后电机的控制电压，然后写入数据采集卡经功率放大器放大对直升机进行控制。编码器测量得到的直升机状态信号经数据采集卡传送回计算机，供计算机进行计算以得到下一步控制律。

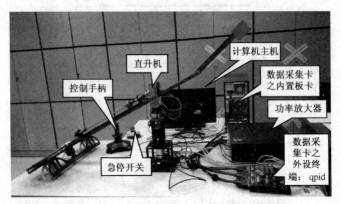

(a) 半实物仿真系统实物图

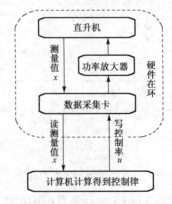

(b) 半实物仿真实验系统结构示意图

图 9.4.1　直升机半实物仿真实验系统实物图和结构示意图

9.4.2　无主动干扰系统（Active Disturbance System，ADS）

　　分析三自由度直升机的半实物仿真实验系统结构图（见图 9.4.1），得到三自由度直升机的 Simulink 框图，如图 9.4.2 所示。

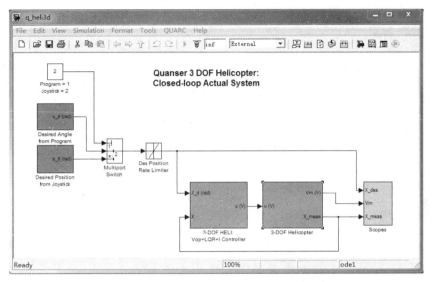

图 9.4.2　三自由度直升机 PID 控制 Simulink 框图（无 ADS）

　　实验可以两种形式进行，可以由程序调节设定值进行控制，也可以由外接的手柄进行操控，只需设置框图左上角的常数，若设置为 1，表示用程序控制，若设置为 2，表示用手柄控制。若是选择 1，可以通过点击期望角（Desired Angle from Program）模块设定高度角或旋转角，展开后和图 9.3.2 是一样的。（Desired Position Rate Limiter）设置了最大角速度，只有小于等于最大角速度才能安全地用来控制直升机，这也是手柄操控时值得注意的。实验用的手柄如图 9.4.3 所示，它的一些参数也已经给出。手柄控制得到期望角（Desired Position from Joystick）模块的展开如图 9.4.4 所示。控制器（3-DOF HELI: Vop+LQR+I Controller）模块如图 9.4.5 所示，通过 PID 控制计算得到控制增益 K 进而得到前后电机的控制电压。三自由度直升机模型（3-DOF Helicopter）模块打开如图 9.4.6 所示。这个模块的主要功能有两部分，一是对控制器（3-DOF HELI: Vop+LQR+I Controller）模块输入的前后电机控制电压进行安全上的限幅，功率放大器的输出电压要求同前，在 ±24V 之间，数据采集卡的输出电压要求在 ±10V 之间；二是将三个编码器测得的信号转换成三个自由度上的旋转角度，并通过二

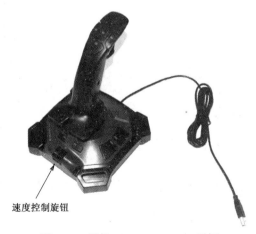

速度控制旋钮

图 9.4.3　罗技 ATTACK-3 USB 手柄

阶低通滤波器求其相应的角速度。这样就得到了状态变量 x，用于反馈给控制器（3-DOF HELI: Vop+LQR+I Controller）模块。示波器模块展开同图 9.3.8。

　　如图 9.4.3 所示的速度控制旋钮是手柄的速度调控旋钮，相当于调节分辨率。当旋钮向着手柄转到底时，速度最大，反之向外调到最大，此时转动手柄获得的速度就相对最小。

使用罗技 ATTACK-3 USB 手柄系统需要以下配置：

- Windows 98，Windows 2000，Windows Me，Windows XP，Windows Vista，Windows 7
- Intel 奔腾处理器
- 64MB RAM
- 20MB 硬盘空间
- CD-ROM 驱动
- USB 接口

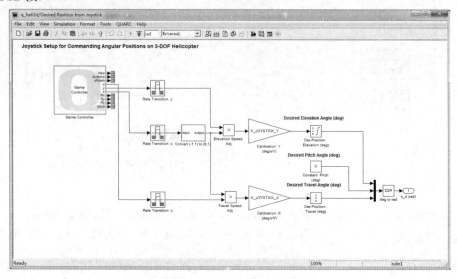

图 9.4.4　手柄控制展开

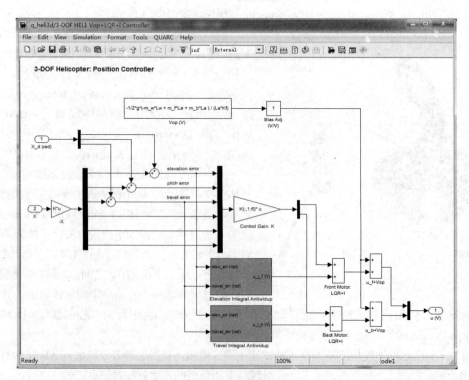

图 9.4.5　控制器模块

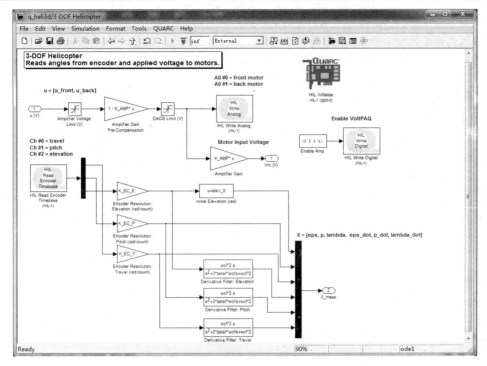

图 9.4.6　用作硬件接口的三自由度直升机子系统

图 9.4.4 为手柄控制得到期望角模块的展开图，罗技 ATTACK-3 USB 手柄有 11 个可编程的按钮。各方向拉动手柄，通过计算手柄 X、Y、Z 方向的速度，可得到期望的角度值。将手柄如图放置，向后拉动高度角就会正向增大，向前则负向增大；向左拉动手柄，直升机的俯仰角会正向增大，反之，向右拉则负向增大。需要注意的是，在拉动手柄时，幅度不能过大，因为手柄的灵敏度比较大，X 方向灵敏度（K_JOYSTICK_X）为 40.0deg/s/V，Y 方向灵敏度（K_JOYSTICK_X）为 45.0deg/s/V。

图 9.4.5 所示是图 9.4.2 中控制器模块的展开图，它与图 9.3.5 大体一致，唯一的不同是：将测量值和期望值通过 PID 算法计算得到的前后电机控制电压再分别加上了一个电压 V_{op}。因为前后电机在各自由度上产生的推力是根据静态电压（quiescent voltage）或称为操作点（opration point）定义或者产生的，V_{op} 的定义见式（9-4）。

图 9.4.6 为三自由度直升机模型（3-DOF Helicopter）模块，它与数值仿真中的模型结构（见图 9.3.7）有着很大的不同，因为它还涉及到硬件的读写。测量值也是实时采样得到的，而不是简单地更新一下状态空间 simulink 模块。从图中可以看到 3 个标有 HIL（Hardware In Loop）的模块。HIL（Hardware-in-the-Loop）硬件在环仿真测试系统是以实时处理器运行仿真模型来模拟受控对象运行状态的，是软件开发的一种状态，也是半实物仿真的写照。安装了 QuaRc 软件之后，搜索 Simulink 库会得到如图 9.4.7 所示的这些结构。图中 3 个标有 HIL 的模块从左到右分别为时基编码器模块读取（HIL Read Encoder Timebase）、写模拟输入模块（HIL Write Analog）、写数字输入模块（HIL Write Digital）。

直升机模块的输入为控制器模块（3-DOF HELI: Vop+LQR+I Controller）计算得到的前后电机控制电压，输出为状态变量的测量值和前后电机的控制电压。控制器模块输入控制电压为最后功率放大器提供给直升机的电压，因此必须满足功放最大输出电压（VMAX_AMP）小于等于 24V，除以放大倍数（1/K_AMP）后必须满足数据采集卡最大输出电压（VMAX_DAC）小于等于 10V。这样得到的控制电压才可以放心使用的电压，将它写入写模拟输入模块（HIL Write Analog）并作为本模块的输出。

时基编码器模块读取（HIL Read Encoder Timebase）得到三个自由度上编码器的计数次数，乘以相应的分辨率就得到了角度，对三个角度分别进行微分处理得到三个自由度上的角速度，六个量以向量形式输出，以及状态变量的测量值。

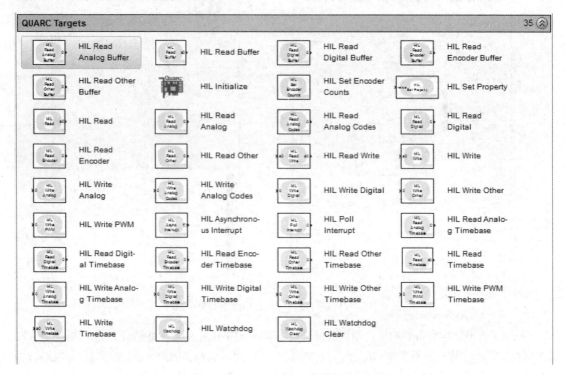

图 9.4.7　Simulink 元件库中 HIL 的搜索结果

　　然而若要进行实验，还需要进行一些硬件设置，如初始化板卡（HIL Initialize）和功放使能（Enable VoltPAQ）。初始化板设置如图 9.4.8 所示，功放使能模块只要是将板卡数字输入接口的前四位置 1。前四位为功放的四个放大通道，事实上本实验最多用三个通道，前后电机电压还有 ADS 系统的电压（可不接入）。后四位不是人为设置的，而是根据功放工作情况自动设置的，如果有哪个通道坏了，相应的位置就为 0，否则就为 1。

　　图 9.4.8(a) 主要选择数据采集卡，本实验所用板卡为 qpid，分为两部分：一部分为外置的终端，一部分为内置于机箱的板卡，所以在"main"选项卡下选择 qpid。

　　图 9.4.8(b) 是在数字输入选项卡下，选择设置数字输入通道为[4:7]。此四位用于反映功率放大器的四个放大通道是否工作正常，为 1 表示工作正常，为 0 表示没有正常工作。

　　图 9.4.8(c) 是在数字输出选项卡下，选择设置数字输出通道为[0:3]。此四位用于使能功率放大器的四个放大通道。

9.4.3　含主动干扰系统（ADS）

　　ADS 的系统具体结构可参见图 9.1.1(b) 所示三自由度直升机中的 ADS 系统。ADS 是一个可拆卸的装置，安装 ADS 后，调节尾部金属臂及末端金属块使得机身前后质量差为 74 克左右（螺旋桨端较重），此时认为模型未发生变化（具体可参考 Quanser 公司技术手册）。由图 9.4.9 可见，ADS 的干扰信号是由左上角的"Signal Generator"模块产生的信号并乘以一个幅值得到的。提供的示例所用信号为正弦信号，频率为 0.05Hz，幅值为 0.10963m，其中幅值必须小于 0.132m，如图 9.4.10 所示。

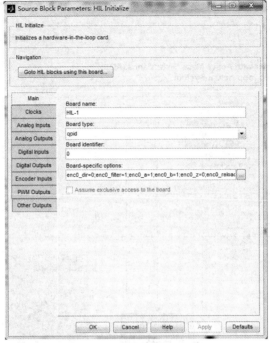

(a) 初始化板卡

(b)

(c)

图 9.4.8　初始化板的设置

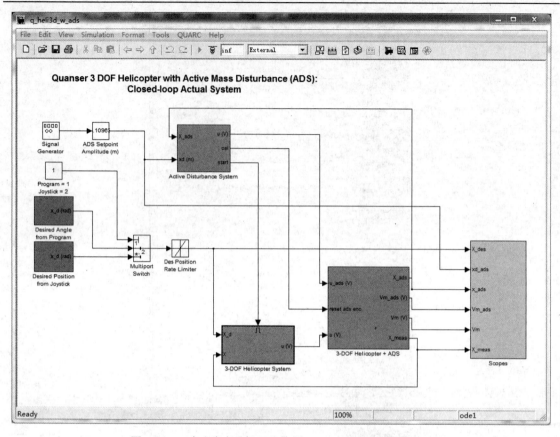

图 9.4.9　三自由度直升机 PID 控制 Simulink 框图（含 ADS）

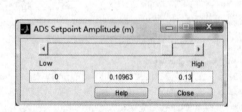

(a) ADS 干扰信号幅值

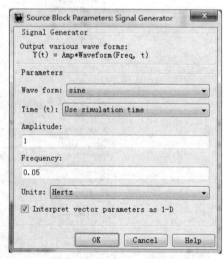

(b) ADS 干扰信号类型

图 9.4.10　ADS 干扰信号

　　模块开始运行后，ADS 系统首先对其编码器进行重置并对主动干扰质量块进行回零操作，之后给 "3-DOF Helicopter System" 一个使能信号，螺旋桨便开始转动了。

　　图 9.4.11 为 ADS 框图结构，由图可见主动干扰质量块的工作分两步：第一步从上一次停止的位置移至最左边（靠近基座），然后再回到中点，即主动干扰质量块移动的真正起始点。第二步，待螺旋桨开始转动后，ADS 按正弦规律开始运动，其余的工作与不含 ADS 的系统一样。含 ADS 直升机模型（3-DOF Helicopter + ADS）模块读取各个编码器的值，得到状态变量 x，三自由度直升机系统（3-DOF Helicopter System）模块，即同之前的控制器模块，通过 PID 控制器得到控制电压，输出给含 ADS 直升机模型模块。

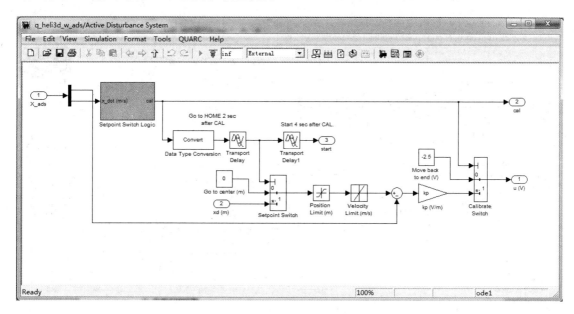

图 9.4.11　ADS 框图结构

　　三自由度直升机系统（3-DOF Helicopter System）模块展开如图 9.4.12 所示，它由一个使能模块和一个控制器模块组成，当 ADS 回零之后，三自由度直升机系统发来一个使能信号，电机就开始工作了。控制器（Vop+LQR+I Controller）模块展开同图 9.4.5 所示。

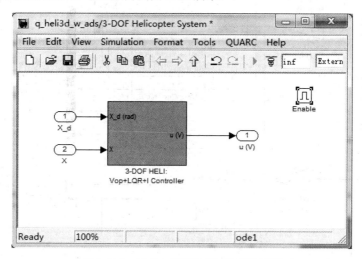

图 9.4.12　三自由度直升机系统模块展开

图 9.4.13 为图 9.4.9 中含 ADS 三自由度直升机系统（3-DOF Helicopter＋ADS）模块的展开图。由图可见，它与图 9.4.6 很相似，不同之处在于除了控制前后螺旋桨的电机，还要控制 ADS 的电机，所以时基编码器模块读取（HIL Read Encoder Timebase）多了 ADS 编码器的读取通道，写模拟输入模块（HIL Write Analog）多了一个 ADS 控制电压设置通道。当然，在系统上电的瞬间还需要重置 ADS，输入口 2 就起到了这个作用。

图 9.4.14 为示波器模块展开图，它与图 9.3.8 相比多了 ADS 位移示波器和控制电压示波器。

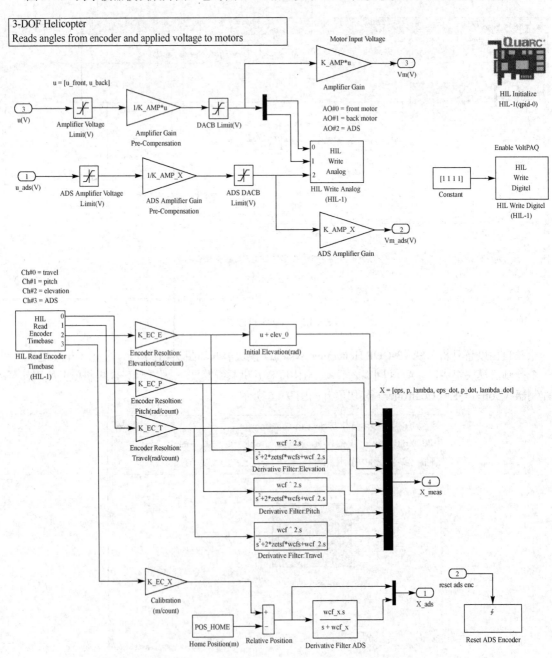

图 9.4.13　含 ADS 的三自由度直升机系统

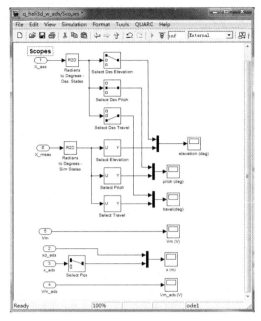

图 9.4.14　示波器模块

9.5　半实物仿真实验结果

9.5.1　无主动干扰系统（ADS）

1. 程序控制

图 9.5.1 为直升机高度角和旋转角分别跟踪矩形波的结果图。高度角跟踪幅值为 7.5°、频率为 0.03Hz 的矩形波，旋转角跟踪幅值为 30°、频率为 0.04Hz 的矩形波。由图可见，高度角几乎没有稳态误差，正向超出 2.11°，负向超出 2.666°，时延小，约为 0.14s；旋转角也几乎无稳态误差，只是调节时间相比高度角长了很多。同样，幅值上超调量也大了很多：正向超出 14.74°，负向超出 13.33°，延时约 0.61s。从上往下第二组图是俯仰角的变化情况，旋转角的变化是由俯仰角带动的（见式（9-3）），从俯仰角的变化能大致反映旋转角的变化规律。

图 9.5.2 为直升机高度角和旋转角分别跟踪正弦波的结果图。高度角跟踪幅值为 7.5°、频率为 0.1Hz 的正弦波，旋转角跟踪幅值为 20°、频率为 0.1Hz 的正弦波。由图可见高度角的跟踪，幅值上略不到位，波峰偏小约为 0.283°，波谷偏小约为 0.742°，时延约 0.482s。俯仰角此时按一定的规律变化，并且与旋转角有着相似的变化规律。同前，由图 9.1.1(c)所示旋转角的力学分析图和旋转角的表达式（式（9-3））可知，旋转角和俯仰角呈现一定的比例关系，因此变化规律相似，旋转角是由俯仰角的水平分力推动的。与高度角不同，旋转角的跟踪效果在幅值上偏大，波峰超出约 6°，波谷约大于期望值 5.58°；时域上效果不及高度角，约延时 1.81s。

2. 手柄控制

如图 9.4.2 半实物仿真实验的 Simulink 结构图（不含 ADS）所示，手柄控制就是通过操控罗技 ATTACK-3 USB 手柄来获得期望值。由于是手动操作，因此难免会有抖动，在跟踪高度角时难免也会使旋转角发生些许变化，因此产生的期望值没有程序得到的期望值那么完美。手柄控制跟踪高度角和旋转角如图 9.5.3 所示。

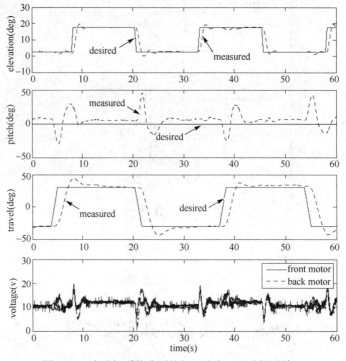

图 9.5.1　直升机系统典型的闭环响应（跟踪矩形波）

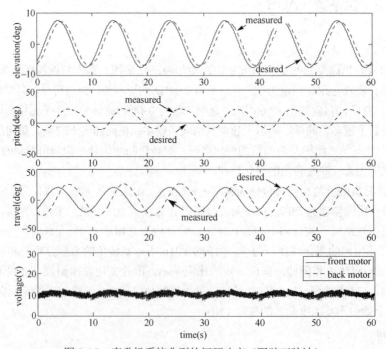

图 9.5.2　直升机系统典型的闭环响应（跟踪正弦波）

图 9.5.3 为手柄操控的直升机跟踪实验效果图，分别进行了高度角和旋转角的跟踪。因为手柄的灵敏度较高，所以实验时需要慢慢移动手柄，角度变化的幅值不能太大。在跟踪高度角时，无稳态误

差，几乎无超调，时延约为 0.3s；俯仰角有平均 5° 的偏差，俯仰角相比程序控制时抖动较大；在跟踪旋转角时，有略微的稳态误差，时延较大，约为 1s。

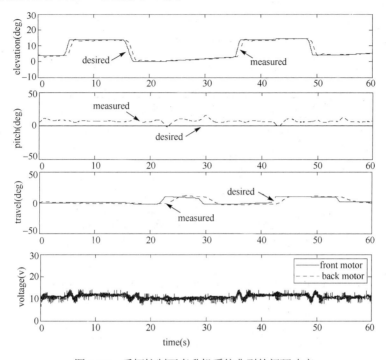

图 9.5.3　手柄控制下直升机系统典型的闭环响应

9.5.2　含主动干扰系统（ADS）

9.5.1 节介绍的是不含 ADS（Active Disturbance System）的系统，实际上建模时已经将它的质量考虑在内，只是没有让它运动起来。ADS 的实物图如图 9.1.1(b) 所示，它是由一个来回运动的金属块、螺杆、电机、编码器等组成的干扰系统，螺杆转动带动金属块的转动。螺杆总长 0.264m，螺距为 1/3 in/rev。这里给的干扰信号是幅值为 0.10963m、频率为 0.05Hz 的正弦信号。

含 ADS 的 Simulink 系统结构图如图 9.4.9 所示，模块运行后，ADS 系统首先对其编码器进行重置并对主动干扰质量块进行回零操作，即先向左边移动直到碰到设置的顶端，然后再回到中点。回零后，图 9.4.9 中的直升机系统模块（3-DOF Helicopter System）收到一个使能信号，螺旋桨便开始转动，实验便得以继续。

以下分别对含 ADS 的三自由度直升机系统进行程序控制和手柄控制的跟踪实验。

1．程序控制

图 9.5.4 是含 ADS 直升机高度角跟踪的实验效果图。跟踪的信号为幅值为 7.5°、频率为 0.1Hz 的正弦信号。如图所示，对于高度角的跟踪，幅值上的测量值略有整体下移，波峰偏小约 2°，波谷偏小约 1°；时域上约延时 1s。旋转角约有 5° 的偏差，且抖动不大。

图 9.5.5 是含 ADS 直升机旋转角跟踪的实验效果图。跟踪的信号为幅值为 20°、频率为 0.1Hz 的正弦信号。如图所示，高度角略有偏差，约 1.7°，对于旋转角的跟踪，幅值上的测量值略有整体上移，波峰偏大约 3°，波谷偏大约 8°；时域上约延时 1s。第三张图为 ADS 的位移图，由于周期长，所以只显示了一部分。

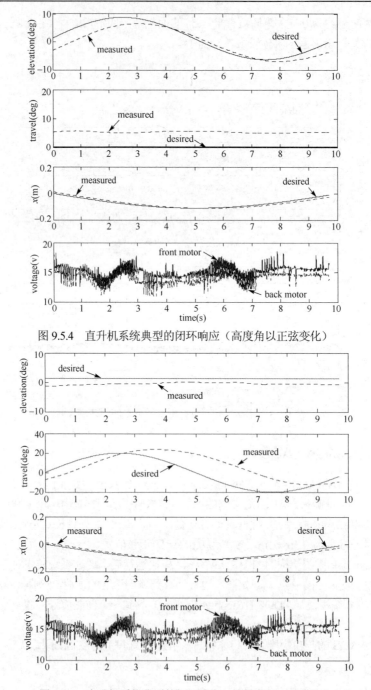

图 9.5.4　直升机系统典型的闭环响应（高度角以正弦变化）

图 9.5.5　直升机系统典型的闭环响应（旋转角以正弦变化）

2．手柄控制

　　图 9.5.6 是手柄控制下含 ADS 直升机高度角跟踪的实验效果图。测量得到的高度角整体略有下移，约 $1.7°$，波峰偏小约 $2°$，波谷偏小约 $2°$；时域上约延时 1s。旋转角有略微偏差，为 $5°$。

　　图 9.5.7 为手柄控制下含 ADS 直升机跟踪旋转角的实验效果图。高度角略有偏差，为 $5°$。旋转角的跟踪效果不理想，测量得到的图形有些走样，但偏差跟不含 ADS 的系统的旋转角跟踪效果差不多。整体有上移，偏差大约 $5°$；时域上有 1s 的时延。

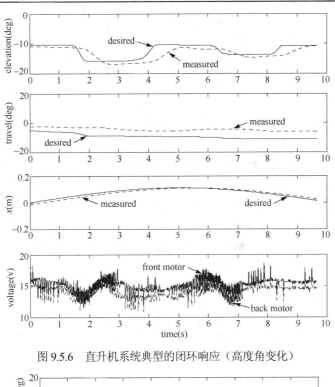

图 9.5.6　直升机系统典型的闭环响应（高度角变化）

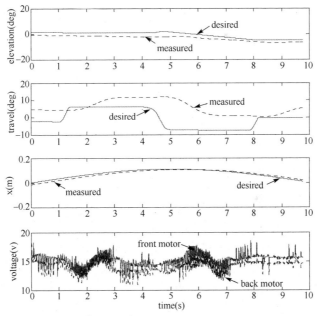

图 9.5.7　直升机系统典型的闭环响应（旋转角变化）

　　分别比较图 9.5.2 和图 9.5.4、图 9.5.5，图 9.5.3 和图 9.5.6、图 9.5.7 可得，无论从幅值还是从时域上，直升机在 ADS 的影响下，跟踪高度角时，超调略有增大，时延也略有增大，相比来说对旋转角影响较小。但是影响都在正常范围内，且直升机能够保持稳定，说明直升机的抗干扰能力较好。

　　通过比较仿真和半实物仿真实验的实验结果，半实物仿真实验中，旋转角偏差略大，且时延也有所增大，无超调，跟踪效果不到位。半实物仿真实验是在现实环境中进行的，受外界因素的影响，得到的实验数据更为真实。半实物仿真实验是理论付诸实践之前至关重要的一步。

参 考 文 献

[1]　王万良．自动控制原理．北京：高等教育出版社，2008．

[2]　薛定宇．反馈控制系统设计与分析——MATLAB 语言应用．北京：清华大学出版社，2000．

[3]　薛定宇，陈阳泉．基于 MATLAB/Simulink 的系统仿真技术与应用．北京：清华大学出版社，2002．

[4]　薛定宇．控制系统计算机辅助设计——MATLAB 语言与应用．3 版．北京：清华大学出版社，2012．

[5]　G. F. Franklin. Feedback Control of Dynamic Systems. 北京：电子工业出版社，2004．

[6]　Ogata（绪方胜彦）．离散时间控制系统．陈杰，等译．北京：机械工业出版社，2006．

[7]　John Dorsey. continuous and discrete control system. 北京：电子工业出版社，2004．

[8]　夏金源．计算机控制系统．北京：清华大学出版社，2008．

[9]　Quanser Inc. 3-DOF Helicopter Laboratory Manual. 2011．

[10]　胡寿松．自动控制原理．6 版．北京：科学出版社，2014．

[11]　刘豹，唐万生．现代控制理论．3 版．北京：机械工业出版社，2011．

[12]　Richard C. Dorf，Robert H. Bishop. 现代控制系统．11 版．谢红卫，孙志强，译．北京：电子工业出版社，2011．